INSECTOLOGIE AGRICOLE

+ >⋅⋅ +

LES INSECTES NUISIBLES

aux Rosiers sauvages et cultivés

EN FRANCE

Descriptions et Mœurs. — Dégâts. — Moyens de Destruction

Par ÉMILE LUCET

Membre de la Société entomologique de France
de la Société libre d'Émulation du Commerce et de l'Industrie
de la Seine-Inférieure
de la Société centrale d'Horticulture de la Seine-Inférieure
de la Société des Amis des Sciences naturelles de Rouen, etc., etc.

Avec 13 planches et 170 figures (hors texte).

PARIS

LIBRAIRIE DES SCIENCES NATURELLES

PAUL KLINCKSIECK

52, rue des Écoles, 52

1898

192

INSECTOLOGIE AGRICOLE

LES INSECTES NUISIBLES

aux Rosiers sauvages et cultivés

EN FRANCE

Descriptions et Mœurs. — Dégâts. — Moyens de Destruction

Par ÉMILE LUCET

Membre de la Société entomologique de France
de la Société libre d'Émulation du Commerce et de l'Industrie
de la Seine-Inférieure
de la Société centrale d'Horticulture de la Seine-Inférieure
de la Société des Amis des Sciences naturelles de Rouen, etc., etc.

Avec 13 planches et 170 figures (hors texte).

PARIS

LIBRAIRIE DES SCIENCES NATURELLES

PAUL KLINCKSIECK

52, rue des Écoles, 52

—

1898

LES INSECTES NUISIBLES AUX ROSIERS

SAUVAGES ET CULTIVÉS EN FRANCE

INSECTOLOGIE AGRICOLE

LES INSECTES NUISIBLES

aux Rosiers sauvages et cultivés

EN FRANCE

Descriptions et Mœurs. — Dégâts. — Moyens de Destruction

Par Émile LUCET

Membre de la Société entomologique de France
de la Société libre d'Émulation du Commerce et de l'Industrie
de la Seine-Inférieure
de la Société centrale d'Horticulture de la Seine-Inférieure
de la Société des Amis des Sciences naturelles de Rouen, etc., etc.

Avec 13 planches et 170 figures (hors texte).

ROUEN

IMPRIMERIE E. CAGNIARD (Léon GY, Succr)

Rues Jeanne-Darc, 88, et des Basnage, 5

—

1898

Extrait du Bulletin de la Société libre d'Emulation du Commerce et de l'Industrie de la Seine-Inférieure
(Exercice 1896-1897).

GENERALITES

ORGANISATION ET CLASSIFICATION DES INSECTES

Insecte adulte. — *Squelette.* — *Fonctions.* — *Sens.* — *Sécrétions.* — *Vie évolutive des Insectes.* — *Métamorphoses.* — *Œuf.* — *Larve.* — *Nymphe.* — *Classification.*

Les Insectes forment une des classes des Arthropodes (*animaux à membres articulés*).

INSECTE ADULTE, SQUELETTE. — Les Insectes sont des animaux articulés, à six pattes, à squelette cutané externe, dont la respiration se fait par des trachées, à système nerveux en partie céphalique, en partie abdominal sous le tube digestif, avec collier nerveux de réunion circa-œsophagien, à sexes séparés et dont le corps est divisé en trois parties distinctes : la *tête*, le *thorax*, l'*abdomen*.

Tête. — La tête est une sorte de boîte formée d'une seule pièce, offrant, çà et là, quelques sutures plus ou moins arquées, quelquefois à peine visibles. Elle est munie antérieurement d'une ouverture, souvent très petite, dans laquelle se trouvent les organes de la manducation, et d'autres ouvertures, pour les yeux et les antennes. Les téguments de la tête sont, en général, plus durs que ceux des autres parties du corps. L'Insecte vit et se meut au milieu de substances qui offrent une certaine résistance; il fallait donc que sa tête fut assez solide pour vaincre ces résistances. La tête étant destinée à contenir des organes masticateurs, qui ont fréquemment à agir sur des matières très dures, devait offrir de robustes points d'appui ; on ne trouve d'exception, à cette disposition organique, que chez les Insectes suceurs.

On peut partager la tête en quatre régions bien déterminées : 1° le *front*, c'est la partie comprise entre les yeux ; 2° le *vertex*, c'est la région supérieure de la tête, en arrière des yeux ; 3° les *joues* situées en avant ou au-dessous des yeux ; 4° l'*épistome* ou *chaperon,* c'est la partie qui prolonge le front et s'avance au devant de la bouche.

La tête est presque toujours articulée avec le prothorax par un fin ligament qui lui laisse la possibilité de se mouvoir, avec une facilité plus ou moindre, dans tous les sens. Elle porte la bouche, les antennes et les yeux.

Bouche. — La bouche présente une structure particulière, toujours en rapport avec la manière de vivre de chaque individu, soit qu'elle serve pour broyer, ou pour sucer les aliments; toutefois les Insectes broyeurs ne sont pas privés de lécher les liquides. Les organes buccaux des Insectes broyeurs se meuvent latéralement, à la façon des ciseaux, ils sont plus ou moins développés, et sont formés des pièces suivantes : 1° une lèvre supérieure nommée *labre*; 2° une paire de mâchoires supérieures ou *mandibules*, elles sont souvent dentées sur leur bord interne ; 3° une paire de mâchoires inférieures garnies, à leur face interne, d'un à six articles appelés *palpes maxillaires;* 4° une paire de *palpes labiaux* de deux à quatre articles supportés par une lèvre inférieure formée du *menton* et de la *languette*, sujette à de nombreuses modifications.

Les Insectes suceurs ou lécheurs ont les organes de la manducation modifiés selon leur destination ; tantôt les mandibules et les palpes maxillaires sont remplacés par quatre petites soies fines et serrées reçues dans un fourreau qui tient lieu de labre et constitue une gaine tubulaire ; l'Insecte est alors armé d'une sorte de bec ou rostre, ou bien d'un suçoir qui remplit les fonctions d'une pompe aspirante. Tantôt les mâchoires prennent un développement considérable et se transforment en deux filets tubuleux réunis par leurs bords et formant une espèce de trompe roulée en spirale ; les Lépidoptères présentent cette conformation remarquable ; chez les Diptères, elles offrent des dispositions variables avec les différents groupes.

Antennes. — Ces appendices articulés, coudés ou droits, sont insérés sur la tête près des yeux, tantôt en avant, tantôt en arrière ; de forme et de dimension très variées, les antennes existent toujours au nombre de deux et se composent de plusieurs articles dont le nombre ainsi que la forme fournissent d'excellents caractères pour la description et la détermination des Insectes.

Les antennes sont considérées comme l'organe du toucher ; certains Naturalistes les considèrent comme représentant les deux sens : le toucher et l'odorat ; d'autres savants, enfin, en font le siège de l'audition.

Les articles des antennes ont chacun leur mouvement propre, ce qui permet à l'Insecte de les fléchir dans tous les sens. On distingue trois parties dans l'antenne : l'article *basilaire* ou *scape*, qui est inséré sur la tête, généralement remarquable par sa forme, sa longueur, sa couleur ; le *funicule* ou *tige* formé par tous les articles des antennes autres que le scape lorsqu'il n'existe pas de massue, et, dans le cas contraire, par l'ensemble des articles compris entre le scalpe et la massue ; la *massue*, formée par un épaississement graduel ou subit des articles terminaux, dont le nombre, la forme et la grandeur présentent de grandes variations.

Œil. — L'organe de la vision chez l'Insecte est formé par la réunion en une seule masse d'un nombre considérable de petites *facettes* ou *lentilles* hexagonales, convexes et de grandeur variable, figurant la cornée ; au-dessous une masse conique réfringente, représentant le cristallin, relié directement avec la masse cérébrale par un filet nerveux émergeant d'un ganglion du nerf optique.

La partie apparente des yeux est arrondie ou ellipsoïde, parfois réniforme ; quelquefois brillante, parfois terne. Presque tous les Insectes sont pourvus de ces yeux composés, situés ordinairement sur les côtés de la tête, derrière les antennes.

Indépendamment des yeux réticulés, l'Insecte possède souvent des yeux simples, nommés *ocelles* ou *stemmates*, au nombre de trois et disposés en triangle entre les yeux à facettes ; leur organisation est semblable à celle de l'œil réticulé.

Les yeux des Insectes sont immobiles et solidement fixés de chaque côté de la tête ; ils aperçoivent sans cesse par dessus et par dessous et aussi bien en avant qu'en arrière ; mais si l'étendue du champ visuel est aussi grande, la portée de celui-ci est relativement faible.

Il semble résulter de nombreuses observations que les Insectes qui possèdent des yeux composés en même temps que des yeux simples se nourrissent plus particulièrement du pollen des fleurs, d'où l'on a conclu que les ocelles permettent de mieux distinguer les parties de la fleur.

Thorax. — Le tronc ou thorax est cette partie du corps située entre la tête et l'abdomen. Le thorax est composé de trois anneaux ou segments soudés ensemble plus ou moins : le *prothorax,* le *mésothorax,* le *métathorax* ; leur adhérence est telle, qu'ils semblent confondus en une seule pièce. Le prothorax porte la première paire de pattes ; il a un grand développement chez les Coléoptères et les Hémiptères ; c'est le *corselet* des anciens auteurs, il constitue aujourd'hui le *pronotum.* Le mésothorax porte la seconde paire de pattes et la première paire d'ailes, quelquefois cornées; on n'en aperçoit à la partie supérieure de l'Insecte qu'une petite portion triangulaire, quelquefois à peine visible, appelée *scutellum* ou *écusson*; ensuite toute la partie du mésothorax n'est pas visible, étant recouverte par les ailes. Le métathorax est intimement soudé au mésothorax, et fréquemment aussi aux premiers anneaux de l'abdomen; il soutient la seconde paire d'ailes, toujours membraneuses, lorsqu'elles existent, et la troisième paire de pattes.

La partie ventrale du thorax se nomme *sternum*, et les pièces latérales, placées sur les flancs, sont appelées *épimères*.

Pattes. — Les pattes, toujours au nombre de six, sont toujours attachées au thorax par paire sur chacun de ses anneaux, elles sont conformes pour la marche, pour le saut ou pour la natation. Quelque soit leur emploi, le plan général de leur organisation reste le même, et les modifications ne portent que sur l'un ou l'autre de leurs éléments constitutifs.

Les pattes d'un Insecte sont formées de : la *hanche*, du *trochanter*, de la *cuisse* ou *fémur*, de la *jambe* ou *tibia* et du *tarse* divisé en plusieurs articles que terminent souvent des crochets ; d'après les fonctions qu'elles ont à remplir, leur aspect est très variable.

La hanche est courte et articulée dans une cavité de l'épimère, dite *cavité cotyloïde*. Le trochanter simple ou double est intermédiaire entre la hanche et la cuisse, il favorise les mouvements de la cuisse. La cuisse est la partie la plus robuste du membre entier. La jambe est de la même longueur que la cuisse, mais plus étroite, élargie davantage vers le bas, souvent garnie d'épines terminales ou *éperons*, alors que la crête est parsemée de dents ou de soies rigides. Le tarse se compose d'articles courts, mobiles, de formes diverses, dont le nombre n'est pas supérieur à cinq, quelquefois moindre aux membres intermédiaires postérieurs. Ces articles sont pourvus de fines pelottes ou brosses de soies qui favorisent la station sur les corps les plus lisses ou bien de ventouses microscopiques leur permettant de prendre les attitudes les plus hardies sur les rugosités les plus délicates.

Le dernier article des tarses, appelé *onychium*, porte un ou deux *ongles* ou *griffes*.

La description qui précède est propre aux Insectes marcheurs. Chez les Insectes aquatiques, les rugosités des articles se sont aplanies, les ongles se sont émoussés et les jambes se sont élargies en véritables rames ciliées ; en résumé, à chaque habitude différente, des organes locomoteurs variés.

Ailes. — Les ailes, nulles dans quelques espèces, existent chez la plupart des Insectes ; elles sont attachées aux deux derniers anneaux du pronotum, ne dépassent jamais le nombre de quatre, se réduisent quelquefois à deux et présentent une configuration très diverse. Elles peuvent même ne pas exister ; alors l'Insecte est dit *Aptère*. Quelquefois, les deux paires d'ailes existent ou elles sont dissemblables, comme chez les Coléoptères et les Hémiptères, ou elles sont semblables, comme chez les Hyménoptères et les Névroptères. D'autres fois, les ailes de la première paire ont une consistance plus ou moins cornée, appelées *élytres*, elles forment un étui protecteur pour les ailes de la seconde paire, seules membraneuses, soutenues seulement par un réseau de nervures qui en forment en quelque sorte la charpente, et repliées transversalement, pendant le repos. Telles sont les ailes du Hanneton ; dans quelques Ordres, comme ceux des Orthoptères et des Hémiptères hétéroptères, la partie voisine du sommet est membraneuse, la base seule est cornée ; on les nomme **hémélytres**.

Lorsque les deux paires d'ailes sont membraneuses, elles sont construites sur le même plan que les ailes de la seconde paire des Coléoptères. Les ailes des Lépidoptères sont, de plus, recouvertes d'écailles aux plus brillantes colorations. Les ailes des Diptères (Mouches, Cousins, etc.), finement réticulées par des nervures, offrent la même apparence membraneuse; mais la seconde paire a disparu; il n'en reste que des vestiges représentés par de petits appendices nommés *balanciers*.

Abdomen. — L'abdomen fait suite au thorax, extérieurement, il comprend une série de segments dont le nombre varie de trois à neuf; souvent les deux derniers sont des organes accessoires de l'appareil génital. Ces anneaux sont reliés les uns aux autres par une fine membrane, de telle sorte qu'il est susceptible d'atteindre des proportions extraordinaires chez les femelles gonflées d'Œufs. Le dernier arceau corné de l'abdomen forme une sorte d'écusson perpendiculaire nommé *pygidium*; intérieurement, l'abdomen renferme le tube digestif et les organes reproducteurs.

Squelette. — La peau articulée de l'Insecte constitue un squelette cutané externe. L'enveloppe tégumentaire des Arthropodes consiste en une peau proprement dite recouverte par une cuticule plus ou moins épaisse. Celle-ci contient la plus inaltérable des matières organiques : la *chitine*.

Le squelette cutané de l'Insecte, avec tous ses appendices, présente des variations plus ou moins considérables, dans la physionomie des différentes parties, dans leur forme, leur nombre, leur coloration et leurs accessoires. Le revêtement des téguments habituellement coloré de nuance sombre et uniforme, principalement dans les régions tempérées et froides, peut offrir, dans les régions tropicales, les riches coloris; tantôt solide et durable, autrefois fragile et fugace.

Telle partie du corps de l'Insecte est plus ou moins recouverte de soies, de poils feûtrés, de pointes, de gibbosités, d'épines serrées ou espacées, ou de délicates écailles caduques ; parfois leur nombre est si abondant qu'elle est totalement dissimulée aux yeux de l'observateur. Rien de plus intéressant comme d'observer à un faible grossissement, à la loupe, par exemple, la fine pubescence qui constitue le revêtement de nos Charançons indigènes et la richesse de coloris des ailes des Lépidoptères, due aux innombrables écailles qui recouvrent les organes du vol.

Des efflorescences diversement colorées, de même que les écailles, sont si fragiles, qu'elles peuvent se détacher en partie avec la plus grande facilité, par le moindre froissement, et laisser à nu la partie du corps qu'elles ornaient d'une remarquable parure.

CIRCULATION. — Le système circulatoire des Insectes est surtout localisé dans la région dorsale, il n'existe ni artères, ni veines. Le sang remplissant tous les espaces interorganiques, baigne tous les organes ; un vaisseau contractile dorsal (cœur) envoie le liquide vivifiant d'arrière en avant et détermine des courants réguliers, descendant entre la paroi du corps et le tube digestif, ainsi que des courants secondaires dans les pattes. Le liquide sanguin revient alors au cœur et le cycle circulatoire recommence.

INNERVATION. — Le système nerveux consiste en un double cordon ganglionnaire et situé dans la région ventrale, qui se rejoint au-dessous du tube digestif pour se diviser de nouveau en deux rameaux, qui forment un collier autour de l'œsophage; les premiers ganglions, logés dans la tête, se réunissent au-dessus pour former la masse cérébrale.

DIGESTION. — L'appareil digestif des Insectes se trouve situé entre l'appareil circulatoire et l'appareil nerveux.

RESPIRATION. — Dans les phénomènes de la respiration chez les Insectes, l'air pénètre tout le long du corps par des ouvertures extérieures nommées *stigmates*, toutes aboutissent à des *trachées*, tubes intérieurs extrêmement ramifiées à travers les tissus.

SENS. — Les organes des sens sont très développés chez les Insectes.

Toucher. — Les poils tactiles répartis sur toutes les régions du corps de l'Insecte sont le siège de la perception des sensations les plus délicates par leur relation directe avec les centres nerveux. Ces poils se trouvent plus particulièrement à l'extrémité des antennes, des palpes maxillaires, des palpes labiaux, etc.

Vue. — La structure des Insectes leur permet de voir autour d'eux sans faire le moindre mouvement, mais le champ de leur vision a une faible étendue Les connaissances sur la vision sont fort incomplètes, l'expérience semble démontrer que les Arthropodes perçoivent les mêmes rayons du spectre solaire que les Vertébrés, qu'ils ne voient aucun de ceux que nous ne voyons pas (M. Bert).

Les yeux n'existent pas chez tous les Insectes, rares sont ceux qui ne sont pourvus que d'yeux simples (Chenilles, Larves de Tenthrèdes), et bien peu d'entre eux en sont privés, notamment ceux qui vivent dans l'obscurité, ceux qui habitent dans les cavernes ou qui demeurent cachés sous des blocs de pierre. Les Larves de Coléoptères, d'Hyménoptères, de Diptères, malgré l'atrophie de l'organe visuel, ne sont point absolument insensibles à la lumière, exposées à la clarté du jour elles cherchent à s'y soustraire et semblent endurer une impression désagréable. Cette catégorie d'animaux ne possède les organes de la vue qu'au moment de leur dernière évolution.

Ouïe. — Les organes de l'audition, d'après Jean **Muller** et Siebold, seraient situés en dehors de la tête.

Un nombre considérable d'Insectes produisent des bourdonnements, des stridulations, etc., il est de toute évidence qu'ils ont, au plus haut degré, la faculté de percevoir les sons.

Odorat. — Les expériences de M. Balbiani sur les Bombyx du mûrier et celles de M. Auguste Forel sur les Fourmis privés de leurs antennes prouvent, d'une manière irréfutable, que les Insectes ont l'odorat très développé et que les antennes ont la faculté de percevoir les odeurs.

Goût. — Le sens du goût a son siège dans le voisinage de la bouche ; on sait fort bien que les Insectes montrent quelquefois des préférences dans le choix de leurs aliments, dénotant une grande délicatesse.

Système musculaire. — Puissance musculaire. — Les expériences les plus probantes démontrent que les Insectes ont une puissance musculaire supérieure à celle des Animaux vertébrés et que celle-ci est en raison inverse de la taille des Insectes.

Locomotion. — Les Larves, privées de pattes, ont leurs mouvements de reptation assurés par de larges muscles longitudinaux et de petits muscles obliques groupés sur chaque anneau et comportant des modifications dans le premier et le douzième anneau ; quelquefois, elles s'aident de leurs mandibules, des soies et des tubercules qui existent sur leurs anneaux. Les Insectes adultes possèdent sur la partie thoracique de nombreux muscles puissants et volumineux élévateurs et abaisseurs des ailes supérieures et inférieures ; d'autres muscles insérés à l'entothorax servent à mettre les pattes en mouvement.

Le mécanisme de la locomotion varie chez les Insectes : reptation, marche, saut, natation, vol, de même que chez les

Vertébrés ; c'est au moyen des muscles qui agissent sur des leviers ; seulement chez les Vertébrés les muscles sont extérieurs, et le levier est intérieur, alors que chez les Insectes, c'est le contraire, lee organes moteurs sont à l'intérieur et le levier à l'extérieur.

Les trois paires de pattes sont de dimensions semblables ou différentes, en rapport avec ses mœurs et son habitat : ainsi chez les Insectes marcheurs, elles sont toutes semblables ; les membres antérieurs subissent de profondes modifications chez les Insectes ravisseurs ou fouisseurs ; les postérieurs sont modifiés considérablement chez les Insectes sauteurs, ou transformés en rames, avec tarses élargis, ou couverts de poils chez les Insectes nageurs ; parfois les ailes ciliées font l'office de nageoires et aident les mouvements de progression de ces derniers sur l'eau.

Les principes de la mécanique du vol ont fait l'objet d'études très approfondies de la part de MM. Pettigrew et Marey, qui ont analysé, avec beaucoup de précision, les mouvements des ailes, et qui ont reconnu que l'extrémité de l'aile décrivait une courbe en 8 de chiffre qui était le tracé exact de ses mouvements d'abaissement, d'élévation et de torsion.

Un jeune naturaliste, M. Poujade, a publié d'intéressantes figures dans les *Annales de la Société entomologique de France* ; montrant une série d'Insectes Coléoptères pendant le vol : les Nécrophores, les Silphes, les Staphilins relèvent les élytres dans un plan perpendiculaire à l'axe du corps ; les Hannetons, les *Ontophagus* les soulèvent simplement, les Cétoines dont les élytres restent fermées, comme au repos, les *Hister* disposent leurs élytres horizontales et perpendiculaire à l'axe du corps. Pendant le vol, les pattes intermédiaires sont relevées au-dessus du corps. Chez les Diptères la perte des balanciers, supprime **le vol ascendant.**

Des diverses expériences instituées par MM. Girard, Pettigrew et Jousset de Bellesme, il est démontré qu'on peut tailler, enlever la région postérieure membraneuse de l'aile, mais qu'on doit toujours respecter le bord antérieur rigide, sous peine d'interdire la locomotion aérienne.

Sécrétions. — Les sécrétions chez les Insectes sont très diverses : les unes leur servent de moyens offensifs ou défensifs, piqûres d'Hyménoptères, odeurs pénétrantes écartant les Insectivores; d'autres fournissent des produits utiles ou nuisibles. Parmi les sécrétions utiles, notons la soie, la cire, les couleurs utilisées en peinture et en teinture, etc. La soie est sécrétée par un nombre considérable de Larves et de Chenilles, mais plus particulièrement par les Bombycides.

La cire est produite par divers Hyménoptères qui l'utilisent pour la construction des alvéoles destinées à renfermer le miel. D'autres Insectes ont la faculté de transuder de toute la surface de leur corps des matières grasses analogues à la cire; des Pucerons, des Cochenilles se couvrent de filaments cireux qui les dissimulent totalement, mais révèlent leur présence sur les plantes qu'ils habitent.

Les Insectes ont la faculté d'émettre des odeurs pénétrantes et variées, sécrétées soit de toutes les régions du corps, soit de diverses glandes localisées. Un grand nombre de Coléoptères sécrètent divers liquides odorants : les Carabes produisent de l'acide butyrique, sécrétion des glandes anales; les Cicindèles (*Cicindela campestris*) émettent un agréable parfum de rose; les *Aromia moschata* une odeur prononcée de musc; les Cantharides répandent une forte odeur nauséabonde qui décèle leur présence; d'autres, les *Aptinus* et les *Brachinus* rejettent par l'anus un liquide caustique dont la vaporisation rapide produit une détonation assez vive, ce qui leur a fait donner le nom de

Bombardiers. Parmi les Lépidoptères, les Chenilles de tous les Papilionides *(P. Machaon, Podalirius*, etc.) ont le privilège de faire saillir de leur premier anneau un appendice fourchu qui exhale une odeur d'acide butyrique des plus caractéristiques ; certains Sphinx exhalent une odeur musquée des plus accusées (Maurice Girard).

Les Hémiptères (Pentatomides, Scutellerides, etc.) exhalent une odeur repoussante due à l'émission du liquide odorant contenu dans des glandes diversement situées. Les Pucerons, comme les Cochenilles, ainsi que l'a démontré M. Forel, rejettent le liquide sucré comme matière excrémentitielle.

Les Fourmis possèdent des glandes à venin qui sécrètent de l'acide formique.

VIE ÉVOLUTIVE DES INSECTES. — MÉTAMORPHOSES. — La vie des Insectes comporte quatre évolutions successives : l'*Œuf,* la *Larve*, la *Nymphe*, l'*Insecte parfait*. Leur reproduction s'opère, d'ordinaire, comme celle des Animaux vertébrés, par l'accouplement ; la plupart des Mâles périssent bientôt après l'accomplissement du rapprochement sexuel ; chez les Femelles, la mort arrive, en général, peu de temps après la ponte des Œufs.

Les Œufs ne sont fécondés qu'au moment de leur passage à travers l'*Oviducte* de la Femelle (conduit expulsant les Œufs au dehors) ; cependant certaines Femelles d'Abeilles, de Lépidoptères, quelques Cochenilles et de nombreux Pucerons peuvent engendrer de nouvelles générations sans le secours de la fécondation. Ce phénomène a reçu le nom de *Parthénogénèse*. Quelques Insectes, par exception, sont ovipares et vivipares, tels sont les Femelles des Pucerons.

Œuf. — L'Œuf des Insectes possède une coque résistante

recouverte à la face interne par la membrane vitelline ; celle-ci renferme un liquide limpide contenant la vésicule germinative et les globules vitellins destinés à nourrir l'embryon. Lors de l'éclosion, la coque se brise ou bien s'ouvre à la façon d'une boîte à savonnette montée sur charnière. La forme de la coque des Œufs des Insectes est très variable, il en est qui sont sphériques, d'autres coniques ; celles-ci hémisphériques, celles-là cylindriques, enfin certaines représentent des solides divers, aux extrémités aplaties ou en pointe, semblables à certaines graines dont la surface est tantôt lisse, ou striée diversement. On trouve une grande variété de dessins remarquables sur la coque des Œufs.

La manière dont la Femelle dépose ses Œufs est des plus variables : suivant chaque espèce, suivant chaque individu. Quelques Insectes déposent leurs Œufs isolément, d'autres les réunissent symétriquement en grand nombre dans une coque parcheminée ou soyeuse qui, tantôt flotte sur l'eau, tantôt est insérée dans des fissures des troncs, tantôt sur les rameaux, les bourgeons, les feuilles, les fruits ou collée à une pierre ; souvent ils sont introduits à l'intérieur à l'aide d'oviscaptes ou de tarières. Une intelligence infinie dirige les Femelles dans le dépôt de leurs Œufs, guidées par leur instinct, elles déposent ceux-ci de manière à assurer la nourriture de leur progéniture, elles ont la remarquable sollicitude de trouver la plante qui doit les nourrir. Les espèces dites monophages, n'acceptent pour nourriture que les racines, l'écorce ou les feuilles d'une plante spéciale, et se laissent périr plutôt que de se nourrir de plantes d'espèces voisines ; d'autres espèces, appelées polyphages, se nourrissent de plantes de diverses familles, mais dont les principes chimiques sont presque identiques. D'autres espèces **enfouissent les Œufs dans le sable, ou les déposent dans une** muraille lézardée, dans du bois pourri, etc., avec une provision de miel et de pollen pour assurer le développement de leur postérité, elles referment ensuite cette cachette.

Là, s'arrête le rôle de la Femelle, sous l'influence de la chaleur solaire, l'Œuf parcourt les phases de son évolution ; l'éclosion varie : tantôt elle a lieu au bout de dix à douze jours après la ponte ; tantôt elle ne s'opère que longtemps après ; l'embryon brise la coque de l'Œuf ou en fait sauter le couvercle.

De l'Œuf sort un jeune Insecte dont l'aspect est à peu près semblable à ses parents ou généralement est très différent de celui de l'Insecte parfait qu'il ne représente, le plus souvent sous sa forme définitive, qu'après plusieurs mues et diverses transformations ou *métamorphoses*. Les métamorphoses sont *complètes* ou *incomplètes*.

Les Insectes dont les Larves sont semblables entièrement à leurs parents et auxquels il ne manque que des ailes, quelques articles aux antennes ou aux membres sont dits Insectes à *métamorphoses incomplètes*.

Les Insectes à *métamorphoses complètes* n'ont aucune ressemblance avec l'Insecte parfait, ils se présentent sous la forme de *Larves*.

Il est des Insectes dont les évolutions sont beaucoup plus compliquées, comme chez les Cantharides, dont la Larve, primitivement carnassière, devient ensuite une Larve mellivore, puis une pseudonymphe immobile, et enfin une Nymphe avant de représenter l'Insecte parfait. On a donné le nom d'*Hypermétamorphose* à cette série de transformations successives.

Larves. — L'état de Larve est la première phase de l'existence active de l'Insecte et constitue sa période d'accroissement ; celui-ci s'opère avec une prodigieuse rapidité. Une Chenille peut, par exemple, consommer en vingt-quatre heures plus

du double de son poids de nourriture végétale, et augmenter
d'un dixième le poids de son corps; la destruction des substances végétales qu'occasionnent l'appétit insatiable des Larves
dans les champs, les forêts et les jardins, est parfois vraiment
extraordinaire.

Cet accroissement est toujours suivi du phénomène de la mue
qui consiste dans le dépouillement à différentes reprises, suivant
la période d'évolution, de la cuticule chitineuse qui recouvre la
peau proprement dite, devenue trop étroite pour la Larve.

Ce dépouillement s'opère par le déchirement de la région dorsale de l'ancienne cuticule, et la Larve, s'aidant de violents
efforts, parvient à se dégager de son enveloppe, ayant conservé
tous ses appendices, tous ses poils et renouvelé aussi ses organes
internes. A des époques déterminées de leur vie, les Larves
sont donc soumises à la mue, ordinairement de trois à quatre
fois, mais jamais plus de sept à huit fois.

Chaque mue détermine une crise maladive chez la Larve,
qui demeure immobile, cesse de se nourrir et devient extrêmement sensible aux intempéries des saisons. A chaque période
de transition s'opère un perfectionnement de quelque partie de
l'organisme.

Les Larves des Insectes sont fréquemment pourvues d'une
tête cornée, avec des mandibules pour broyer les aliments,
même chez les Larves d'Insectes qui, adultes, auront la bouche
conforme pour la succion. Ces Larves sont dites *Céphalées.*

Certaines Larves de Diptères ont la partie antérieure du
corps sans forme déterminée, terminée par une extrémité pointue et rétractile, on les nomme *Acéphalées.*

Les Larves des Insectes qui subissent des métamorphoses
complètes ont la forme allongée et le corps enfermé dans des
anneaux, à peu près semblables entre eux, dont le nombre ne

dépasse pas douze, non compris la tête. Malgré leur apparence vermiforme, les Larves se distinguent : 1° en Larves munies de pattes articulées ; 2° certaines possédant à la fois des pattes articulées et des pattes membraneuses ; 3° enfin d'autres en sont complètement privées, on les nomme *Apodes*.

Les premières ont les trois anneaux qui font suite à la tête cornée, munis chacun d'une paire de pattes articulées, terminées par une ou deux griffes, on les nomme pattes thoraciques, à cause de leur insertion sur les anneaux qui forment, plus tard, la cage thoracique de l'Insecte parfait.

Les secondes ont six pattes thoraciques, et de plus, tous ou la plupart des anneaux suivants sont pourvus de protubérances verruqueuses, contractées, sans articulations, nommées *pattes membraneuses*.

Enfin les Larves apodes sont celles qui ne possédant pas de pattes articulées, et chez lesquelles des expansions charnues, analogues aux pattes membraneuses, représentent les appendices locomoteurs ; elles se meuvent par la contraction de leurs anneaux, ou bien encore en s'aidant des tubercules ou des épines dont leur corps est pourvu.

Beaucoup de Larves ont des téguments externes, variables dans la forme et le coloris : des poils soyeux, des épines, des appendices tuberculeux ; un grand nombre de Chenilles, dont la vie se passe à l'état de liberté sur les plantes, sont élégamment ornées de brillants coloris, d'autres, dont l'existence est lucifuge, ont une coloration pâle, incertaine, la tête conservant une teinte plus foncée.

Les Larves se rencontrent partout, soit à l'état de liberté sur les plantes, soit cachées pendant le jour sous les feuilles pourries, sous les pierres ; d'autres vivant sous terre, tantôt elles creusent et minent diverses parties des plantes : racines, tiges, feuilles ou fruits; tantôt dans le corps des animaux vivants, tantôt dans les étoffes, tantôt au sein des eaux.

La principale fonction des Larves est, avant toute chose, d'assouvir leur faim, elles donnent libre cours à leur incomparable voracité et semblent oublier de se protéger contre les ennemis du dehors. Un petit nombre sait se construire un fourreau, un abri mobile qu'il porte avec soi et dans lequel il se réfugie en cas de danger; toutes ces Larves se cramponnent à l'intérieur de ce refuge au moyen de leurs pattes membraneuses et se déplacent au dehors à l'aide de leurs pattes articulées. Ces habitations portatives sont construites avec de la soie sur lesquelles elles agglutinent avec leurs sécrétions divers matériaux empruntés à l'élément au milieu duquel elles vivent; les Larves de Phryganes les recouvrent de bois, de grains de sable, de débris de coquilles recueillis au fond des mares et des ruisseaux; les Larves des Tinéïdes empruntent des parcelles d'étoffes à nos vêtements; d'aucunes couvrent leurs demeures de fragments de feuilles, de brins de mousse, de parcelles terreuses agglutinées; d'autres enfin se recouvrent de leurs excréments.

Nymphes, Chrysalides.— Toutes les Larves, lorsqu'elles ont atteint leur croissance entière, cessent de prendre de la nourriture, elles se transforment en *Nymphe* ou en *Chrysalide* et restent plus ou moins longtemps sous ce masque.

Chez les Insectes à métamorphoses incomplètes, la Nymphe diffère quelquefois à peine de la Larve, elle est active et continue à prendre de la nourriture comme elle, telles sont les Larves de tous les Orthoptères, tous les Hémiptères, etc. Les Nymphes des Insectes à métamorphoses complètes diffèrent totalement des Larves qui s'immobilisent presque complètement et cessent de prendre de la nourriture; les différentes parties de

leur corps paraissent comme emmaillottées et frappées de para-
lysie, seuls les anneaux de l'abdomen exécutent quelques légers
mouvements lorsqu'on les touche. Dès le début de la dernière
transformation, tous les organes alors apparaissent à travers la
membrane qui les recouvre : les antennes, les ailes et les pattes
symétriquement repliées, figurent les formes exactes du futur
Insecte, les trois principales sections du corps ainsi que les
anneaux de l'abdomen se dessinent avec netteté. On a alors les
Nymphes libres ou en « momies » (Coléoptères, Hyménoptères,
Culicides, Tipulides, etc., parmi les Diptères). Parfois les
appendices se soudent, s'appliquent sur le corps, avec lequel ils
forment un tout recouvert d'une peau chitineuse durcie, par
exemple, chez les Papillons, on a alors des Chrysalides.

Très communément, la Larve file un petit amas de soie pour
se pendre par les pattes postérieures transformées, ou elle s'enveloppe d'une coque de consistance parcheminée ou s'entoure
d'un cocon soyeux ; les Nymphes recouvertes ou entourées d'un
cocon se trouvent à l'air libre, suspendues à une branche ou
accrochées à un mur, tandis que les Nymphes nues sont enfouies
sous le sol, sous les feuilles, les écorces ou sont cachées à
l'intérieur d'autres corps, préservées de l'action perturbatrice
des intempéries et des rayons solaires directs.

La plupart des Larves vivant dans le sol, s'y transforment
en Nymphes, et un grand nombre de celles qui ont vécu sur les
feuilles, dans l'intérieur des tiges des plantes, des fruits ou des
animaux, se métamorphosent aussi dans le sol ; certaines Larves
aquatiques abandonnent le milieu où elles ont vécu pour se
transformer, beaucoup d'autres subissent leurs métamorphoses
au sein des eaux mêmes.

Eclosion. — L'Insecte, pour se débarrasser de son cocon ou
de sa coque, fait de violents efforts : l'enveloppe se fend sur la

région dorsale, il dégage alors peu à peu son thorax, puis sa tête, ensuite ses pattes et enfin ses ailes. Les Lépidoptères, dont les Chrysalides sont enfermées dans des cocons, emploient un procédé différent : le Papillon sécrète un liquide spécial qui a la propriété de ramollir la soie et lui permet d'écarter les fils pour se livrer passage. Un nombre considérable de Diptères ont la faculté d'enfler la région frontale de leur tête, cette dilatation, assez considérable, détermine la pression qui fait éclater la partie antérieure de la Pupe. L'éclosion des Insectes a lieu généralement le matin à la pointe du jour, lorsque les plantes sont couvertes de rosée, parce qu'il faut une atmosphère humide pour éviter une dessication funeste qui empêcherait le développement des ailes. Lors de l'éclosion, l'Insecte est incapable de voler, ses pattes, jusqu'à ce moment repliées le long du corps, se tendent, de même ses ailes repliées et molles se déploient et se dessèchent, puis la circulation reprend toute son énergie ; l'Insecte jouit alors de la plénitude de ses facultés, il peut prendre son essor et surtout il est apte à propager son espèce : sa destinée est accomplie après cette dernière évolution.

Classification. — La classe si nombreuse des Insectes a été partagée en douze ordres ; ceux qui intéressent le plus les Rosiéristes appartiennent aux Coléoptères, aux Orthoptères, aux Hyménoptères, aux Lépidoptères, aux Hémiptères et aux Diptères ; on doit les étudier sous leur états successifs : de Larve, de Nymphe ou de Chrysalide et d'Insecte parfait.

Les Insectes se divisent naturellement en deux catégories bien distinctes ; les Insectes à métamorphoses complètes subissant les trois évolutions successives : Larve, Nymphe et Adulte, et les Insectes à métamorphoses incomplètes, ayant, de la croissance jusqu'à la mort, la même organisation, et pouvant, seulement par un phénomène de mue, acquérir des ailes ; mais il est un ordre, celui des *Névroptères*, qui établit le passage entre les deux grandes divisions en se partageant en deux groupes, l'un passant par une série de métamorphoses (*Névroptères proprement dits*), l'autre n'ayant que des métamorphoses incomplètes (*Pseudo-Névroptères*) comme les *Orthoptères*.

La classification des Insectes la plus généralement suivie est basée sur les caractères suivants : métamorphose, conformation de la bouche, forme et structure des ailes.

La conformation des pièces buccales fournit d'excellents caractères et permet un groupement rationnel entre les différents Insectes, les uns, étant absolument *broyeurs*, possédant des mandibules, des mâchoires et une lèvre inférieure conformées pour la mastication (*Coléoptères, Orthoptères, Névroptères*) ; d'autres, étant *lécheurs*, munis de mandibules préhensiles, avec de mâchoires allongées et une lèvre inférieure transformée également, très allongée, permettant l'absorption des aliments fluides (*Hyménoptères*); enfin, les autres sont *suceurs*, ayant toutes les pièces buccales transformées et conformées pour la succion des aliments liquides, soit, par l'adaptation des mâchoires (*Lépidoptères*), soit, par la transformation de la lèvre inférieure (*Hémiptères, Diptères*); tantôt, dans ce cas, les mandibules et les mâchoires conservent un rôle actif pour la perforation des tissus animaux ou végétaux (*Hémiptères* ou *Rhynchotes* subdivisés en Hémiptères *Hétéroptères* et en Hémiptères *Homoptères* et certains *Diptères*); tantôt elles restent sans emploi et demeurent comme des témoins, et même s'atrophient complètement (autres *Diptères*). Les caractères fournis par la présence ou l'absence des organes du vol, par la structure de ceux-ci, ont servi à Linné à donner les dénominations des Ordres de sa classification.

Parmi les Ordres secondaires, les *Thysanoptères*, seuls, nous intéressent, ils sont représentés par de très petits Insectes pourvus de quatre longues ailes membraneuses non réticulées, mais frangées de longs cils. La conformation de leur bouche, munie de mandibules sétiformes, de mâchoires aplaties, allongées, pointues, à palpes de deux ou trois articles, les rapprochent des Orthoptères et des Névroptères, leurs tarses de deux articles se terminent par des ventouses. Ils se rapprochent des Orthoptères.

Qu'il nous soit permis, ici, de faire une remarque générale s'appliquant à tous les Ordres d'Insectes. On ne doit pas attacher aucune signification certaine et particulière au nom spécifique, c'est un numéro de classification, et rien de plus. Combien sont nombreuses ces espèces désignées par les épithètes *Quercûs*, *Vitis*, *Fagi*, *Fraxini*, etc., etc., qui se nourrissent de végétaux différents ! Leur appellation est due à leur première rencontre sur tel végétal. Il en est de même des désignations de dimension, de coloration, etc., lesquelles perdent toute leur valeur par la découverte ultérieure d'espèces plus grandes ou plus petites, de coloris variable, etc.

Le tableau suivant indique la classification des Ordres de la classe des Insectes :

CLASSIFICATION DES INSECTES

BROYEURS

Larves et Adultes ayant les pièces buccales conformées pour la mastication.

COLÉOPTÈRES. — 4 ailes : supérieures, cornées, ne se croisant jamais ; inférieures, membraneuses, se repliant transversalement ; *métamorphoses complètes*.

ORTHOPTÈRES (*Thysanoptères*). — 4 ailes : supérieures, parcheminées, se croisant l'une sur l'autre ; inférieures, membraneuses, plissées en éventail ; *métamorphoses incomplètes.*

NÉVROPTÈRES. — 4 ailes : membraneuses et réticulées ; *métamorphoses incomplètes.*

LÉCHEURS

Larves ayant les pièces buccales conformées pour la mastication ou la succion. — Adultes ayant les mandibules développées, les mâchoires et la lèvre allongées.

HYMÉNOPTÈRES. — 4 ailes : membraneuses, transparentes ; croisées l'une sur l'autre ; *métamorphoses complètes.*

SUCEURS

Larves ayant les pièces buccales conformées pour la mastication. — Adultes ayant les mandibules rudimentaires et les mâchoires transformées en trompe pour la succion.

LÉPIDOPTÈRES. — 4 ailes : membraneuses et couvertes d'écailles ; *métamorphoses complètes.*

Larves et Adultes ayant les mandibules et les mâchoires transformées en lancettes et renfermées dans une gaîne formée par la lèvre inférieure.

HÉMIPTÈRES. — 4 ailes : supérieures, de consistances variables ; inférieures toujours membraneuses ; *métamorphoses incomplètes.*

Larves ayant les pièces buccales conformées pour la mastication ou la succion. — Adultes ayant la lèvre inférieure transformée en suçoir ou trompe, les mandibules et les mâchoires ou très développées ou atrophiées ; les palpes maxillaires persistant.

DIPTÈRES. — 2 ailes : supérieures membraneuses : inférieures rudimentaires et transformées en balanciers ; *métamorphoses complètes.*

Nous examinerons avec attention, afin de les bien connaître, les mœurs, habitudes et régime des nombreuses espèces d'Insectes qui peuvent être nuisibles aux Rosiers sauvages et cultivés en France.

Après cette description nous indiquerons les procédés utiles et expérimentés, avec la composition des recettes employées pour combattre ou détruire les Insectes nuisibles. Nous ne saurions omettre de signaler à la bienveillante attention des Agriculteurs et des Horticulteurs les nombreux auxiliaires naturels à quelque classe qu'ils appartiennent, aussi bien parmi les Mammifères que parmi les Oiseaux : chez les Batraciens et les Reptiles comme chez les Insectes ; cette dernière classe fournit à l'homme une armée innombrable de précieux alliés qu'il convient de protéger, afin de rendre plus considérable le nombre de leurs victimes.

Parmi les Mammifères, signalons les Hérissons, les Musaraignes, les Chauve-Souris, animaux insectivores, qui ont un droit marqué à la protection de l'homme pour les nombreux services qu'ils rendent à l'Agriculture et à l'Horticulture. Dans la classe des Oiseaux, parmi les Oiseaux insectivores, citons les Hirondelles, les Fauvettes ou Becs-fins, les Troquets, les Bergeronnettes, nommées aussi Lavandières, qui nous quittent aux premiers froids, après s'être nourri de Larves et d'Insectes parfaits, et reviennent au printemps suivant. D'autres espèces de petits Oiseaux insectivores sédentaires, telles que les Martinets, les Mésanges, connues sous les noms de Charbonnière, de Mésange bleue, de Queue-de-Poêle, de Tête-Noire, etc., les Rouges-Gorge, les Rossignols, etc.; rendent de très notables services, en explorant, avec soin, les écorces des arbres et des arbustes, jusqu'à l'extrémité des plus petits rameaux, pour s'alimenter de nombreux petits Insectes ; le Grimpereau, les différentes sortes de Pics, le Bec-Figue, le Moineau ou Pierrot des Parisiens, que l'on voit, souvent après les pluies du printemps, voltiger dans les jardins, de Rosier en Rosier, et visiter avec un soin tout particulier les têtes de ces arbustes pour y découvrir les petites Chenilles ou les Chrysalides cachées entre les feuilles.

Nous glisserons sur tous les ennuis qu'ils nous procurent : les jeunes pousses de Rosiers brisées, les fleurs détruites, les ravages causés aux semis et plantes de jardin maraîcher, et les visites trop fréquentes et intéressées aux Cerises, aux Raisins, etc.

Beaucoup d'Agriculteurs et d'Horticulteurs détruisent volontairement de nombreux auxiliaires dont ils n'apprécient pas assez les services rendus ; il est indispensable que les Sociétés d'Agriculture et d'Horticulture, et elles sont nombreuses en France, et la Société protectrice des animaux, poursuivent sans relâche la mission de conserver tous les Oiseaux utiles, soit par des circulaires et affiches adressées aux communes, soit par des conférences régionales. On ne saurait trop attirer l'attention des pouvoirs publics sur la destruction irréparable, observée chaque année, de ces auxiliaires indispensables pour contrebalancer les ravages innombrables causés à l'Agriculture et à l'Horticulture françaises.

Des pénalités sévères, appliquées contre tous ceux qui, par différents procédés, entravent le développement des couvées ou capturent les espèces utiles à l'état jeune ou adulte, rendraient véritablement une réelle protection à nos cultures.

Qui n'a observé les Gallinacés à la recherche des Larves, des Nymphes de Coléoptères, des Chrysalides des Papillons, des Pupes de Diptères ?

Les Lézards et les Batraciens de toutes sortes sont très utiles contre divers ravageurs des cultures, les Limaces, etc.

Enfin, de nombreuses légions d'Insectes s'opposent à l'accroissement considérable d'espèces d'Insectes nuisibles, par toutes sortes de moyens, ils nous rendent également d'immenses services.

INSECTOLOGIE AGRICOLE

Par M. Emile LUCET

Membre résidant

Professeur honoraire de chimie appliquée au Commerce et à l'Industrie

---

Les Insectes ennemis de l'agriculture et de l'horticulture sont légion ; ce sont ces ravageurs que nous nous sommes proposé de passer en revue, en donnant une description sommaire de leurs caractères, leurs mœurs, leurs dégàts et les moyens les plus pratiques de les détruire ou au moins d'entraver leur multiplication et de réduire leurs ravages.

Dans la nomenclature qui va suivre, peut-être trouvera-t-on que plusieurs des ennemis que nous signalons, ont si peu d'importance, sont si peu répandus qu'il n'y a pas lieu de s'en occuper. Nous nous permettrons de combattre cette opinion erronée, car, rien ne permet de pouvoir assurer que ces espèces ne prendront pas une plus grande extension et qu'ils ne se rencontreront pas dans les localités restées jusqu'à présent indemnes de leurs dégâts.

Les conditions d'extension de ces Insectes sont soumises à tant de variabilité, qu'il n'est pas possible de prévoir qu'un ravageur quelconque n'étendra pas le cercle de ses dégâts autre part que dans la région où sa présence a été observée.

A côté des Insectes nuisibles, la Nature a souvent mis de puissants auxiliaires, dont on doit favoriser le développement.

Nous avons divisé notre travail en six parties :

Les Insectes coléoptères, orthoptères, hyménoptères, lépidoptères, hémiptères et diptères.

Nous avons dressé un tableau de classement des Insectes par ordre et d'après les dégâts qu'ils causent aux végétaux : racines, tiges, rameaux, bourgeons, feuilles, fleurs, fruits et graines. Ce tableau permet au lecteur d'être renseigné immédiatement sur quelle partie du végétal l'Insecte porte ses dégâts.

Il est facile de se convaincre que les végétaux doivent être l'objet de la plus grande surveillance, même pendant la période du quasi repos de la végétation, car dès son réveil, un nombre infini d'Insectes se répandent sur les végétaux, s'attaquent aux bourgeons et entravent ainsi le développement normal de la plante. Plus tard, ce sont les feuilles dévorées, la floraison compromise ou bien les organes sexuels rongés et la fécondation avortée.

Nous examinerons ensuite les dégâts et nous énumérerons les moyens de combattre l'Insecte, soit à l'état de Larve, soit à l'état d'Insecte parfait, par l'emploi facile de préparations spéciales dont le prix de revient est minime.

Les observations personnelles que nous avons notées depuis de longues années déjà, et les documents que nous avons puisés dans les remarquables travaux de nos devanciers, tant français qu'étrangers, ainsi que les renseignements que nous avons pu recueillir, soit sous le climat de Paris, soit dans diverses régions de la France, nous ont puissamment aidé dans cette étude d'une exécution difficile, que nous nous sommes efforcé de vous présenter aussi consciencieusement que possible.

Nous soumettons à votre examen notre collection comprenant les Insectes dans leurs divers états : Larves ou Chenilles, Chrysalides ou Nymphes, Adultes, accompagnés de nombreux dégâts, ainsi que les formules des préparations insecticides expérimentées par les soins de la Société centrale d'Horticulture de la Seine-Inférieure.

Nous ne saurions omettre d'exprimer spécialement notre sincère et respectueuse gratitude à MM. H. Gadeau de Kerville, J. Fallou, l'abbé J. Kieffer, l'abbé Levêque, Louis Dupont, Lhotte, Martel, qui nous ont aidé très obligeamment en mettant à notre disposition des publications ou des observations personnelles dans lesquelles se trouvent des détails d'un haut intérêt sur les Insectes nuisibles ; à MM. Varenne, Boutigny, Lebas, Creuilly, qui ont eu la bonté, soit de nous fournir des échantillons de végétaux endommagés, soit de nous permettre de visiter leurs cultures pour y étudier les Insectes nuisibles, et à M. Eug. Benderitter fils, dessinateur, pour sa fidèle reproduction des dessins d'après nature.

Nous nous proposons de vous présenter les Insectes ennemis des Rosiers sauvages et cultivés en France, arbustes d'ornement dont le commerce est très considérable ; leur culture en plein air ou en serre entretient le pain quotidien à une multitude de personnes employées dans de nombreux établissements horticoles de Paris, dans la Brie, la Beauce, l'Orléanais, le Lyonnais, la Provence, etc.

Les Insectes nuisibles aux Rosiers sont très nombreux, et les ravages qu'ils occasionnent annuellement atteignent un chiffre excessivement élevé, et si, par les moyens que nous proposons, une réussite plus parfaite est obtenue dans les établissements de culture, ce sera une récompense précieuse à nos laborieuses recherches.

LES INSECTES NUISIBLES AUX ROSIERS

COLÉOPTÈRES

Les caractères des Insectes de cet ordre sont bien distincts : quatre ailes, dont les deux supérieures en forme d'élytres ou étuis, à suture droite, sont épaisses et dures, recouvrant les deux inférieures pliées transversalement et de consistance membraneuse.

La tête, rarement libre, porte deux antennes de forme très variée, et composée le plus souvent de douze articles ; deux yeux à facettes, rarement des ocelles simples. Les pièces de la manducation, disposées pour broyer, sont placées à l'intérieur de la bouche et au-devant de celle-ci, et au-dessus chez ceux qui les ont conformées pour la succion. Elles sont composées d'un labre, de deux mandibules presque toujours écailleuses, de deux mâchoires et d'une lèvre inférieure porteur de deux palpes.

Le prothorax est très développé, le mésothorax d'un volume restreint, enfin le métathorax est généralement atrophié. L'abdomen sessile, c'est-à-dire uni au métathorax par sa plus grande largeur, est formé de six à huit anneaux membraneux en dessus et chitineux en dessous, lorsque les élytres sont longues ; au contraire, chez les Coléoptères, dont les élytres sont courtes, l'abdomen est recouvert en dessus comme en dessous d'une couche chitineuse.

Les Coléoptères subissent une métamorphose complète.

Les Larves sont de coloration blanc jaunâtre, la tête est cornée, le corps composé de douze anneaux : trois thoraciques et neuf abdominaux, de consistance molle ; elles ont six pattes cornées et attachées aux anneaux thoraciques ou elles sont apodes. Chez les Larves lignivores, les mandibules sont courtes, fortes, obtuses et dentées, alors qu'elles ont la forme de lames, élargies à leur extrémité, et multidentées chez les Larves phytophages.

La Nymphe est inactive et montre distincts et recouverts de leurs membranes les appendices du futur Insecte.

La période d'éclosion des Coléoptères est plus longue que pour tous les autres Insectes.

L'ordre des Coléoptères est, après celui des Lépidoptères, un de ceux qui causent le plus de préjudices aux Rosiers sauvages et cultivés.

Il nous paraît indispensable d'indiquer, d'après la classification de M. Maurice Girard, les mœurs, habitudes et régime des diverses espèces de Coléoptères nuisibles aux Rosiers en France, et même celles qui fréquentent ces arbustes.

SILPHIENS

Meligethes aeneus, L. — Meligethes bronzé. — *M. Brassicae*, Scop.

Description et mœurs. — Le *Petit Scarabée des fleurs* de Geoffroy (pl. I, fig. 8), long de 2 millimètres environ, a la forme d'un petit carré à angles émoussés et la partie inférieure de son prothorax se termine en arrière par une sorte de pointe. Corps courtement ovalaire, légèrement convexe. Tête fortement enfoncée dans le prothorax et généralement atténuée antérieurement en une espèce de museau très court. Antennes noires, non coudées, de onze articles bien distincts, ovalaires-cylindriques, terminées par une massue assez forte, ovale, de trois articles. Pronotum transverse, légèrement échancré antérieurement. Écusson médiocre. Élytres larges, ovales, peu convexes, ayant un reflet métallique cuivreux très bronzé et recouvrant presque complètement l'abdomen. Abdomen à premier segment ventral aussi grand que les trois suivants réunis, égaux et très courts, le cinquième de nouveau plus grand. Pattes courtes, noires; jambes assez larges, les antérieures étroites, distinctement denticulées extérieurement, les postérieures plus larges, tronquées obliquement à leur extrémité et ciliées jusqu'à mi-hauteur de leur bord externe par de petites soies courtes et très serrées. Tarses de cinq articles dans les deux sexes; les trois premiers articles dilatés, cordiformes; crochets simples, parfois unidentés à leur base.

Leurs mœurs ont été observées par Heeger, Cornelius Ormerod et Perris.

Les Meligethes, nombreux partout, vivent aux dépens de diverses fleurs ; après l'hivernation, ils abandonnent leurs retraites et voltigent çà et là avec agilité pendant le milieu du jour, ils vont à la recherche des plantes pour se nourrir au détriment de leurs boutons et de leurs fleurs, dont ils dévorent le pollen, puis finissent par s'accoupler. Trois ou quatre jours après, surtout s'il ne fait pas de vent, la Femelle enfonce la pointe extensible de son abdomen dans le bouton d'une fleur et y glisse au fond un Œuf ovoïde. Au bout d'une ou deux semaines, selon que le temps est beau ou mauvais, la Larve éclôt et se nourrit des parties internes de la fleur. Dans l'espace de dix jours, elle mue jusqu'à trois fois, y compris la mue qui accompagne sa transformation en Nymphe, ce qui réduit son existence à un mois.

La Larve (pl. I, fig. 1), longue de 4 millimètres, a le corps cylindrique et de coloration blanc sale. La tête est brun noirâtre, les six premiers anneaux sont pourvus de pattes courtes et le douzième et dernier se termine par un appendice en forme de verrue. Sur le dos de chaque anneau on remarque — le premier excepté qui est corné — trois taches épineuses ; au centre de ces taches, les épines sont plus petites et manquent aux anneaux antérieurs, tandis qu'à la circonférence des taches elles sont oblongues et égales entre elles. La tête étroite est pourvue de trois ocelles simples de chaque côté, d'antennes à quatre articles et d'une lèvre supérieure cornée. Les mandibules fortes ont leur extrémité terminée en pointe.

La Larve, pour passer à l'état de Nymphe, se laisse choir et se glisse sous la surface du sol, à quelques centimètres de profondeur, où elle se file un cocon lâche, dans lequel on trouve bientôt après une Nymphe blanche, mobile, dont l'extrémité se termine par deux appendices charnus. Au commencement de juin apparaît le Coléoptère.

Les Meligethes ainsi éclos vaguent sur les fleurs, de même que ceux qui ont passé l'hiver, mais ils ne se reproduisent pas dans l'année courante, ils se réservent pour le printemps suivant.

Dégâts. — A l'état d'Insecte parfait, le Meligethes bronzé vit en famille aux dépens de diverses fleurs, notamment au détriment des boutons et des fleurs des Rosiers, dont ils dévorent le pollen, d'où la destruction ou l'avortement de l'ovaire et des semences pour l'obtention de nouveaux gains. Dans certaines années, ses ravages ne laissent pas que d'être assez considérables.

Moyens de destruction. — C'est du mois de mai à la fin de septembre qu'il faut ramasser les Meligethes. Il est préférable d'opérer le matin, de bonne heure, car les Insectes sont un peu engourdis, et leur capture est plus abondante que lorsqu'on opère dans la journée.

Pour détruire les Meligethes à l'état adulte, on emploie un appareil formé d'un demi-cercle en bois, auquel est fixé une toile présentant en son centre une ouverture portant un petit sac de toile. On peut encore pratiquer le ramassage des Insectes à l'aide d'un entonnoir en fer-blanc, échancré et très évasé dont l'ouverture inférieure communique avec un petit sac de toile qu'on y attache. Cet appareil est placé sous les fleurs. Si l'on secoue un peu celles-ci, ces Insectes, qui ont l'habitude de se laisser tomber sur le sol au moindre bruit, en contrefaisant le mort, seront recueillis dans cet entonnoir et réunis dans le sac, dont le contenu est détruit par l'eau bouillante ou par le feu.

On peut encore procéder à la chasse au moyen d'un plateau circulaire légèrement concave et présentant une échancrure pour loger la tige du rosier. Ce plateau est muni d'un manche courbe en fer avec poignée en bois. On enduit de coaltar ou goudron de houille, la surface supérieure du plateau, et on l'introduit sous l'arbuste infesté. En secouant les Roses, on recueille alors de nombreux Insectes qui viennent s'engluer sur le coaltar. Quand il y en a une certaine quantité, on les enlève ensuite en râclant le plateau avec une lame large en bois ou avec un couteau à large lame, puis on les brûle.

On ignore s'il existe des parasites de la Larve de cet hôte malfaisant pour les rosiéristes.

SCARABÉIENS

Melolontha vulgaris, Fab. — Hanneton commun. — *M. exterris*, Er.

Description et mœurs. — Le Hanneton commun (pl. I, fig. 9), 27 millimètres, nommé *Bardoire* dans le Lyonnais, a le corps plus ou moins oblong, convexe. Tête et corselet d'un noir légèrement bronzé ou verdâtre, les parties de la bouche, les antennes, les pattes et les élytres

sont d'un brun rouge. Antennes d'un fauve rougeâtre ont
dix articles distincts, à troisième article allongé, à massue antennaire de sept longs feuillets transverses en
dedans chez les Mâles, accolés au repos; de six courts
feuillets transverses chez les Femelles. Élytres testacées,
allongées, subparallèles, ne recouvrant pas le pygidium ;
elles sont marquées de cinq stries saillantes plus ou moins
poilues. Abdomen prolongé en pointe recourbée, porte
sur les côtés des taches blanches triangulaires ; pygidium
fortement perpendiculaire, grand, triangulaire, plus ou
moins prolongé au sommet. Jambes antérieures plus
longues et bidentées chez les Mâles, tandis que les
Femelles les ont plus robustes et tridentées ; les postérieures avec une petite saillie médiane externe. Tarses
assez étroits, à crochets munis à leur base d'une dent
interne droite dans les deux sexes.

Si cet Insecte destructeur, trop bien connu de tous,
cause tous les trois ans des ravages considérables à l'agriculture, à l'état parfait en dévorant, au crépuscule les
bourgeons et les feuilles de divers arbres et arbustes et
aussi des Rosiers, combien plus désastreux sont les dégâts
dus à sa Larve, car elle ronge les racines des arbres et
arbustes des Rosiers des jardins, surtout ceux des quatre-
saisons et fait périr les jeunes sujets.

Le Hanneton commun se plaît dans les jardins légers,
friables, faciles à fouiller, il s'y multiplie considérablement ; il est moins commun dans les terres fortes, dans
les sols durs, battus et qui sont peu ou point cultivés. La
tranquillité lui est nécessaire pour se multiplier, et lorsque le terrain est retourné fréquemment par les labours,
il l'abandonne pour chercher un séjour plus tranquille.
Les jardins et les vergers y sont beaucoup plus exposés
que les **bois.**

Le Hanneton ne se montre que vers la mi-avril et ne disparaît qu'à la fin de mai. Pendant ce temps, il se tient sur les rameaux et ronge les feuilles des arbustes, il s'y accouple. Après l'accouplement, qui dure longtemps, la Femelle descend de l'arbre et s'enfonce dans la terre à une profondeur de 10 à 20 centimètres. Elle creuse une galerie verticale à l'aide de ses mandibules et de ses pattes, et fait sa ponte au fond. Cette ponte est de quarante à cinquante-cinq œufs environ, disposés par groupe de dix à douze, de la grosseur d'un grain de chenevis et d'une couleur blanc jaunâtre. Au bout d'un mois ou six semaines, les Larves (pl. I, fig. 2) éclosent et restent près de la surface du sol ; elles se mettent à ronger les radicelles qui sont à leur portée. Sous cette forme première, elles croissent lentement et ne se séparent pas pendant le reste de la belle saison. Quant à la mère elle est morte dans sa galerie après avoir fait sa ponte ; le Mâle est aussi mort après l'accouplement. Au mois d'octobre, les jeunes Larves s'enfoncent dans le sol pour se préserver de la gelée et s'engourdissent. Au retour du printemps, elles se raniment, remontent vers la surface du sol et se séparent pour vivre chacune à part. Elles creusent des galeries pour trouver des racines tendres et succulentes dont elles se nourrissent ; leur grossissement est manifeste à la fin de l'automne, époque à laquelle elles redescendent dans les couches plus profondent de la terre pour échapper à la rigueur du froid. Le second printemps venu, elles recommencent à dévorer toutes les racines.

En juillet-août, cette Larve a acquis tout son développement, elle a 45 millimètres de longueur ; elle est blanche, arquée, grosse et plissée sur le dos ; sa tête est écailleuse, jaunâtre, pourvue de deux fortes mandibules et de deux petites antennes. Le corps est formé de douze

segments plissés transversalement, armés de **spinules sur
le dos**; le dernier est plus long, plus gros que les autres,
rempli d'une matière noirâtre. Cette Larve est **connue des**
horticulteurs sous les noms de : *Ver blanc*, **Turc**, *Ver
matis*, *Mans*, *Meunier*, etc.

Du mois de juin à août de leur seconde année, elles
s'enfoncent plus profondément que de coutume, **puis elles**
se creusent une petite cellule dans laquelle elles ne tardent pas à se transformer en Nymphe.

La Nymphe ne prend aucune nourriture, sa transformation en Insecte ailé est accompli en octobre; la
Nymphe moins molle se raffermit peu à peu, prend de la
force, se met à creuser une galerie pour abandonner sa
retraite souterraine au printemps de la troisième année.

Dégâts. — La Larve du Hanneton n'attaque que les
pépinières et les jeunes sujets qui lui offrent des racines
tendres et succulentes, elle les ronge et peut dévaster
rapidement une plantation de Rosiers en une saison.

Le Hanneton adulte cause peu de préjudice aux Rosiers,
ne rongeant que bien rarement ses feuiles au printemps.
En été, dès que l'on s'aperçoit que les feuilles se fanent
aux Rosiers, il faut aussitôt bêcher au pied des arbustes
et les déraciner au besoin, et souvent on trouvera la présence des Larves destructives. Il sera nécessaire, après
avoir rafraîchi les racines du végétal, de le replanter
aussitôt l'opération terminée.

Moyens de destruction. — De nombreux moyens ont
été recommandés pour détruire la Larve ou l'Insecte
parfait.

I. *Contre la Larve*. — 1° On s'oppose à la trop grande
multiplication de cet Insecte en détruisant toutes les
Larves que l'on rencontre en bêchant la terre, les Larves
ramenées à la surface périssent en grand nombre, mais

cela n'est pas toujours complètement efficace, attendu que celles enterrées à une certaine profondeur ne sont pas extirpées du sol.

Les volailles en sont très friandes, mais cette nourriture donne mauvais goût aux œufs. Les oiseaux nocturnes, les petits oiseaux de proie et les passereaux dévorent avidement la Larve et l'Insecte parfait ;

2° De nombreux remèdes ont été indiqués comme spécifiques contre les Vers blancs, mélangés avec de la terre ou du sable aux engrais ; la plupart ont été trouvés insuffisants ou nuisibles aux végétaux. Un procédé indiqué par M. P. Audouin, afin d'éviter la ponte dans les terres meubles, consiste à employer la naphtaline brune, extraite des huiles de goudron de houille des usines à gaz, produit volatil à bon marché. On répand par hectare 4 à 500 kilogrammes de naphtaline mêlée à trois fois son poids de terre sèche ou de sable ; ces proportions ont été indiquées par l'expérience et respectées ; elles ne nuisent nullement à la végétation des plantes ;

3° On a aussi conseillé de semer entre les rangs de Rosiers des plantes intercalaires : salades, fraisiers, etc., dont les Larves rongent les racines de préférence à celles du Rosier. En les arrachant, on détruira ainsi une grande quantité de Larves ;

4° Un moyen simple et sûr consiste à répandre, en mai, un épais paillis de feuilles sur le sol battu avant l'époque de l'accouplement des Hannetons. Il est bon aussi de s'abstenir de labourer et de fumer les sols légers et secs au printemps ; il est préférable de remettre ces travaux quand on n'aura plus à redouter la présence des pontes ;

5° Un nouveau procédé a été proposé pour détruire le Ver blanc, en 1890, par M. Le Moult, c'est l'emploi du *Botrytis tenella*, champignon parasite du Ver blanc et du Hanneton. Ce remède a donné d'excellents résultats dans les laboratoires, et l'on trouve dans le commerce des cultures de ce champignon. Pour l'employer, on prend du *Botrytis tenella* divisé avec du sable et on l'introduit dans des trous de 10 à 15 centimètres de profondeur, ou bien on se procure un ou plusieurs Mans envahis par les spores du cryptogame, on les place dans une boîte remplie de terre en compagnie d'autres Larves de Hannetons que l'on aura recueillis dans les cultures, au bout de cinq à six jours toutes les Larves seront infestées ; on les introduit alors dans les cultures ravagées au niveau de la profondeur où se trouvent les Mans à l'époque où l'on opère et à la distance d'un mètre environ.

Le *Botrytis tenella* développe ses spores dans le sol, l'infection cryptogamique se communique aux Larves voisines, bientôt toute la culture est envahie et les Mans, momifiés, deviennent rouges et durs en moins de trois jours.

II. *Contre l'Insecte parfait.* — Le meilleur moyen est de recueillir l'Insecte adulte, autrement dit pratiquer le *hannetonnage général* avec soin. Cette opération doit se faire au printemps, aussitôt l'apparition des Hannetons ; on l'exécute le matin, au lever du soleil et d'une manière générale, car le froid de la nuit engourdit ces Insectes, et en secouant les arbres et arbustes à ce moment, on en fait tomber un grand nombre. C'est un moyen très pratique et même rémunérateur, puisque dans certains départements, on donne de 20 à 50 centimes par décalitre, qui contient environ 3,000 hannetons.

Pour détruire les Hannetons ramassés, on peut mélanger ces Insectes avec de la chaux vive et de la terre ; on obtient ainsi un compost qui rend de grands services comme engrais, de valeur analogue au guano du Pérou,

2

et permet à l'agriculteur de rentrer dans ses frais de ramassage. En effet, à poids égal, les Vers blancs représentent en azote deux fois et demi autant que le fumier de ferme; les Hannetons quatre fois, ou une fois et demi autant que la poudrette ordinaire.

M. J. Reiset conseille de mélanger par couches de la naphtaline avec les Insectes dans un tonneau ouvert sur l'un des fonds; huit à dix kilogrammes de naphtaline suffisent pour détruire cent kilogrammes de Hannetons; ils sont asphyxiés en cinq heures et mis hors d'état de s'échapper au bout de deux heures.

Ce procédé efficace doit être renouvelé le plus souvent possible pendant tout le temps de leur apparition pour se débarrasser des individus présents, mais encore des nombreuses générations futures.

Les Hannetons adultes sont sensibles aux températures rigoureuses; les gelées tardives du printemps, les pluies froides et tenaces, les variations brusques de température en font périr considérablement, mais il n'en reste encore que trop pour causer bien des dégâts.

Le Hanneton a beaucoup d'ennemis naturels qui en font une grande destruction : à citer un grand nombre d'oiseaux qui se nourrissent, ainsi que leurs couvées, des Hannetons adultes; les moineaux sont très utiles, au printemps seulement.

L'application sévèrement obligatoire de la loi pour la destruction des Insectes nuisibles peut seule apporter un secours vraiment efficace aux cultures diverses. L'horticulteur intelligent, qui préserve ses plantations de la dévastation, est bientôt profondément découragé par l'apathie trop fréquente de ses voisins, dont les récoltes étant détruites par leur manque de soins, en considérant que les siennes, jusqu'alors préservées par ses soins inces-

sants, vont devenir le rendez-vous des Insectes destruc-
teurs.

Ce ne sera qu'après la promulgation d'un code rural et
notamment l'établissement d'une police rurale efficace,
par l'embrigadement des gardes-champêtres, appliquant
judicieusement la loi, qu'on pourra arrêter les dégâts
immenses causés à l'agriculture par les ravages des
Insectes nuisibles.

SCARABÉIENS

Anomala Julii, Payk. — Anomale de Frisch ou bronzé.
A. Frischi, Fabr.; *A. æneá*, de Geer; *A. dubia*, Scop.

Description et mœurs. — L'Anomale de Frisch est très
commun (pl. I, fig. 10), 12 à 14 millimètres, brillant, de
coloration vert foncé ou cuivreux en dessous. Corps ovalaire, épais, notablement convexe. Tête à épistome en
carré transversal, coupé carrément en avant, arrondi à
ses angles antérieurs, un peu rebordé. Antennes de neuf
articles, à massue feuilletée de trois articles. Tête, écusson et pronotum d'un vert métallique. Pronotum de la
même largeur que les élytres, finement rebordé sur les
côtés et parfois à la base, et assez densément ponctué.
Élytres fauves à reflets métalliques, un peu rugueuse-
ment ponctuées; suture verte, bleue ou brune, cette couleur envahissant parfois toute la surface; une fine bordure
membraneuse revêt le sommet et la majeure partie du
bord latéral. Pygidium roussâtre avec la base plus ou
moins bronzée. Pattes d'un brun bronzé, les quatre pattes
antérieures notablement moins fortes que les postérieures, qui sont toujours robustes; jambes antérieures
bidentées, les postérieures plus ou moins renflées dans

leur milieu ; tarses plus ou moins robustes à crochets inégaux.

Les Mâles se distinguent par leur massue antennaire
plus longue, le crochet interne de leurs tarses antérieurs
dilaté et plus robuste.

Dégâts. — Peu nombreux dans le nord et l'ouest de la
France, leurs dégâts sont limités dans l'est et le midi. Ils
voltigent, en juin–juillet, en grand nombre pendant le jour
autour des arbrisseaux et des arbustes d'ornement dont
ils dévorent les jeunes feuilles. L'Anomale de Frisch
ronge les étamines des Roses et nuit à leur fécondation ;
sa larve se nourrit aux dépens des racines des plantes.

Moyens de destruction. — I. *Contre l'Insecte parfait.* — Le procédé le plus facile à suivre consiste à faire
la chasse à la main. On le trouve caché au milieu des
pétales des Roses ; on les écarte avec soin, il se laisse
aisément saisir.

II. *Contre la Larve.* — Suivre le procédé indiqué
contre celle du Hanneton de la Saint-Jean ou du Hanneton des champs. — *Anisoplia agricola*, Fabr.; *Phyllopertha horticola*, L.

SCARABÉIENS

Anisoplia agricola, Fabr. — Hanneton des champs. — *A. villosa*,
Goeze.

Description et mœurs. — L'Anisophie ou Hanneton des
champs, 8 à 10 millimètres. Corps subovalaire, très peu
convexe en dessus, finement velu, sauf souvent en dessus, d'un noir bronzé avec poils blanchâtres. Chaperon
acuminé en avant et retroussé en saillie verticale. Tête
à épistome prolongé et notablement rétréci en avant,
puis, brusquement dilaté et réfléchi au sommet. Antennes

noires de neuf articles, à massue médiocre de trois feuillets. Pronotum ou corselet un peu plus étroit que les élytres, finement rebordé à la base et sur les côtés. Élytres oblongues, subparallèles, peu convexes, d'un fauve roussâtre assez brillant, bordées et tachées de noir près de l'écusson, sillonnées de sept stries indistinctes et munies d'une fine bordure membraneuse. Pattes fortes, ponctuées avec une teinte verte; jambes antérieures bidentées au sommet extérieurement; les postérieures plus ou moins renflées dans leur milieu. Tarses robustes, un peu comprimés, avec leurs quatre premiers articles munis de fortes soies en dessous au sommet, à deux crochets inégaux; les deux derniers segments de l'abdomen visibles, noirs, couverts de poils jaunâtres, ainsi que les côtés de l'abdomen.

Les Mâles se distinguent par leur massue antennaire un peu plus longue, leurs pattes plus robustes, surtout les tarses avec leurs ongles antérieurs à crochet externe plus long et plus épais que chez les Femelles, enfin, leur corps est un peu plus étroit; les Femelles offrent un bourrelet saillant plus ou moins marqué le long du bord externe des élytres derrière l'épaule.

Ce petit Hanneton est commun dans le midi de la France.

Dégâts. — Indépendamment des ravages considérables qu'il cause à l'agriculture, en rongeant les grains tendres du froment et du seigle, le Hanneton des champs se nourrit aussi des feuilles tendres et des fleurs des Rosiers.

A l'état de Larve, il cause de sérieux dégâts aux végétaux dont il ronge les racines à la manière du Ver blanc; sous cet état comme sous celui d'Insecte parfait, c'est un Insecte polyphage.

Moyens de destruction. — Pour détruire le Hanneton

des champs, le meilleur procédé est le ramassage à la main des Insectes parfaits, le matin jusqu'à midi, dans le courant de mai-juin, lorsqu'ils sont posés sur les feuilles et les fleurs pendant la chaleur du jour ; pour les recueillir, on se sert d'un sac ou de l'entonnoir spécial ; on peut aussi les recevoir dans un parapluie ouvert et renversé. Pour les détruire : les brûler ou les écraser. L'opération doit être renouvelée le plus souvent possible. L'établissement de nids artificiels pour les moineaux serait un palliatif assez efficace.

Contre les Larves, on devra employer les moyens indiqués pour la destruction de celles du Hanneton ; emploi de plantes intercalaires, paillis de feuilles sur le sol battu, etc.

Les corbeaux, les taupes et les mulots sont leurs ennemis naturels.

SCARABÉIENS

Phyllopertha horticola, L. — Phylloperthe horticole.

Description et mœurs. — Le *Petit Hanneton à corselet vert*, de Geoffroy, nommé aussi *Hanneton de la Saint-Jean* ou *Hanneton des jardins*, ou encore *Petit Scarabée des Roses* ou *des jardins*, est extrêmement commun ; il commet des déprédations en rongeant, en juin, les jeunes feuilles et les fleurs des rosiers.

Cet Insecte a le faciès de l'Anisoplie, mais il s'en distingue facilement par le vert brillant de sa tête et de son corselet sans pubescence ; ses élytres sont d'un jaune fauve.

Le Hanneton des jardins (pl. I, fig. 11), 8 à 10 millimètres, a la tête et le corselet d'un bleu ou d'un vert métallique, avec poils allongés, chaperon non acuminé

ni retroussé. Corps subovalaire, très peu convexe en
dessus, d'un vert noirâtre bronzé. Tête à épistome en
carré transverse ou parfois semi-circulaire, simple,
rebordé antérieurement avec ses angles arrondis. Pronotum un peu plus étroit que les élytres, finement
rebordé à la base et sur les côtés. Antennes de neuf
articles, ferrugineuses, à massue de trois feuillets noirâtres. Élytres couleur rouge-brique ou fauve-jaunâtre,
luisantes, sans taches, ovales, avec sept stries distinctes
et plusieurs obscures, irrégulièrement ponctuées. Pattes
médiocres, d'un noir verdâtre ; jambes antérieures bidentées au sommet extérieurement, les postérieures non
renflées dans leur milieu, offrant extérieurement deux
lignes de soies obliquement transverses ; tarses assez
étroits, avec leurs quatre premiers articles munis de soies
épineuses en dessous au sommet, leurs crochets tous un
peu inégaux ; extrémité de l'abdomen apparente et verte,
les côtés d'un noir verdâtre.

La Larve vit de racines de divers végétaux; on présume
que ses métamorphoses s'accomplissent en une année,
car on en rencontre annuellement à l'état d'Insecte parfait. La Larve, beaucoup plus petite que celle du Hanneton
commun, est courbée en forme de fer à cheval, d'un
blanc jaunâtre, avec la tête de couleur ferrugineuse
foncée ; les antennes ont cinq articles ; les mandibules
sont ferrugineuses avec l'extrémité noire. Sous cet état,
elle passe une année sous le sol, se nourrissant des racines des végétaux, puis elle se construit une coque dans
le sol pour se transformer en Nymphe, de couleur pâle,
attendant dans le repos jusqu'au printemps suivant pour
subir sa métamorphose et faire son apparition sous la
forme d'Insecte parfait, fin mai et juin, au moment de la
floraison des Roses. Il vole en plein soleil.

Dégâts, — Le Petit Hanneton de la Saint-Jean, très commun au printemps, dévore dans les jardins les feuilles tendres et les fleurs de divers arbustes fruitiers : pommiers, poiriers, pruniers, etc., ainsi que celles des rosiers, les pétales et les étamines des Roses et des plantes d'ornement, lorsque les fleurs de froment ou de seigle ne lui fournissent plus une nourriture suffisante.

Ce petit Coléoptère se montre annuellement, mais non périodiquement en grand nombre.

Moyens de destruction. — Pour le recueillir, le meilleur moyen est le ramassage à la main des Insectes parfaits, le matin, avant l'ardeur du soleil, car il vole en plein soleil. Pour le détruire, on l'écrase ou on le brûle.

Contre les Larves, on retourne le sol à 10 ou 15 centimètres de profondeur, au printemps ou à l'automne, les Nymphes ou les Larves se trouvent détruites au contact de l'air et exposées à la voracité des oiseaux. On pourra aussi faire des cultures intercalaires, composées de légumineuses, fèves, pois, vesces, etc., dont la Larve ronge les racines, de préférence à celles des Rosiers. En arrachant ces plantes quand elles s'étiolent, on peut alors recueillir beaucoup de Larves que l'on brûle.

Nous citerons aussi le *Phylloperla campestris*, Latr., Phylloperthe des champs, du midi de la France, de dimensions plus grandes que le précédent, à élytres d'un fauve brillant, tachées et bordées de noir. Il a les mêmes mœurs.

SCARABÉIENS

Gnorimus nobilis, Linn. — Trichie noble ou Cétoine noble.

Description et mœurs.— Les Trichies ou *Scarabées à pinceaux* ont des Larves se rapprochant beaucoup de celles du Hanneton commun.

Parmi les espèces indigènes, signalons notamment la Trichie noble ou *Verdet* de Geoffroy (pl. I, fig. 16), 16 à 20 millimètres, d'un beau vert métallique brillant, à reflets cuivreux, ainsi que l'abdomen orné de taches blanches. Corps déprimé et glabre supérieurement, s'élargissant davantage en arrière, contrairement à celui des Cétoines, qui se rétrécit en arrière. Tête à épistome carré, sinué antérieurement et de plus rebordé, mais faiblement chez les Femelles. Antennes courtes, de neuf articles, palpes et massue d'un noir violâtre. Pronotum ou corselet arrondi, fortement ponctué, notablement plus étroit que les élytres, bisinué à la base, avec un très faible sillon dans son milieu, distinctement rétréci vers le sommet. Écusson court, subcordiforme. Élytres fortement rugueuses, larges, assez courtes, légèrement arrondies sur les côtés, avec des stries légères et quelques macules blanches. Pattes assez longues, peu robustes, à reflets métalliques ; jambes antérieures bidentées extérieurement, les intermédiaires très arquées à la base dans les Mâles, les postérieures avec une petite dent sur leur tranche externe. Tarses assez étroits, leurs articles munis chacun d'un faisceau de poil au sommet et en dessous ; les postérieurs au moins aussi longs que les jambes. Abdomen souvent assez épais ; pygidium assez allongé. Leur vol normal, les élytres écartées.

Les Mâles se distinguent par leur épistome plus rebordé antérieurement, mais aussi par leurs jambes intermédiaires fortement arquées à la base et notablement dilatées vers le sommet, leurs tarses plus étroits et un peu plus long ; leur abdomen longitudinalement sillonné en dessous, et leur pygidium fortement convexe.

Les Femelles se font remarquer par leur pygidium plus ou moins sillonné au sommet, et, par suite, un peu tuberculé. — Ce bel Insecte est assez commun dans toutes les régions au climat froid ou tempéré ; il butine en diverses espèces de fleurs.

La Larve a été trouvée par Roesel dans le tronc pourri d'un prunier ; elle vit aussi dans divers arbres en décomposition. La tête de la Larve est grosse, son diamètre est égal à celui du corps de celle-ci. La Larve se transforme en Nymphe fin avril et l'Adulte éclôt un mois après.

La Trichie noble est moins commune que la Cétoine dorée, dont les mœurs sont semblables.

Dégâts. — La Trichie noble est relativement assez rare, partant ses dégâts sont très restreints. Les rosiéristes l'accusent de ronger les pétales des Roses, et M. Mulsant lui reproche « de venir puiser le nectar le plus parfumé de la coupe embaumée des roses. »

Moyens de destruction. — Le moyen le plus simple pour détruire la Cétoine noble, à l'état adulte, consiste à faire la chasse à la main, le matin ; l'on peut alors facilement les recueillir, puis les jeter au feu ou les écraser.

Pour se préserver de la Larve, on évitera le voisinage de troncs cariés ou pourris de pruniers, de cerisiers, d'aulnes et autres arbres dans lesquels la Larve trouve un logis et de la nourriture.

SCARABÉIENS

Trichius fasciatus, L. — Trichie fasciée ou à bandes.

Description et mœurs. — Cet Insecte, 12 à 14 millimètres, a été nommé la *Livrée d'Ancre*, par Geoffroy et C. Duméril, d'après ce fait que le marquis d'Ancre faisait porter à ses laquais des habits jaunes avec des galons alternativement jaunes et noirs. Ce Coléoptère est noir, hérissé de poils jaunâtres ou blanchâtres.

Corps épais, un peu déprimé supérieurement, très velu. Tête à épistome ou chaperon un peu plus long que large, un peu rétréci en avant, échancré au sommet, couvert ainsi que la tête et le pronotum de poils jaunes, nombreux et longs. Antennes courtes. Corselet ou pronotum noir à bordure jaune, à poils jaunes, un peu rétréci en avant, un peu plus étroit que les élytres. Écusson court, subcardiforme. Élytres à peine plus longues que larges, très planes, subparallèles, courtes presque carrées, jaunes ou flaves, avec trois bandes interrompues d'un noir velouté; la première bande noire est transverse et complète, les deux autres n'atteignent pas la suture. Pygidium avec deux bandes jaunâtres. Pattes grêles; jambes antérieures bidentées au sommet, extérieurement chez les deux sexes; les postérieures avec une faible crête sur leur tranche externe. Tarses plus longs que les jambes. Les parties inférieures du corps, l'extrémité anale ainsi que les hanches de la paire postérieure sont couvertes de poils blanchâtres.

Les Mâles se distinguent par leur pubescence plus longue, leurs pattes plus étroites, leurs jambes antérieures un peu plus longues et à dents moins fortes, enfin le premier article de leurs tarses antérieurs un peu dilaté en dehors au sommet et point dépassé par l'éperon terminal de la jambe. Chez les Femelles, l'éperon terminal des jambes antérieures dépasse distinctement le premier article des tarses.

La Trichie fasciée a une odeur parfumée et musquée. Comme les Cétoines, les Trichies plongent au plus profond des fleurs, dont ils rongent les parties internes sans remuer sensiblement le corps.

La Larve se développe dans les troncs d'arbres en décomposition. L'Insecte parfait possède des élytres non sinuées sur leurs bords externes, aussi pour livrer passage aux ailes, les élytres doivent s'écarter pendant le vol.

La Trichie fasciée se trouve peu communément en France, dans les régions froides ou tempérées. On la rencontre butinant ou sommeillant dans le jour sur les fleurs des chardons et sur les ombellifères dans les champs, et sur les Roses et les pivoines dans les jardins.

Dégâts.—Par suite de son apparition en petit nombre, les Roses ont peu à souffrir de sa présence. Toutefois, si la Trichie fasciée devenait plus abondante, la fécondation des Roses serait compromise, car elle ne se contente pas de se reposer entre les pétales des Roses, mais elle dévore aussi le nectar de ces admirables fleurs.

Moyens de destruction.— Pour recueillir l'Insecte parfait, on examine dans le jour les Roses avec soin, et comme au moindre danger il contrefait le mort, on le capture alors sans difficulté à la main, ou avec l'entonnoir spécial décrit précédemment.

Pour en diminuer le nombre et se préserver de la Larve, détruire les troncs d'arbres en décomposition, où se réfugient les Insectes adultes pour leur confier le dépôt de leurs Œufs, qui y subissent leurs transformations successives jusqu'à l'état parfait.

SCARABÉIENS

Trichius gallicus, Heer.— Trichie française ou abdominale.
T. abdominalis, Menetr.

Description et mœurs. — Cette espèce, un peu plus petite que la précédente, doit son nom à cause d'une bande blanchâtre existant sous le ventre de l'Insecte parfait. Elle a la première bande noire des élytres incomplète, à l'état de tache latérale.

La Trichie française (pl. I, fig. 17) se rencontre communément dans les régions froides et tempérées, sur les fleurs des chardons, des ombellifères, des Roses et des pivoines, à l'instar de l'espèce précédente.

Dégâts. — Ils sont les mêmes que ceux produits par la Trichie fasciée, mais plus étendus.

Moyens de destruction.— Suivre les conseils mentionnés contre la Larve et l'Insecte parfait de la Trichie fasciée.

SCARABÉIENS

Valgus hemipterus, L. — Valgue hémiptère.

Description et mœurs. — Le Valgue hémiptère (pl. I, fig. 15), 7 à 10 millimètres, le corps épais, court, uniformément de coloration noire, rendue grisâtre par le revêtement d'écaillettes nombreuses, blanches ou jaunâtres, qui dessinent des bandes et des taches irrégulières. Pronotum ou corselet subpentagonal, rebordé et rugueux en dessous, avec un sillon médian, deux arêtes et deux fossettes. Élytres noires avec écaillettes et bandes d'un blanc sale, très fines, aplaties, plus larges aux épaules que le corselet, plus courtes que celles du *Trichius*, et coupées carrément au sommet, laissant à découvert le pygidium et le segment précédent. Pygidium de même à écaillettes, frangé chez le Mâle, est muni chez la Femelle d'une tarière cornée, tubulaire, droite, subparallèle au corps, aussi longue que la moitié des élytres, 3 ou 4 millimètres, sillonnée en long au-dessous et dentelée de chaque côté. Elle a fait donner à l'Insecte, par Geoffroy, le nom de *Scarabée à tarière*. Celle-ci lui sert à percer les troncs des bois morts pour l'introduction de ses Œufs à l'intérieur des troncs d'arbres morts, où les Larves trouveront à se nourir. **Pattes noires** avec écaillettes d'un blanc sale; hanches postérieures extrêmement écartées; jambes antérieures à plusieurs dents, les postérieures très longues et gênant sa marche; tarses assez longs.

Ce Coléoptère vole en maintenant ses élytres non écartées entre elles, mais redressées, et faisant un angle aigu avec le corps.

Le Valgue hémiptère est commun partout en France. On le trouve à l'état parfait, à terre ou sur les troncs d'arbres, dans les bois, plus rarement dans les Roses, en avril-mai; il n'a pas été jusqu'ici signalé comme nuisible aux arbres fruitiers, mais sa Larve assez semblable, quant à la forme, à celle du Hanneton, se métamorphose dans la galerie qu'elle a creusée, parfois, dans l'intérieur des bûches coupées; la Nymphe en octobre et l'Insecte parfait au printemps suivant.

On doit à M. J. Fallou [1] d'excellentes observations sur les mœurs du Valgue hémiptère.

Suivant plusieurs auteurs, cet Insecte se développerait dans les vieux bois humides. M. J. Fallou a pu constater sa présence en grand nombre dans les terrains secs, où il vit dans les bois neufs et même privés de leur écorce, sur des poteaux et tuteurs de différentes essences d'arbres, tels que le chêne, le bouleau, l'orme, l'acacia, le châtaignier, etc.

La Larve est très nuisible en ce qu'elle détruit promptement, jusqu'à 25 centimètres de profondeur, les tuteurs que l'on emploie pour maintenir les Rosiers et divers arbustes, les pieux en bois des clôtures et des palissades.

Diverses précautions furent prises pour protéger les

[1] J. Fallou. — Sur les ravages causés par les deux Coléoptères nuisibles des environs de Paris, in *Revue des Sciences naturelles appliquées*, janvier 1889, nº 2.

pieux en bois, la pointe des piquets avait été passée au feu avant la plantation, d'autres furent enduits de goudron, deux ans après, M. J. Fallou trouvait des pieux complètement coupés au ras de terre, et la présence au printemps de Larves et de Nymphes ; à l'automne, au contraire, des Insectes parfaits, ne laissait aucun doute sur les auteurs de ces méfaits.

Voici le procédé de préservation préconisé par M. J. Fallou. Il est peu dispendieux et donne, paraît-il, les meilleurs résultats :

« J'enduis, dit le savant entomologiste, toute la partie de bois qui doit être fichée en terre d'une épaisse couche de céruse (carbonate de plomb) délayée à l'huile, je saupoudre aussitôt cette partie de grès en poudre (sable siliceux) et je laisse les deux couches sécher complètement, point bien essentiel à observer avant de placer les pieux. Ainsi préparé, le bois devient inattaquable par la tarière de la Femelle de l'Insecte.

» Les bois sont encore d'une plus longue conservation si l'on couvre le grès d'une couche de goudron. Ce dernier appliqué seul, n'empêche pas, au bout d'un certain temps, l'Insecte de déposer ses Œufs. Après la ponte, les Larves se développent rapidement, en rongeant les poteaux de bas en haut, et, en même temps, il n'en reste plus que des vestiges. »

Dégâts. — Cette petite Cétoine détruit les étamines des Roses, mais ne cause que peu d'ennuis aux rosiéristes, vu le nombre restreint des Insectes parfaits. Beaucoup plus nuisible à l'état de Larve, ses ravages consistant à réduire en poussière les tuteurs et poteaux employés dans les jardins pour maintenir les arbustes et les palissades.

Moyens de destruction. — Eviter dans les cultures les environs de celles-ci, la présence de tout arbre mort, de

débris de matières organiques, de bois en décomposition,
pour s'opposer au développement de la Larve du Valgue
hémiptère.

Procéder à la chasse à la main, le matin, pour détruire
l'Insecte parfait ; lorsqu'on le saisit, il contrefait le mort,
en raidissant ses membres, il reste ainsi dans une immobilité complète.

SCARABÉIENS

Cetonia aurata, L. — Cétoine dorée.

Description et mœurs. — La Cétoine dorée ou *Scarabée
des Roses* (pl. I, fig. 14), 16 à 22 millimètres, a un aspect
robuste et brille d'un magnifique vert pur, parfois doré
ou cuivreux, bronzé en dessus avec une teinte dorée
rouge cuivreux en dessous. Corps plus ou moins ovalaire,
glabre et plus ou moins déprimé supérieurement. Tête
se prolongeant en chaperon plus ou moins large, carré,
en général sinuée en avant. Antennes courtes de dix
articles, terminées par une massue ovale-oblongue, de
trois, semblable dans les deux sexes. Pronotum ou corselet trapézoïdal, trisinué à la base, avec échancrure
médiane placée au-dessus de l'écusson ; celui-ci, plus ou
moins large, en triangle plus long que large. Élytres à
bords parallèles, subcarrées, à épaules assez saillantes,
presque toujours impressionnées le long de la suture et
munies chacune de deux côtes assez saillantes ponctuées,
souvent avec des fascies blanches interrompues et des
points blancs ainsi que les derniers segments de l'abdomen. On en trouve dont les élytres n'ont aucune tache
ni fascies transversales blanches, d'autres qui ont de
longs poils blanchâtres, certaines d'un rouge cuivreux à
reflets irisés de vert métallique. Dans le midi de la

France, on rencontre des sujets qui sont en dessus d'un bleu violet ou d'un violet noirâtre, les élytres conservant, en général, les fascies blanches et en dessous d'un vert obscur.

Pattes assez robustes; jambes antérieures tridentées extérieurement; jambes intermédiaires plus courtes que les postérieures, offrant ainsi que ces dernières, sur la tranche dorsale, une dent ciliée intérieurement; tarses médiocrement grêles et aussi longs que les jambes.

Les Cétoines offrent une particularité intéressante lorsqu'elles prennent leur essor, leurs élytres ne s'entr'ouvrent qu'à moitié pour laisser glisser les ailes inférieures de chaque côté. — La Larve de la Cétoine dorée ressemble beaucoup à celle du Hanneton commun, ses antennes et ses pattes sont plus courtes, ces dernières se terminent par un bouton obtus; la largeur de la tête est moitié moins large que le corps.

Les Cétoines accomplissent toutes leurs évolutions en trois années : à l'état de Larve, elles vivent enfouies dans divers détritus végétaux et même dans le terreau humide et azoté des vieilles souches d'arbres; arrivées au terme de leur accroissement, elles se construisent, avec des débris de bois qu'elles agglutinent avec soin, une coque solide, conique, dont elles polissent l'intérieur; ainsi protégées contre les accidents et les intempéries, elles se transforment en Nymphes. On en trouve beaucoup aussi dans les fourmilières de la *Formica rufa*, L., où elles se nourrissent des parcelles ligneuses en décomposition, ayant servi dans la construction de la fourmilière, et aussi dans les nids d'Abeilles sauvages.

La Cétoine dorée ou *Émeraudine*, de Geoffroy, est très commune; à l'état parfait, elle est essentiellement floricole, elle fréquente depuis la fin de mai jusqu'au commencement de l'automne, dans les champs, les fleurs des ombellifères et des chardons, et dans les jardins, les Roses, les pivoines et les lilas. Pendant la plus grande chaleur du soleil, cet Insecte vit sur les fleurs des Églantiers des bois et des Rosiers cultivés, en dévorant le pollen des étamines, retenu par les pinceaux de poils des mâchoires, d'où le nom de *Scarabée des fleurs* appliqué à ces Coléoptères ; il ronge aussi les pétales des Roses, dont la mollesse est appropriée à l'état membraneux de leurs mandibules, et ne négligent pas de lécher le suc des nectaires.

Quand on saisit la Cétoine dorée, elle contrefait le mort, et se laisse capturer sans difficulté ; souvent elle laisse échapper, par le cloaque, un liquide fétide dans le but évident de reconquérir sa liberté.

Dégâts. — La Cétoine dorée n'est pas, à proprement dire, un Insecte très nuisible ; mais parfois, dans les jardins de Roses, en rongeant les pétales, les étamines et le pistil des Roses, elle les rend difformes en empêchant l'épanouissement normal des fleurs et fait avorter les semences et les fruits du Rosier, ce qui cause une déception regrettable au rosiériste, qui voit ses espérances compromises.

Moyens de destruction. — On ne connaît jusqu'à présent aucun remède efficace contre ces Insectes. On détruit les Cétoines adultes, en les recueillant à la main dans la matinée, de sept heures à midi, pendant qu'elles prennent leur nourriture, et comme il arrive qu'on les y rencontre en grand nombre, l'espèce se trouve ainsi diminuée par de faciles captures ; on peut encore planter plusieurs genêts ou d'autres plantes aimées des Cétoines, dont les fleurs les attirent et sur lesquelles on peut les récolter aisément en grand nombre.

Dans certains endroits, on utilise le goût prononcé des Cétoines pour les liqueurs acidulées, en plaçant, de distance en distance, des assiettes remplies d'eau vinaigrée ou de vin fortement piqué. Ces Insectes, attirés par l'odeur, viennent se gorger de la préparation, on n'a qu'à les ramasser et les détruire.

Il est utile de remplacer dans les cultures les fumiers pailleux par les engrais chimiques; on doit aussi faire disparaître des environs des habitations, des vergers et des propriétés, tout amas de débris végétaux, c'est-à-dire toute matière dans laquelle la Larve peut trouver sa nourriture, ou s'il existe des arbres ou bois en décomposition, y rechercher les Larves pendant l'hiver et les détruire.

SCARABÉIENS

Cetonia stictica, L. — Cétoine mouchetée ou piquetée.
Oxythyrea stictica, Muls.; *Leucocelis funesta*, Poda.

Description et mœurs. — La Cétoine mouchetée ou le *Drap mortuaire* de Geoffroy (pl. I, fig. 13), 8 à 11 millimètres, est une espèce moitié plus petite que la précédente.

Corps finement velu, d'un noir métallique un peu cuivreux, hérissé de longs poils clairsemés et de nombreuses macules blanches. Pronotum ou corselet et élytres noirs, parsemés de nombreuses macules crétacées. Pygidium noir avec taches blanches. Jambes antérieures bidentées.

Cet Insecte apparaît en mai, il est commun, et cause souvent de sérieuses déprédations aux fleurs des arbres fruitiers dont il ronge les étamines et les pistils et les rend improductives; aussi parfois il s'attaque aux Roses.

La Femelle dépose une cinquantaine d'Œufs, quelquefois davantage, dans un milieu convenable, dans lequel la Larve trouve de suite sa nourriture. La Larve se rencontre fréquemment dans les couches, les bâches, dans le terreau de bois en décomposition ; elle est nuisible aux semis.

Dégâts. — L'Insecte adulte nuit à la fécondation des Roses, en rongeant les organes de la reproduction.

Moyens de destruction. — Suivre les conseils indiqués contre la Cétoine dorée.

SCARABÉIENS

Cetonia hirtella, L.— Cétoine velue ou hérissée.— *C. hirta*, Fabr.
Epicometis hirta, Poda ; *Tropinota hirtella*, Muls.

Description et mœurs. — La Cétoine velue ou poilue ou encore l'*Arlequin velu* de Geoffroy (pl. I, fig. 12), 10 à 13 millimètres, est de couleur noire verdâtre.

Corps longuement recouvert de longs poils fauves très fournis. Pronotum ou corselet arrondi postérieurement, légèrement échancré au-dessus de l'écusson, longitudinalement caréné dans son milieu. Élytres avec six ou sept petites taches blanchâtres. Jambes antérieures tridentées, tarses assez étroits, cylindriques, au moins aussi longs que les jambes.

On la trouve communément en mai ; elle ronge les étamines et les pistils des fleurs des Rosiers, et se nourrit aussi des parties sucrées des nectaires des Roses.

La Larve se dévelope dans le terreau des arbres vermoulus ou dans le fumier de ferme décomposé.

Dégâts. — Ce Coléoptère est nuisible aux Rosiers, par ses ravages aux organes floraux, ce qui rend les Roses

improductives en semences, et contrarie l'espoir du rosiériste dans les gains impatiemment attendus.

Moyens de destruction. — Suivre les indications exposées pour la destruction de la Cétoine dorée.

Nous citerons pour mémoire, la Cétoine Morio, *Cetonia Morio*, Fabr., 14 à 20 millimètres, noir mat, sans
poils veloutés, d'une dimension plus prononcée que les
précédentes. Du midi de la France; mêmes mœurs que
les espèces citées *ut suprà*, toutefois elle cause moins de
dégâts aux Rosiers sauvages et cultivés.

ÉLATÉRIENS

Lacon murinus, L. — Lacon gris de souris.

Description et mœurs. — Le Lacon gris de souris
(pl. II, fig. 18), 16 millimètres sur 5 de large, a le dessus du corps marbré de gris sur fond d'un brun noirâtre,
le dessous du corps est brun très finement ponctué.

Corps généralement allongé, convexe en dessus et
subcaréné en dessous, atténué graduellement en arrière;
recouvert de poils courts, serrés et couchés de deux
couleurs : blanchâtres et bruns, formant en dessus et en
dessous des nébulosités marbrées. Tête médiocre, légèrement concave supérieurement, le plus souvent inclinée.
Épistome petit, très court, souvent placé sous un rebord
du front. Antennes de onze articles, notablement comprimées, plus ou moins dentées en scie intérieurement,
insérées près du bord antérieur des yeux et reçues inférieurement, au repos, dans des sillons prosternaux
profonds, le dernier article largement subovalaire. Pronotum ou corselet plus long que large, à articulation
libre. Écusson ovale et médiocre. Élytres convexes à
fines stries ponctuées, visibles sous les poils, rugueuses

de la largeur du corselet en avant, très allongées et rétrécies en arrière. Abdomen offrant inférieurement cinq
segments apparents et distincts. Pattes courtes, hanches
antérieures globuleuses, sans trochantins apparents ; les
postérieures aplaties en lames transverses, assez larges
en dedans ; tarses allongés de cinq articles plus ou moins
finement velus en dessous, le quatrième article est presque aussi long que les deux précédents et entier.

Une particularité spéciale permet de distinguer les
Élatériens de tous les autres Coléoptères. Si l'on s'approche de l'un de ces Insectes pour le saisir, il se laisse
choir sur le sol, en contractant ses courtes pattes sous
l'abdomen, et, si par cette chute il se trouve tombé sur
le dos, il ne tarde pas, dès qu'il est rassuré, à exécuter la
petite manœuvre qui lui permet de s'élancer dans l'air et
de se retourner en même temps ; mécanisme qu'il répète
chaque fois qu'il cherche à sortir d'une position critique.

La Larve du Lacon gris de souris (pl. I, fig. 3) est vermiforme, *Ver fil de fer* des Anglais et des Allemands,
cylindrique, légèrement aplatie, complètement recouverte d'une membrane chitineuse, luisante et hexapode ;
le dernier anneau abdominal qui porte l'anus est divisé
en deux saillies cornées. Elle vit cachée dans le sol ou
dans le terreau du bois pourri ou bien encore dans des
végétaux morts aux dépens desquels elle se nourrit. Elle
accomplit ses métamorphoses en deux ans, d'après
M. Perris ; parvenue à son complet développement, la
Larve s'enferme dans une cellule façonnée avec les matières où elle a vécu, ou la terre qui entoure les racines,
et elle se transforme en Nymphe, élancée, mobile, d'où
sort bientôt l'Insecte parfait.

La Larve est très nuisible, elle ronge l'écorce des racines des jeunes arbrisseaux d'ornement et des arbres

fruitiers : cerisiers, poiriers, pommiers, pruniers, etc., et les fait périr ; elle ravage aussi laitues, chicorées, tout près du collet, sous le sol.

A l'état adulte, le Lacon gris de souris dévore les pédoncules des boutons de Roses, entièrement ou en partie, il est très commun de mars à juillet, et, dans certains endroits, il passe pour nuire considérablement à la floraison de la reine des fleurs.

Dégâts. — Le Lacon gris de souris se tient, en général, sur les Rosiers, dont il rouge les feuilles et aussi les fleurs.

Moyens de destruction. — Eviter la présence, dans le voisinage des habitations et dans les jardins, de tout dépôt de débris organiques, d'arbres en décomposition, de bois vermoulu, auxquels la Femelle confie ses Œufs, et où la Larve trouve la nourriture qui lui est propre ; par ces moyens, on s'opposera à la propagation de la Larve.

M. Hogg, horticulteur anglais, a conseillé de répandre sur le sol des morceaux de tige de laitue, comme elles en sont très friandes de cette plante, elles s'y rendent pendant la nuit ; en les secouant le matin sur une toile, on en prend un grand nombre ; cette opération doit être faite pendant la belle saison. (In *Garden Magazine*, t. VI, p. 317.)

Contre l'Insecte parfait, il n'y a qu'à procéder à la chasse à vue, le matin avant midi ; pour le détruire, l'écraser ou le brûler.

CANTHARIDIENS

Cantharis vesicatoria, L. — Cantharide officinale.
Lytta vesicatoria, Fabr.

Description et mœurs.— La Cantharide (pl. II, fig. 19) est facilement reconnaissable à son aspect entièrement

d'un vert métallique, souvent avec des reflets dorés ou
cuivreux; sa taille varie considérablement, 15, 20 et 25
millimètres. A l'état parfait, la Cantharide a le corps
allongé, parallèle, convexe, à téguments de consistance
normale, finement pubescente. Tête triangulaire, souvent
penchée en dessous, ordinairement sinuée ou échancrée
à la base; resserrée postérieurement en un col étroit.
Épistome court, presque tronqué. Antennes de onze articles, filiformes, noires, à l'exception du premier anneau, qui est vert; atteignant la moitié de la longueur
du corps dans le Mâle et moitié plus petites chez la
Femelle; le dernier article pointu à l'extrémité. Pronotum ou corselet petit et transversal, un peu rétréci en
arrière, à surface un peu inégale. Écusson petit, en
triangle obtus. Élytres subparallèles, assez convexes,
conjointement arrondies et déhiscentes à l'extrémité;
très flexibles, un peu plus larges que le corselet et fortement granulées et marquées de deux fins sillons longitudinaux. Jambes longues; tarses noirs, grands, armés de
crochets bifides et simples.

On la connaît vulgairement sous le nom de *Cantharide*
officinale ou *Mouche d'Espagne*, car cette contrée
approvisionnait jadis le commerce de la droguerie de cet
Insecte vésicant. On le trouve plus fréquemment dans les
zones moyennes et méridionales de la France.

Les Cantharides ont le vol rapide et brillent d'une
teinte dorée à l'ardeur du soleil; elles se tiennent immobiles le matin et le soir. Les Mâles sont de moitié moins
volumineux que les Femelles, dont le long abdomen, après
la fécondation, gonflé d'Œufs, dépasse considérablement
l'extrémité des Élytres, de sorte que leur vol est très lent.

Vers les premiers jours de juin, on les voit apparaître
en troupes énormes, elles dépouillent les frênes cultivés,

les lilas et les troènes de leur feuillage et dénudent ensuite complètement d'autres arbustes, les Rosiers dont
elles dévorent les feuilles et diverses céréales. Les Cantharides exhalent une odeur désagréable de souris ; les
Mâles périssent presque aussitôt après l'accouplement ;
les Femelles survivent de quelques jours pour la ponte
de leurs Œufs, en nombre considérable, qu'elles déposent
dans un trou creusé à l'aide de leurs pattes antérieures et
qu'elles recouvrent de terre.

Les Œufs, de forme cylindrique, arrondie aux extrémités, donnent, une quinzaine de jours après la ponte,
des Larves ou Triongulins (pl. I, fig. 4) d'un blanc jaunâtre, à treize segments, élancées, aplaties, hexapodes ;
à tête légèrement déprimée avec deux antennes sétacées,
à mandibules crochues ; six pattes courtes, écailleuses ;
leur corps, formé de douze segments, outre la tête, se
termine par deux soies caudales divergentes. On pense
qu'à l'exemple d'autres Larves de la même famille, elles
vivent dans les nids de certains Hyménoptères, où elles
subissent des métamorphoses très singulières. L'évolution complète de leurs métamorphoses dure un an ;
comme tous les Méloïdes, ces Larves, avant d'arriver à
l'état de Nymphe, passent par quatre transfigurations
successives, que Fabre désigne sous le nom d'*Hypermé-
tamorphoses : Larve primitive* ou *Triongulin; seconde
Larve ; Pseudo-Chrysalide, troisième Larve.*

Dégâts. — Les Cantharides dévorent parfois les feuilles
des rosiers et n'en respectent que les nervures.

Moyens de destruction. — On ne connaît aucun remède
efficace pour se débarrasser des Larves, dont les métamorphoses ont lieu dans les nids d'Hyménoptères où ils
vivent en parasites et dont elles dévorent les Œufs et les
Larves.

Pour restreindre le nombre considérable de Cantharides à l'état parfait, il faut leur faire la chasse le matin, de très bonne heure ; on secoue vigoureusement les arbustes sur lesquels elles se trouvent engourdies par le froid, et on reçoit sur une toile les Insectes qu'on a fait tomber. On les fait périr, soit en les soumettant à la vapeur du vinaigre bouillant, soit à l'action de la chaleur artificielle, puis on les fait ensuite sécher rapidement en les étendant sur des claies ou en les passant au four. On les enferme ensuite dans des bocaux bien secs et hermétiquement clos, si elles sont destinée à l'usage de la pharmacie.

CURCULIONIENS RECTICORNES

Rhynchites minutus, Gyllh. — Petit Rhynchite ou R. menu.
R. Germánicus, Herbst.

Description et mœurs. — Ce petit Charançon, polyphage (pl. II, fig. 23), 3 à 4 millimètres. Corps ovale, rétréci antérieurement, d'un bleu foncé avec les antennes et le rostre noirs. Tête non rétrécie en arrière, un peu allongée. Bec ou rostre allongé, subcylindrique, filiforme et aussi un peu dilaté au sommet. Antennes droites, non coudées, de onze articles, les trois derniers plus épais, un peu écartés entre eux, en massue ovale-oblongue. Pronotum ou corselet conique, guère plus long que large, arrondi sur les côtés, un peu resserré au sommet. Élytres plus larges que le corselet, presque carrées, arrondies chacune au sommet, un peu déhiscentes et laissant plus ou moins à découvert le dernier segment abdominal. Pygidium assez découvert. Jambes n'offrant point d'épines au sommet ; ongles des tarses fortement fendus intérieurement.

L'Insecte vole très bien d'un arbuste à l'autre, il est commun ; il détruit les jeunes bourgeons et les fleurs de divers arbustes. La Femelle, en mai-juin, fait la recherche d'une partie herbacée de la plante, elle y perce, à l'aide de son rostre, une petite ouverture de 3 millimètres environ de profondeur et y dépose un Œuf, blanchâtre. Cette opération achevée, elle ferme l'ouverture avec une matière glutineuse qu'elle secrète, puis, un peu inférieurement, elle coupe circulairement le bourgeon aux trois quarts environ pour arrêter la circulation de la sève et modifier la nature du tissu végétal nécessaire pour la nourriture de la Larve ; de nouveaux bourgeons subissent la même opération, jusqu'à ce qu'elle ait terminé sa ponte ; le moindre choc atmosphérique détermine la rupture, la brindille noircit et reste suspendue par une de ses extrémités.

La Larve éclôt huit jours après la ponte, elle est apode, d'un blanc rosé avec la tête noire et dure, et les mandibules brunes, son corps est arqué et constamment enveloppé d'une sécrétion gluante ; elle se nourrit de l'intérieur desséché de la jeune pousse pendante ; elle change plusieurs fois de peau, puis ayant atteint son développement, elle se transforme ensuite dans le sol, y passe l'hiver sous la forme de Nymphe, dans une petite coque terreuse et prend son essor au printemps suivant à l'état d'Insecte parfait.

Le Rhynchite menu ronge, au printemps, pendant la nuit, les bourgeons et les jeunes pousses des Rosiers, on l'accuse aussi de détruire les étamines et les pistils des Roses.

Dégâts. — Le Petit Rhynchite, ainsi que sa Larve, sont nuisibles aux Rosiers, celui-là ronge parfois les bourgeons et les jeunes pousses, aussi les organes floraux, pendant la nuit; la Larve continue sur les jeunes pousses le désordre commencé par la Femelle.

Moyens de destruction. — On se débarrasse du Rhynchite menu à l'état parfait, en visitant le matin, de bonne heure, les rameaux et les feuilles des Rosiers sur lesquels il a passé la nuit; on profite de son état de torpeur pour le faire tomber sur une toile étendue sous l'arbuste, ou au-dessus d'un parapluie renversé, en secouant, à diverses reprises, les branches du Rosier; on ramasse les Insectes et on les brûle. L'Insecte est très timide et tombe au moindre choc, les pattes repliées et contrefaisant le mort pendant quelques instants, et se confond avec le sol du jardin, si on ne le recueille ainsi qu'il a été dit plus haut.

Cet Insecte passe l'hiver, à l'état de Nymphe, dans le sol ou caché sous les mousses ; il sera utile de bêcher le sol et de tenir les arbustes le plus propre possible.

Pour détruire les Œufs et la Larve et prévenir ses dégâts ultérieurs, il est bon de recueillir toutes les jeunes tiges flétries qu'on aperçoit sur les Rosiers, et de les jeter au feu.

CURCULIONIENS FRACTICORNES

Peritelus griseus Oliv. — Péritèle gris ou Grisette.
P. sphaeroïdes, Germ.

Description et mœurs. — Le Péritèle gris (pl. II, fig. 20) est un petit Charançon polyphage, de 5 à 7 millimètres de longueur, de coloration gris jaunâtre foncé avec des macules claires.

Corps subovalaire revêtu de squamules. Bec ou rostre un peu plus long et plus étroit que la tête, épaissi, légèrement défléchi; triangulairement échancré au sommet.

Antennes coudées de onze articles, allongées, assez fortes, avec massue ovale-oblongue. Pronotum ou corselet court, pointillé, tronqué aux deux extrémités, légèrement arrondi sur les côtés. Écusson indistinct. Élytres ovalaires, à grosses côtes, à épaules arrondies, non saillantes, maculées de noir. Pattes médiocres, jambes antérieures présentant au sommet une petite épine aiguë, ongles des tarses rapprochés, soudés dans leur moitié basilaire.

La Larve (pl. I, fig. 5) de cette nuisible espèce s'attaque aux jeunes pousses; pendant la nuit, elle vide les bourgeons en respectant les écailles extérieures, au point que les arbustes sont retardés d'un mois dans leur végétation, les feuilles provenant des bourgeons adventifs.

L'Insecte parfait apparaît fin mai et juin, il ronge aussi, pendant la nuit, les bourgeons et les jeunes pousses des arbres fruitiers et ravage parfois les Rosiers cultivés. Il est aptère.

Dégâts. — Le Péritèle gris cause des dégâts assez limités; rare dans le nord, commun dans le centre et le midi de la France.

Moyens de destruction. — Pour détruire cet Insecte, il faut procéder à la chasse à la main, toujours pendant la nuit, de préférence à l'aide d'une lanterne, alors que l'Insecte est sur les bourgeons, soit pendant le jour, en fouillant la terre autour des Rosiers, car il se réfugie pendant le jour sous des mottes de terre pour n'en sortir que le soir; quelques-uns restent cachés dans les bourgeons. Il faut secouer vigoureusement les arbustes, car le Péritèle gris se tient fortement attaché aux bourgeons et il tombe difficilement. On peut aussi disposer, au pied des Rosiers, de petits tas de mousse où les Péritèles viennent se réfugier; on les y trouve le matin et on les écrase; on a quelquefois recours à l'emploi de l'entonnoir *ad hoc* dans lequel on les recueille, puis on les brûle.

On s'oppose à leur ascension sur les rameaux des végétaux en entourant la tige de ceux-ci à 15 centimètres du sol, par une bande de toile enduite d'un mélange agglutinatif, ou simplement par une bandelette de toile cirée de 5 centimètres, dont l'extrémité est repliée intérieurement, on la maintient en haut à l'aide de raphia. Cette bandelette, enlevée au bout d'un mois, pourra être utilisée plusieurs années de suite.

Enfin l'examen attentif des Rosiers montrera les jeunes bourgeons altérés, on procédera à leur suppression et on les brûlera ; on préviendra ainsi la multiplication de cette espèce.

CURCULIONIENS FRACTICORNES

Magdalis Pruni, Germ. — Magdalin du Prunier. — *Magdalinus pruni,* L.

Description et mœurs. — Ce Curculionien est de petite taille (pl. II, fig. 22), 4 millimètres et demi de longueur, d'un noir opaque.

Corps allongé, subcylindrique, légèrement atténué en avant, obtus en arrière. Rostre ou bec plus ou moins allongé, linéaire, subcylindrique. Antennes médiocres, avec massus oblongue. Pronotum ou corselet oblong, plus ou moins resserré au sommet, tronqué au bord antérieur, plus ou moins distinctement bisinué à la base. Écusson bien distinct. Élytres allongées, oblongues, subcylindriques, sillonnées et profondément ponctuées, obtusément arrondies chacune au sommet, ne recouvrant point entièrement l'abdomen. Cuisses dentées ou mutiques ; jambes armées d'un fort crochet recourbé au sommet ; ongles des tarses écartés, libres.

Commun en mai et juin sur les arbres fruitiers à noyau et à pépins ; ce petit Insecte, assez paresseux, ronge un côté de la feuille, soit le haut, soit le bas.

La Larve vit dans quelque galerie sinueuse, sous l'écorce des troncs d'arbres maladifs entre l'écorce et le bois, ou dans le canal médullaire des rameaux d'une faible dimension. Elle y accomplit ses métamorphoses.

On rencontre aussi parfois le Magdalin du cerisier, *Magdalus cerasi*, L.. 4 millimètres, d'un noir opaque, très ponctué. Élytres striées-ponctuées. M. Perris l'a obtenu de rameaux de poirier, de pommier, d'aubépine et même de Rosier. Ses dégâts sont on ne peut plus limités.

Dégâts. — Relativement, le Magdalin du prunier cause de très minimes et peu fréquents dégâts aux Rosiers dont il ravage les feuilles, soit le haut, soit le bas.

Moyens de destruction. — Eviter, dans le voisinage des habitations et des terrains cultivés, la présence d'arbustes malades, où la Larve trouve sa nourriture et y accomplit ses transformations successives.

Faire la chasse à la main, à l'Insecte parfait, le matin de bonne heure, et secouer les rameaux au-dessus d'un entonnoir spécial, soit à l'aide du plateau agglutinatif ; ils se laissent tomber, les recueillir et les brûler.

CURCULIONIENS FRACTICORNES

Anthonomus Rubi, Herbst. — Anthonome de la ronce.

Description et mœurs. — Les Anthonomes sont de petite taille, 5 à 6 millimètres, avec des élytres striées ou ponctuées, avec un mélange de couleurs mates sans dessin bien arrêté.

Corps ovale, oblong, convexe. Rostre ou bec long, cylindrique, filiforme, très peu arqué, prolongeant une tête obconique. Antennes longues, grêles, à massue ovale-oblongue. Pronotum ou corselet subconique, très rétréci en avant. Écusson oblong. Élytres ovalaires plus larges que le corselet à la base, à épaules obturément angulées, recouvrant presque toujours entièrement l'abdomen. Pattes antérieures plus longues que les autres; cuisses renflées, jambes terminées par un crochet aigu, ongle des tarses bifides, dent interne plus courte.

Parmi les nombreuses espèces d'Anthonomes, il en est une parfois nuisible aux Rosiers, c'est l'Anthonome de la ronce, qui pond au printemps dans les boutons des fleurs du Rosier et les rend stériles. Généralement, les Larves vivent dans les fleurs de la ronce, et les adultes sur les feuilles ou les fleurs.

Au commencement du printemps, lorsque les fleurs des Rosiers sont en boutons, les Femelles de l'Anthonome, qui ont hiverné sous les écorces, percent chaque bouton d'un petit trou où elles déposent un seul Œuf; un cercle noir se forme, puis il noircit davantage, se dessèche et tombe; bientôt naît une Larve qui dévore les étamines et le pistil. Si on ouvre le bouton, on voit au milieu un petit Ver blanc couché en rond; la Nymphe se transforme dans le bouton. Les adultes passent engourdis et cachés l'été, l'automne et l'hiver, pour s'accoupler au commencement du printemps suivant.

Dégâts.— La Larve dévore quelquefois les boutons des fleurs des Rosiers, et l'Insecte parfait ronge les étamines et les pistils des Roses et les rend stériles. Cette espèce n'occasionne que des dégâts très limités en France.

Moyens de destruction. — Au printemps, quand il se montre, on examine attentivement les boutons des Rosiers, et on enlève à la main ceux qui sont attaqués, pour écraser ou brûler les Larves qu'ils recèlent. Faire la chasse à la main à l'Insecte parfait, le matin, secouer les rameaux au-dessus d'un plateau agglutinatif ; les Insectes se laissent tomber, les recueillir et les brûler.

L'Anthonome a des ennemis naturels : les oiseaux et deux parasites Hyménoptères : un Ichneumonide, le *Pimpla graminellae*, Grav., et un Braconide, le *Bracon venator*, N. de E., pondant leurs Œufs dans le corps des Larves de l'Anthonome, les petites Larves qui en sortent les dévorent.

CÉRAMBYCIENS ou LONGICORNES

Clytus arietis, L. — Clyte commun ou Clyte bélier.
C. gazella, Fabr.

Description et mœurs. — Le Clyte commun (pl. II, fig. 25), 9 à 15 millimètres, est élégant, d'un noir mat, paré de couleurs variées sinon très brillantes ; leste à la course, très agile au vol par les temps chauds, il aime à se poser sur les fleurs des Rosiers, au milieu du jour.

Corps noir, assez allongé, convexe. Tête inclinée, à front grand, vertical. Antennes rougeâtres, courtes, toujours moins longues que le corps. Pronotum ou corselet oblong, presque globuleux, couvert de fines aspérités, légèrement atténué en avant, avec deux bandes de duvet jaune. Écusson court, d'un beau jaune velouté. Élytres légèrement atténuées vers l'extrémité, avec quatre bandes jaunes, la seconde sinuée comme les cornes d'un bélier. Pattes grêles et longues, surtout les postérieures, rougeâtres, avec cuisses plus ou moins en massue, les postérieures ferrugineuses à l'extrémité ; tarses variables.

La Femelle est plus grande que le Mâle.

Cette espèce est très commune en France pendant l'été ; c'est la *Lepture à trois bandes dorées* de Geoffroy. La Larve (pl. I, fig. 6) vit dans les jeunes tiges et les branches mortes de divers arbres forestiers et fruitiers. Nordlinger a suivi, en mai, le développement de cet insecte, dans une grosse tige de Rosier mort.

Le Clyte commun butine, depuis mai jusqu'à la fin de l'été, sur les fleurs en ombelles et en corymbes des haies et des jardins.

Dégâts. — Le Clyte bélier ronge quelquefois les étamines et les pistils des Roses ; ses dégâts sont très restreints.

Moyens de destruction. — Pour s'opposer à la propagation de la Larve, faire disparaître, des environs des habitations et des terrains cultivés, tout arbuste maladif ou mort, c'est-à-dire toute substance dans laquelle la Femelle peut rencontrer asile et nourriture pour sa progéniture.

Faire la chasse à la main à l'Insecte parfait, le matin, alors qu'il est engourdi, le recueillir et le brûler.

CÉRAMBYCIENS ou LONGICORNES

Obrium cantharinum, L. — Obrie cantharine.
O. ferrugineum, Fabr.

Description et mœurs. — L'Obrie cantharine (pl. II, fig. 24) est de petite taille, 7 à 9 millimètres, d'un testacé ferrugineux ; le corps, d'une forme élégante et d'un jaune rougeâtre brillant, est garni de poils assez longs. Corps allongé, médiocrement convexe. Tête saillante et lisse. Antennes noires, grêles, pubescentes, un peu plus longues que le corps dans les Mâles, ciliées à la base. Pronotum ou corselet cylindrique, plus étroit que la tête avec les yeux, plus long que large ; chaque côté portant un tubercule conique. Écusson oblong, arrondi à l'extrémité. Élytres carrées aux épaules, faiblement élargis en arrière, arrondis à l'extrémité, assez fortement ponctuées, recouvrant tout l'abdomen. Pattes noires, grêles, à cuisses fortement renflées dans leur moitié postérieure ; jambes assez longuement ciliées, les postérieures portant un court sillon à leur extrémité externe.

L'Obrie cantharine est rare, on ne la trouve qu'accidentellement butinant sur les Roses sauvages et cultivées. La Larve vit dans les rameaux de diverses essences de peupliers, de trembles.

Dégâts. — L'Obrie cantharine n'occasionne pas de très sérieux dégâts, à cause de sa rareté. Nous ne l'avons signalée simplement que pour mémoire et d'une façon très secondaire ; plus nombreuses, elles pourraient devenir nuisibles.

Moyens de destruction. — Faire la chasse à vue, en été, à l'insecte parfait pendant le jour et le brûler.

CÉRAMBYCIENS ou LONGICORNES

Saperda praeusta, Fabr. — Saperde brûlée. — *Tetrops præusta*, L.
T. ustulata, Hagenb.

Description et mœurs. — La Saperde brûlée (pl. II, fig. 26), 4 à 5 millimètres, est la *Lepture noire à étuis jaunes* de Geoffroy.

Corps noir, oblong, presque parallèle, pubescent. Tête inclinée pas plus large que le prothorax, très convexe en devant. Yeux complètement divisés en deux parties. Antennes assez fortes, ciliées, plus courtes que le corps, très écartées à la base. Pronotum ou corselet fauve, latéralement inerve, transversal, un peu élargi sur les côtés au milieu, ayant un sillon transversal profond. Écusson en triangle tronqué. Élytres d'un tiers à peine plus larges que le prothorax, parallèles, fauves très ponctuées, noires à leur extrémité et tronquées obliquement. Pattes d'un jaune livide, très courtes, cilées ; cuisses comprimées, un peu en forme de massue, les quatre dernières noires ; crochets des tarses avec une dent large et saillante à la base. La Saperde brûlée est couverte d'une fine pubescence serrée et un peu velue en dessous.

La Larve subit sa vie évolutive dans les végétaux ligneux forestiers et fruitiers : charme, chêne, orme, poirier, etc.

La saperde brûlée est assez commune en France ; on la trouve butinant sur les fleurs des ronces et les Roses, sur les fleurs en ombelles de diverses plantes sauvages et cultivées. Nous ne l'avons citée que pour mémoire, elle n'occasionne que de très rares dégâts.

Dégâts. — Insignifiants dans les cultures de Rosiers.

Moyens de destruction. — Procéder à la chasse à la main de l'Insecte parfait, en été, pendant le jour, et le brûler.

CHRYSOMÉLIENS

Cryptocephalus labiatus, L. — Cryptocéphale labié.
? *longicornis*, Thms.

Description et mœurs. — Le Cryptocéphale labié (pl. II, fig. 27), 5 à 6 millimètres, d'un bleu noir, est désigné aussi sous le nom de *Gribouri*. Il est assez commun en France.

Corps très court, épais, très convexe, presque toujours glabre en dessus. Tête large, aplatie en avant, rentrant complètement dans le prothorax, invisible quand on regarde le dessus du corps. Antennes de onze articles, jaunes, longues, grêles, filiformes, aussi longues au moins que la moitié du corps. Pronotum ou corselet brillant d'un bleu métallique, très convexe, glabre, très développé en dessus et très court en dessous. Écusson assez grand, en triangle, ordinairement tronqué. Élytres à peine plus larges que le corselet, assez courtes, arrondies à l'extrémité. Pygidium grand, découvert, incliné en dessous. Pattes jaunes, les antérieures de grandeur normale, les pattes moyennes assez fortes ; crochets des tarses simples.

La Larve (pl. I, fig. 7), recourbée, s'entoure d'un fourreau protecteur, à la figure d'un dé à coudre, composé de ses excréments ; elle est libre dans cette coque, la tête sortant ainsi que le thorax ; elle vit des feuilles de diverses plantes ; elle subit ses évolutions successives en une année, dans le fourreau noirâtre et rugueux qu'elle fixe à un point d'appui et le ferme au sommet pour y passer l'hiver. Lors de la Nymphose, en mai, la Larve ferme la partie ouverte du fourreau avec un opercule d'excréments, puis elle se retourne dans son logis, rejette la peau de la Larve contre l'opercule, et l'Insecte parfait sort au bout de quelques semaines par l'extrémité opposée, inférieure et un peu plus large, dont il enlève un morceau circulaire.

On trouve les Insectes parfaits souvent, plusieurs réunis ensemble, accrochés aux tiges, aux rameaux et sur les fleurs des plantes variées ; ils sont très peu actifs, mais volent assez facilement ; ils ont l'habitude de rentrer leurs pattes et de replier leurs antennes, puis de se laisser choir lorsqu'on s'approche sans précaution.

Dégâts.— Les Rosiers n'ont pas beaucoup à souffrir de ses déprédations, bien qu'assez commun, mais réparti sur de nombreuses plantes diverses.

Moyens de destruction. — Secouer les arbustes, le matin, en prenant la précaution de ne pas faire de bruit, et recevoir sur un entonnoir ou sur tout autre appareil *ad hoc* les Insectes, les recueillir et les brûler.

ORTHOPTÈRES

L'ordre des Orthoptères comprend des Insectes qui ont une évolution incomplète, c'est-à-dire qu'ils éclosent de l'Œuf, ayant à peu près la même forme que l'Insecte parfait, sauf la dimension et les ailes, celles-ci ne paraissent qu'après la Nymphose. Aussi la Larve a la même forme et les mêmes mœurs que la Nymphe agile et que l'Insecte parfait.

Les Orthoptères sont des Insectes dont le corps, généralement moins consistant que celui des Coléoptères, présente les ailes de la première paire de consistance chitineuse et souple, moins coriaces que celles des Coléoptères ; ce sont des élytres demi-membraneuses, chargées de nervures et ne se joignant que rarement par une ligne droite à la suture ; elles recouvrent les ailes membraneuses pliées dans leur longueur comme un évantail et sillonnées par des nervures longitudinales. Quelques espèces sont aptères et d'autres n'ont que des ailes rudimentaires.

La bouche est conformée pour la mastication ; elle comprend un labre, deux mandibules courtes et très fortes, agissant comme une paire de ciseaux, deux mâchoires, une lèvre et quatre palpes ; les palpes maxillaires ont cinq articles.

Les antennes ont ordinairement plus de seize articles,

indistincts. **Certains Orthoptères, outre leurs yeux à facettes**, ont encore deux ou trois yeux lisses; quelquefois les pattes sont toutes semblables, d'autrefois, les pattes antérieures sont propres à saisir une proie, souvent les pattes postérieures, beaucoup plus longues, sont conformées de façon à exécuter des sauts.

La plupart des Orthoptères sont très voraces et se nourrissent de matières végétales, certaines espèces attirent souvent l'attention par les dégâts qu'elles causent sur les divers végétaux où elles se réunissent en société pour y chercher leur nourriture. A l'état de Larve, de Nymphe ou d'Insecte parfait, ils sont remarquables par leur voracité; d'autres espèces dévorent des Insectes, nuisibles ou non, enfin il en est quelques-unes qui infestent nos habitations et dévorent les matières alimentaires et les souillent de leur odeur fétide.

Ces Insectes se multiplient considérablement, leurs Œufs sont très nombreux; un grand nombre de Femelles sont munies d'une tarière dont elles se servent pour loger leurs Œufs dans les endroits où les guide leur instinct.

D'après la considération des appendices destinés à la marche, Audinet-Serville a divisé les Orthoptères en deux sections : en *coureurs* et en *sauteurs*.

Un sous-ordre spécial, les *Labidoures*, représenté par le Perce-Oreille, forme un groupe qui paraît établir le passage naturel des Staphiliniens (Coléoptères) à cet Insecte, par ses élytres courtes et parallèles et le repli compliqué de ses ailes, mais s'en différencie de ces derniers par l'absence de métamorphoses et par la présence de pinces, plus ou moins courbes, selon le sexe, qui terminent l'abdomen et qui sont inoffensives.

ORTHOPTÈRES LABIDOURES

Forficula auricularia, L. — Perce-Oreille commun ou Forficule, auriculaire.

Description et mœurs. — La Forficule auriculaire ou le Perce-Oreille commun est la seule espèce européenne qui soit nuisible à l'agriculture et à l'horticulture. C'est le *Grand Perce-Oreille* de Geoffroy (pl. II, fig. 28). La longueur du corps varie de 10 à 15 millimètres dans le Mâle, et la pince ou les forcipules ont en outre de 4 à 8 millimètres ; la Femelle, le corps de 8 à 12 millimètres, et la pince de 3 à 4 millimètres.

Le Perce-Oreille commun a le corps linéaire, glabre, luisant, d'un brun de poix plus ou moins ferrugineux. Tête rousse, yeux noirs ; antennes filiformes, testacées jaunâtres, de 14 à 15 articles granuleux dans l'Adulte, insérées au devant des yeux. Pronotum ou corselet, sub-carré, moins large que la tête et les élytres, brun sur le disque, avec les bords testacés pâles un peu réfléchis. Pas d'écusson. Élytres bien développées très courtes, subrectangles, d'un brun ferrugineux foncé vif, ainsi que la partie coriacée des ailes, avec les bords testacés jaunâtres. Ailes membraneuses, repliées d'abord en éventail dans le sens de la longueur, puis transversalement, se joignant à leur face interne et leurs pointes recourbées vers la partie supérieure, dépassant un peu les élytres dans le repos ; leur extrémité est de couleur testacée. Abdomen de neuf anneaux, mou, d'un brun ferrugineux, ponctué dessus et dessous dans les deux sexes ; le dernier anneau se termine par deux appendices mobiles formant une pince, à branches courbes, dilatées et dentées à la base dans les Mâles ; plus courtes, presque droites, courbées en dedans à l'extrémité, et mutiques dans les

Femelles ; cette pince est testacée, enfumée au bout et à la base, et leur sert à déplier leurs ailes au moment de l'essor. Pattes courtes, testacées jaunâtres, cuisses robustes, comprimées ; tarses à trois articles, le second court, dilaté, bifide.

Le Perce-Oreille est très commun en France; il dégage une odeur *sui generis* désagréable et nauséabonde.

Le Perce-Oreille est un Insecte lucifuge nocturne, il aime surtout les lieux obscurs ; c'est pendant la nuit qu'il cherche sa nourriture, il se sert alors de ses ailes pour se transporter d'un endroit à un autre ; pendant le jour, il se tient caché sous les débris de toute nature, sous les pierres, sous la mousse, dans les fissures des écorces d'arbres et des murs, dans la corolle des fleurs, sous les pots à fleurs, sous les abris et les vases ou caisses de jardin, entre les tuteurs et les plantes, etc. On le trouve blotti souvent à l'intérieur des feuilles des plantes enroulées en cornet par d'autres Insectes et dans les cavités artificielles. Il vit en société, surtout à l'état de Larve et de Nymphe ; il n'y a qu'une génération par an.

On admet que sa dénomination de *Perce-Oreille* lui a été donnée, d'après M. Goureau, à cause de la pince qui termine l'abdomen et qui ressemble à celle employée autrefois par les bijoutiers pour percer le lobule de l'oreille dans laquelle ils devaient placer des anneaux, et non d'après un préjugé, parce que la forficule se serait quelquefois introduite dans l'oreille de personnes couchées à terre, et aurait déterminé des accidents graves, ce qui est impossible, la membrane du tympan s'opposerait à leur pénétration plus profondément. Il a pu se faire que la Forficule ait cherché à se réfugier dans l'oreille, mais sans nuire aucunement, contrairement à ce que dit la croyance vulgaire. Cette incursion, faite

plutôt par mégarde, à cause de l'obscurité rencontrée·
fortuitement dans l'oreille externe. Quant à celui de Forficule, il vient du mot latin *forficula*, qui signifie une
petite tenaille.

Cet Insecte est fort agile et court avec rapidité dès
qu'on a mis à découvert le lieu de sa cachette.

La Forficule auriculaire paraît hiverner pleine avec
ses Œufs, l'accouplement a lieu en septembre et en octobre, et la ponte au mois d'avril suivant. La Femelle
dépose ses Œufs par petits paquets de dix, vingt ou trente,
dans une fissure d'écorce d'arbre ou sous une pierre. Les
Œufs, lisses, allongés et blancs, de 1 à 2 millimètres de
longueur, et réunis en masse, sont l'objet d'une vive sollicitude de la part de la Femelle, qui semble en prendre
un soin tout particulier jusqu'à leur éclosion. Cinq ou
six semaines après la ponte, dans le courant de mai, les
petites Larves éclosent et sont rassemblées auprès de leur
mère, qui les surveille attentivement, probablement pour
les préserver des méfaits des autres Insectes ou même de
ceux de ses congénères; elles sont presque blanches,
avec la tête noire et brillante, et sont pourvues de deux
mandibules, de deux antennes de huit à dix articles et de
six pattes; elles n'ont ni ailes ni élytres, mais elles possèdent la pince anale qui caractérise les Insectes de ce
genre; elles ont 4 millimètres au moment de leur première mue et commencent à devenir brunes; elles atteignent 8 millimètres à la seconde mue, peu à peu elles
noircissent à mesure qu'elles grandissent, jusqu'à la quatrième mue, après elles se transforment en Nymphes
agiles, vers la mi-juin, avec leurs téguments ayant acquis leur coloration normale, elles montrent des moignons d'ailes et des élytres rudimentaires et des antennes
de douze articles, de sorte que la métamorphose est rem-

placée par de simples mues très courtes, qui permettent à l'animal de croître en se débarrassant chaque fois de la peau dure et inextensible qui recouvre les parties molles, puis elles deviennent Insectes parfaits en septembre ou octobre.

Les Larves sont très agiles et vont à la recherche de leur nourriture, d'origine végétale, telles que les feuilles tendres des plantes herbacées; c'est vers la mi-juin qu'elles causent le plus de dégâts. A l'état de Nymphes, elles sont très actives comme sous celui de Larves, elles marchent, ont un grand appétit et continuent à grandir. Elles vivent en colonies plus ou moins nombreuses, et mangent non seulement des matières d'origine végétale, mais aussi, à l'occasion, des Insectes, et, d'après de Geer, s'entre dévorent quelquefois les unes les autres, ce qui, d'après de Geer et certains auteurs, serait une des principales causes qu'il en survit un nombre plus restreint à l'état d'Insecte parfait.

Quand l'Insecte se croit menacé ou lorsqu'on le saisit par la partie antérieure du corps, il relève la partie postérieure de l'abdomen, comme les Staphylins, en écartant les branches de la pince, et il se met sur la défensive; mais il ne peut faire aucun mal.

Dégâts. — Cette espèce est commune et souvent très nuisible dans les jardins; elle est polyphage; au printemps et pendant l'été, sous la forme d'Insecte parfait, de Larve ou de Nymphe, elle occasionne de nombreux dégâts en rongeant les boutons à fruits des pêchers en espalier, dont la sève sucrée leur sert de nourriture, et compromet ainsi leur fructification; d'autres fois, elle ravage les tiges à fleurs des œillets, les jeunes pousses des dahlias et des chrysanthèmes; elle suce le nectar des fleurs et dévore les pétales et les étamines des giroflées, des pélargoniums, des roses trémières et des Roses, au point de compromettre leur floraison. En automne, le Perce-Oreille nuit surtout aux fruits sucrés, tels que les abricots, les pêches, les poires mûres, les prunes, particulièrement les pommes, en choisissant instinctivement les plus suaves et les plus douces, dont ils aiment beaucoup la pulpe sucrée ; il attaque avec avidité les fruits sucrés, gâtés ou sains ; toutefois, il est juste de dire que le Perce-Oreille n'en prend sa part qu'après qu'ils ont été ravagés par les Guêpes, circonstance atténuante, bien qu'il achève assez promptement les fruits attaqués par d'autres Insectes. Il n'est pas rare d'en trouver entre les grains serrés des grappes de raisin.

Moyens de destruction. — Contre l'Insecte parfait, les arrosages, les pulvérisations répétées avec des produits insecticides, soit liquides, soit en poudre, sont restés sans résultat, aussi, pour les détruire, a-t-on recours à des moyens inventés pour en capturer un certain nombre, basés sur la connaissance de ses habitudes lucifuges. Recherchant les endroits obscurs, évitant toujours la grande lumière, on les trouve sous les feuilles, dans les fissures des écorces d'arbres, sous les pierres, etc. Il suffit donc de lui procurer un abri artificiel dans les endroits exposés à ses dégâts, pour qu'il vienne s'y réfugier, on peut ainsi en recueillir un certain nombre ; on emploie des petits paquets de paille légèrement humectée d'eau, de brindilles feuillues d'arbustes divers, des ergots de divers animaux, des tiges creuses de roseau, de sureau ou d'ombellifères, fermées par un bout, des chiffons de laine, d'étoffes, des cornets de papier dont le fond est garni de mousse, etc., que l'on suspend aux rameaux des plantes à protéger. On peut facilement capturer les Femelles fécondées, en les attirant, à l'automne, au moyen de brindilles de paille mises à proximité des plantes infestées et abandonnées pour qu'elles adhèrent au sol. Par une belle journée de janvier ou de février, on secoue ces bottes sur une toile étendue, il en tombe un certain nombre d'Insectes engourdis qu'il est facile de détruire.

Les Perce-Oreilles s'y réfugient à l'approche du jour, afin de se soustraire à l'action de la lumière; le matin, on visite les pièges, on les secoue pour faire tomber des quantités de l'erce-Oreilles qu'on n'a plus qu'à écraser ou à brûler.

Il ne faut pas les secouer au-dessus de l'eau, car ils nagent très bien et s'échappent. On peut encore employer des pots à fleurs renversés, dont le fond est garni de mousse, en les retenant légèrement soulevés au-dessus du sol, ces Insectes se cachent sous ce piège, où on les trouve réunis le matin, il ne reste plus qu'à les détruire; on peut les présenter aux poules qui en sont très friandes et les avalent avec avidité. En novembre, on fait tomber les Perce-Oreilles des branches des arbustes où ils sont engourdis, quand on les bat au-dessus d'une toile étendue ou d'un parapluie renversé; on peut encore s'opposer aussi à la propagation de cette funeste espèce en pratiquant plusieurs labours pendant l'hiver, en décembre, janvier et février, pour ramener à la surface les Perce-Oreilles enterrés et engourdis qui ne pourront, dans cet état, s'enfoncer à nouveau dans le sol, et qui seront détruits par l'humidité.

Le Perce-Oreille a peu d'ennemis naturels, les oiseaux insectivores ne le recherchent guère, mais nous citerons deux ennemis à protéger : un petit Mammifère nocturne, la Musaraigne (*Sorex araneus*, L.), qui ressemble beaucoup à une souris, avec le museau beaucoup plus allongé, se promène à la chute du jour, dans les jardins, à la recherche de sa nourriture, composée d'Insectes, de Forficules, de lombrics, d'araignées, de limaces, etc., et le Crapaud vulgaire (*Rana bufo*, L.), dont la chasse nocturne à la recherche de sa nourriture, constituée par des Insectes, des Forficules, des vers gris, des limaces, des lombrics, etc., rend de véritables services à l'agriculture.

HYMÉNOPTÈRES

Ces Insectes sont toujours revêtus d'un squelette résistant, ils ont quatre ailes entièrement membraneuses, nues, souvent hyalines, croisées horizontalement sur le corps et pourvues de nervures formant des cellules très inégales ; les ailes supérieures sont les plus grandes. Tous les Hyménoptères subissent des métamorphoses complètes.

Les Œufs sont pondus dans les tissus végétaux ou déposés dans un nid construit tout exprès par les Femelles, et d'avance approvisionné, afin que la Larve y trouve sa nourriture dès l'éclosion.

La Larve est tantôt apode (sans pattes), tantôt pourvue de pattes. La Larve apode a une tête écailleuse, douze anneaux à peu près cylindriques, elle possède des mandibules, des mâchoires cornées et une lèvre à l'extrémité de laquelle se trouvent les orifices des filières, d'où s'échappe la matière soyeuse destinée au cocon des Nymphes. Quant à celle pourvue de pattes, désignée sous le nom de Fausse-Chenille, elle a l'aspect des Chenilles de Papillons ; elle a six pattes articulées et des pattes mem-

braneuses, elle se déplace facilement et vit soit à l'intérieur, soit à la surface des végétaux, tandis que la Larve
apode est élevée en société dans des cellules approvisionnées quotidiennement par des Femelles stériles, d'une
pâtée confectionnée avec soin ou elle est emprisonnée
dans une *Galle* due à la piqûre de l'aiguillon de la Femelle
sur les végétaux, où elle s'alimente des sucs nourriciers
des plantes.

La Nymphe reste dans une immobilité absolue jusqu'à
ce qu'elle arrive à l'état d'Insecte parfait, elle est, le plus
souvent, enveloppée d'une coque soyeuse.

L'Hyménoptère adulte possède une bouche, composée
de deux mandibules cornées, de deux mâchoires, de deux
lèvres et de quatre palpes, et présente cette modification
toute spéciale que les mâchoires et la languette, chez la
plupart d'entre eux, sont très allongées et se réunissent
en un tube ou faisceau pour former une espèce de trompe
dont l'Insecte se sert pour lécher les sucs des végétaux
destinés à sa nourriture.

La tête, indépendante du thorax, auquel elle est reliée
par un cou filiforme, est pourvue, ordinairement, d'antennes grêles, filiformes, droites ou brisées, fixées à la
région antérieure du front, et se dirigeant toujours en
avant. Indépendamment des yeux à facettes, on remarque
trois yeux lisses ou ocelles sur le front.

Le thorax offre un contour ovoïde, parfois cylindrique
et se divise en trois anneaux distincts ; les pattes, dont
les tarses ont cinq articles, offrent diverses formes, suivant le mode d'existence de l'Insecte.

L'abdomen est, en général, attaché à l'extrémité postérieure du thorax ; parfois, il y est réuni par un mince
pédoncule, et se termine fréquemment chez la Femelle
par un aiguillon ou une tarière, destiné à percer les tis-

sus sous lesquels elle dépose ses Œufs. D'autres fois cette
tarière sert de foureau à un aiguillon acéré qui correspond à des glandes vénénifiques et remplit les fonctions
d'une arme redoutable.

La Femelle est, comme chez la plupart des autres
ordres d'Insectes, plus grosse que le Mâle, dont l'unique
rôle est celui de servir à la reproduction.

Indépendamment des deux sexes, il existe, dans de
nombreuses espèces, des Femelles atrophiées, qui ont
pour mission exclusive la construction des nids et la
confection des pâtées destinées à l'élevage des jeunes
Larves.

On peut diviser les Hyménoptères en deux groupes,
suivant que l'abdomen est pédiculé en Porte-aiguillon,
ou à abdomen sessile ou Térébrants.

ABDOMEN PÉDICULÉ

Nous n'avons pas à nous occuper des Abeilles sociales
qui vivent en société et possèdent des Mâles, des Femelles
et des Neutres ou Femelles atrophiées faisant le métier
d'Ouvrières.

Les Abeilles solitaires vivent par groupes et ne présentent que des Mâles et des Femelles. Celles-ci sont
chargées du soin d'approvisionner leur couvée ; ces
Abeilles se distinguent des Abeilles sociales par une modification caractéristique des pattes postérieures.

Le groupe des Gastrilégides, qui signifie récolteuses
par le ventre, se distingue de tous les Hyménoptères par
l'absence d'organes de récolte aux pattes postérieures, le
premier article de leur tarse porte seul une brosse unique
à sa face inférieure, et le dos ainsi que l'abdomen sont
très velus ; chez la Femelle, le pollen enlevé aux étamines

des fleurs et emprisonné dans sa fourrure est balayé par les brosses des tarses postérieurs, rassemblé et emmagasiné sous le ventre, où il est retenu par les poils hérissés et dirigés en arrière qui le revêtent. Les Abeilles solitaires ne produisent pas de cire.

Les mandibules sont élargies à l'extrémité et plus ou moins dentées; les ailes comptent trois cellules cubitales, dont deux seulement sont fermées; la deuxième reçoit les deux nervures récurrentes.

A ce groupe des Gastrilégides appartient la Mégachile ou Abeille coupeuse de feuilles.

ABDOMEN PÉDICULÉ

Megachile centuncularis, L.

Mégachile du Rosier ou Abeille coupeuse de feuilles commune.

Description et mœurs. — La Femelle de cette Abeille tapissière commune (pl. III, fig. 44), 9 à 11 millimètres, est mélangée de noir et de jaune-brun sur le milieu de son corps et recouverte d'une pubescence cendrée. Dans le Mâle, cette pubescence est rousse sur la tête et le corselet, avec l'âge les poils grisonnent, surtout chez celui-ci, qui est le moins occupé.

Tête forte, épaisse; yeux ovalaires; mandibules fortes, triangulaires, finement dentelées à l'intérieur; antennes courtes. Corselet arrondi et bombé. Ailes transparentes, la seconde nervure récurrente se réunit à la deuxième cellule sous-marginale, plus près de son extrémité. Abdomen presque ras, orné seulement de quelques touffes grisâtres à la partie inférieure, et les bords postérieurs des deuxième, troisième, quatrième et cinquième anneaux, portent des bandes blanches souvent interrompues; il est couvert de poils récolteurs, d'un brun rouge, il n'est pas échancré, seulement le segment article porte dans le Mâle de très petites dentelures et les deux derniers anneaux abdominaux sont recourbés en bas, alors que l'abdomen de la Femelle est plat en dessus, très convexe en dessous et tend à se relever beaucoup, de telle sorte que l'aiguillon, pour piquer, se dirige vers le haut.

A la fin de mai, au commencement de juin, on voit paraître la Mégachile du Rosier. Cet Insecte est très commun dans nos jardins. Peu après, a lieu l'accouplement, et bientôt la Femelle entreprend la construction de son nid ; elle l'installe dans les bois pourris, dont les fibres sont devenues friables, ou bien elle creuse dans le sol, sur le bord des chemins ou dans les allées des jardins, un trou perpendiculaire de quelques centimètres de profondeur, puis elle pratique le percement d'une galerie horizontale assez longue, dans laquelle elle établit des cellules ou loges particulières. Souvent elle utilise une cavité quelconque pour y construire son nid : cellule due à une Chenille, trou de souris, etc., qu'elle aménage avec beaucoup d'art.

Dégâts. — Cette Abeille découpeuse (pl. III, fig. 43) mutile les feuilles des Rosiers et d'autres arbustes, pour aménager l'habitation destinée à élever sa progéniture, dont les cellules sont composées de morceaux de feuilles découpés sur des gabarits bien déterminés, variant de dimensions, adaptés à ses besoins : ovales, demi-ovales, circulaires, et ensuite enroulés avec une grande perfection.

La Mégachile s'envole vers quelques feuilles de Rosier, elle se pose sur le bord d'une feuille, soit en dessus, soit en dessous, et avec ses fortes mandibules, elle découpe très vite un lambeau de la dimension convenable, qu'elle plie en deux et qu'elle serre entre ses six pattes et ses

mandibules, et en toute hâte s'envole jusqu'à sa galerie.
Elle découpe ainsi dix, douze morceaux de feuilles de
Rosier, de taille inégale, qui formeront les véritables
cellules de son nid. Lorsque l'arbuste qu'elle a choisi lui
convient, elle y revient bientôt pour continuer son approvisionnement ; toutefois une feuille entière n'est jamais
utilisée. Cet Insecte, en contournant les différents tronçons de feuilles, en compose des godets ; il en dispose
d'abord trois ou quatre, plus grands, qui s'appliquent,
suivant leur élasticité contre les parois de la galerie ;
il en superpose une seconde couche, avec des tronçons
rétrécis à une de leurs extrémités. Le bord dentelé de la
feuille est dirigé en dehors, le bord découpé par la Mégachile est disposé vers l'intérieur. Dans cette gaîne,
l'Abeille découpeuse place une troisième couche de lambeaux égaux, dont la surface vient boucher les inter-
stices, et termine ainsi le cornet ou dé à coudre (pl. III,
fig. 42). Les divers lambeaux de feuilles se maintiennent
en place par la dessication et forment une cellule profonde
de 8 à 10 millimètres. L'Insecte superpose ainsi huit
ou dix cellules.

La Mégachile approvisionne chaque cellule avec de la
pâtée ordinaire, composée de miel et de pollen, à la surface de laquelle elle pond un Œuf, puis elle la ferme avec
deux ou trois morceaux circulaires ; une seconde cellule,
construite semblablement, dont le fond se loge dans
l'ouverture de la première, et ainsi de suite jusqu'à huit
ou dix, offrant à l'extérieur l'aspect d'un long étui ; le
dernier godet est obturé par quelques lambeaux de
feuilles recouverts de terre ou de bois, suivant que le nid
est installé sous le sol ou dans un arbre.

Lorsque l'Abeille coupeuse de feuilles commune a approvisionné sa dernière cellule, elle mure sa galerie avec

la terre rejetée au dehors, et cette obturation est si parfaite, qu'il est presque impossible d'en apercevoir la
trace. La Larve s'accroît rapidement, et arrivée au terme
de son développement, elle se tisse une coque de soie,
extérieurement épaisse, solide et brunâtre, mais fine,
blanche et luisante sur ses parois intérieures.

Au printemps suivant a lieu la sortie de l'Insecte parfait, par la cellule supérieure. Au moyen de ses mandibules, il ronge le mince couvercle qui l'emprisonne, la
seconde Mégachile qui éclôt suit la première, et ainsi de
suite, jusqu'à ce qu'enfin le nid soit entièrement dé-
peuplé.

Moyens de destruction. — Faire disparaître des environs des habitations et des jardins tout arbuste mort ou
en décomposition, et ce, afin d'éviter l'installation des
nids de Mégachile et de leur progéniture.

En mai-juin, faire la chasse à la main, le matin, pour
détruire les Insectes adultes lorsqu'ils sont au repos sur
les Rosiers. Les Mégachiles sont faciles à saisir sur les
fleurs, le Mâle notamment ; il n'en est pas de même pour
découvrir sa galerie. Nous ne possédons pas la remarquable agilité des indigènes de la Nouvelle-Hollande
pour poursuivre une mère nidifiante, reconnaissable à la
feuille qu'elle emporte, pliée en deux entre ses pattes et
ses mandibules, et qui, à travers champs, nous condui-
rait droit à son nid.

ABDOMEN PÉDICULÉ

Tripoxylon figulus, L. — Tripoxylon potier ou commun.

Description et mœurs. —Le Tripoxylon potier ou commun (pl. III, fig. 45) est entièrement noir, ainsi que les
antennes, le thorax, les écaillettes et toutes les pattes.

On le reconnaît aisément à l'échancrure profonde du bord interne des yeux, à ses longues antennes seulement un peu épaissies à l'extrémité, et à l'étirement de son abdomen en forme de massue, dont l'extrémité est moûsse chez le Mâle, pointue chez la Femelle.

Le Tripoxylon potier présente les caractères suivants : Tête grosse, plus large que le corselet ; trois ocelles en triangle sur le vertex ; mandibules arquées, sans dents, avec une seule petite crénelure à la partie interne. Antennes beaucoup plus longues que la tête, insérées au-dessous du milieu de la face de la tête, presque en massue chez les Mâles, plus filiformes chez les Femelles. Chaperon court et large, mutique à l'extrémité. Thorax long et grêle, ovale et plus étroit en arrière. Écusson très grand. Ailes courtes, presque transparentes, légèrement enfumées, bordées de noir postérieurement, les deux cellules sous-marginales sont caractéristiques dans ce genre, la seconde est limitée par une nervure très effacée, ce qui ferait admettre qu'il ne possède qu'une cellule alaire ; les ailes supérieures ont la nervure transverse placée loin avant la fourche du cubitus et de même aux ailes inférieures à lobe basal court et ovale. Pattes presque lisses, grêles, sans cils ni épines, caractère contraire aux habitudes fouisseuses de cet Insecte ; tarses mutiques et munis d'une grande pelote. Abdomen noir, allongé et en massue, sans valvule, à six segments libres chez les Femelles, et sept chez les Mâles.

Chez le Mâle, la face est couverte d'une pubescence soyeuse argentée, le dernier article de l'antenne est crochu à l'extrémité ; le septième segment dorsal de l'abdomen subtronqué au bout, dépassant le même segment ventral.

Cet Insecte creuse, pour y abriter sa progéniture, les

tiges sèches de divers arbustes à moelle tendre; au printemps et tout l'été, il se fait remarquer par ses allées et
venues, et son vol rapide et affairé autour des troncs
d'arbres languissants et dépouillés de leur écorce ou des
vieux poteaux ou tuteurs dans les jardins. Vers la fin de
mai ou commencement de juin, la Femelle utilise les trous
creusés par d'autres Insectes, ou répare les nids aban-
donnés; elle les approvisionne de Pucerons et de petites
Araignées diverses destinées à sa postérité; elle par-
tage en cellules, au moyen de cloisons d'argile et de
moelle pétries ensemble, les galeries dues à d'autres
Insectes, puis elle en ferme l'ouverture de la même façon,
ce qui lui a valu le nom de potier.

L'Insecte adulte Mâle a de 4 millimètres 5 à 11 millimètres de longueur, et 8 à 15 millimètres d'envergure;
la Femelle adulte a de 8 à 12 millimètres de longueur et
10 à 17 millimètres d'envergure. C'est un Insecte très
commun en France au printemps sur les Rosiers et sur
les Anthemis.

Le Tripoxylon potier installe son nid, à la fin de mai
et en juin dans les tiges de Rosiers et plus fréquemment
dans les tiges de Ronce sèche, en ne perforant que la
partie centrale de la moelle, et respectant les bords qui
forment paroi; caractère tout particulier, alors que les
autres Insectes extraient la totalité de la moelle, d'autres
fois, il utilise d'anciennes galeries abandonnées par
d'autres Insectes. La galerie creusée par cet Insecte,
dont le corps est long et étroit, a 3 millimètres de diamètre sur une longueur variant de 6 à 20 centimètres;
elle contient d'une à huit ou dix cellules bien distinctes,
de dimension assez inégale et séparées les unes des autres
par une cloison transversale en forme de soucoupe, composée de terre et de débris de moelle pétris ensemble et

agglutinés. Chaque loge reçoit un Œuf elliptique et jau-
nàtre, sur lequel la Femelle dépose quelques Pucerons
ou trois ou quatre petites Araignées, sans distinction
d'espèce, et, ainsi de suite jusque près l'orifice extérieur
de la tige, qui sert à la Femelle d'entrée et de sortie.

En juin, le nid est terminé, la Larve éclòt en juillet,
et après un mois environ, elle est complètement développée. La Larve a alors 6 millimètres de longueur sur
1 millimètre 5 d'épaisseur, elle est apode, d'un jaune
très pâle, de treize segments, pourvus chacun, à l'exception du dernier, de quatre séries longitudinales de mamelons séparés par des sillons apparents : ce sont des
organes locomoteurs; fléchie antérieurement, la Larve a
un aspect bossu très manifeste.

En août-septembre, elle s'enferme dans une coque,
longue de 8 millimètres sur 2 de largeur, formée d'une
étoffe soyeuse très fine, lisse, sèche, d'un blanc jaunâtre
mat à demi-opaque. L'extrémité qui regarde l'orifice intérieur de la tige est convexe ; l'autre extrémité est tronquée, terminée par un disque plat et précédé d'une légère
constricture : c'est un réservoir d'excréments noirâtres
agglutinés. Cette coque ne touche pas aux cloisons transversales des loges, elle est suspendue et accrochée aux
parois du tube de moelle par de nombreux filaments
déliés et soyeux. La Larve passe tout l'hiver immobile
dans sa coque, et ne se transforme en Nymphe qu'en
avril suivant. Cette Nymphe est blanche, et a, de chaque
côté du bord postérieur des quatre segments qui suivent
le premier, une pointe conique très apparente, blanche;
en dessous, chacun de ces fragments porte deux autres
appendices rapprochés et bifurqués; enfin, en mai, le
Tripoxylon ailé déchire l'extrémité de sa coque largement et d'une manière irrégulière et prend son essor.

Le Tripoxylon potier compte plusieurs ennemis naturels, tels que, par exemple, les Ichneunons suivants :
*Ephialtes divinator ; E. mediator; Cryptus girator;
Č. odoriferator ; Pimpla ephippiatoria; P. margi-
nellatoria;* deux Évanides se chargent aussi de limiter
l'extension de l'espèce : *Fœnus affectator; F. jacula-
tor;* une Chalcidite aide à sa destruction : *Eurytoma
rubicola;* enfin, deux Chrysides en font périr un grand
nombre : *Chrysis cyanea*; *C. violacea.*

Dégâts. — Ces Insectes creusent, pour y abriter leur
progéniture, les tiges de divers arbustes à moelle tendre,
et, d'après les observations très exactes de Dufour, de
Perris, de Giraud, de Fabre, etc., souvent une même
tige renferme une série de cellules occupées par le *Tripoxylon figulus*, interrompues parfois par une autre
série de cellules, occupées par le *Cemonus unicolor,*
Panzer; les deux Insectes utilisent en même temps et à
tour de rôle les mêmes tiges creusées.

Moyens de destruction. — Les ravages sont assez
sérieux, car ils compromettent la vigueur des Rosiers
sauvages porte-greffes, et font périr les variétés écussonnées sur les rameaux de ceux-ci.

Recouvrir, fin avril-mai, les jeunes tiges d'Églantiers
dont le canal médullaire est plus large que dans les
sujets âgés, d'une couche de mastic spécial pour éviter
l'entrée dans la moelle de l'Insecte. On peut obturer la
tige par un clou à tapissier, chassé dans la moelle et
remplissant le rôle du mastic, s'opposant à l'introduction
de la Femelle du Tripoxylon.

Faire la chasse à la main à l'Insecte, facilement reconnaissable, ou au filet en mai-juin.

Éviter la présence de branches sèches de Ronce dans
le voisinage, les tiges habitées sont faciles à reconnaître,

c'est toujours leur partie sèche qui renferme ces nids, et seulement celles dont l'extrémité a été tronçonnée, et plus particulièrement celles dont la section est oblique vers le bas ; on aperçoit un petit trou, orifice de la galerie. Tailler et brûler ces tiges sèches, de l'automne au commencement d'avril, afin de détruire, soit les Larves, soit les Nymphes, et enrayer ainsi le développement de cet Insecte malfaisant.

ABDOMEN PÉDICULE

Cemonus unicolor, Fabr.; Panzer. — Cémone unicolore.

Description et mœurs. — Le Cémone unicolore est commun, recherchant divers végétaux pour y installer son nid : tiges sèches de Ronce, branches de Sureau, tiges de Rosiers, vieilles galles abandonnées, etc., très souvent seul ou en compagnie avec le *Tripoxylon figutus*, L.

Le Cémone unicolore (pl. III, fig. 46) a 6 à 8 millimètres de longueur et envergure 9 à 10 millimètres dans les deux sexes. Corps noir. Tête noire, brillante, velue de poils gris, plus large en avant ; épistome entier, relevé au devant en son milieu, sans dents superposées ; mandibule fortes, armées de trois dents aiguës. Antennes filiformes noires. Thorax noir, brillant, velu de poils gris. Écaillettes noires. Ailes légèrement enfumées ; nervures et stigma assez développé, noirs. Pattes noires, légèrement pubescentes ; tibias postérieurs non ou à peine garnis d'épines ; éperons allongés ; ongles mutiques. Abdomen noir, pétiole velu, arqué, fortement ponctué ; le reste de l'abdomen presque lisse, à peu près glabre, brillant.

La galerie creusée dans la tige d'Églantier ou Rosier

sauvage ou tout autre végétal, se reconnaît à une petite ouverture pratiquée sur la surface de section ; cette galerie étant ronde et profonde et dépassant plus ou moins le point d'insertion des rameaux porte-greffe, ceux-ci se dessèchent rapidement. et les variétés écussonnées périssent. Dans cette longue galerie (pl. III, fig. 41),on remarque la présence de plusieurs loges superposées renfermant des Larves et approvisionnées de Pucerons, accompagnées de coques de parasites. D'après les très intéressantes observations de M. Maurice Girard, les nids sont garnis de Pucerons verts, et la galerie n'est pas divisée en cellules par des cloisons au début par l'Insecte-Mère, mais bien par la Larve adulte; sa transformation en Nymphe a lieu au commencement du printemps. Si l'on vient à fendre, selon son axe, la tige examinée, on voit un canal rempli de coques feutrées et plus ou moins transparentes étagées en chapelet. Ces cellules, au nombre de sept à huit et même davantage, sont séparées par des cloisons en forme de calotte tournée en bas, assez solide, d'un brun noirâtre, paraissant composée de la matière médullaire extraite des parois du canal.

La Larve, d'après L. Dufour et Perris, est longue de 5 millimètres 5, apode, glabre, d'un blanc jaunâtre, composée de treize segments dont le premier, le plus long de tous, est translucide, ainsi que les deux derniers. Il y a quatre séries de mamelons, deux dorsaux et deux latéraux. ces derniers peu apparents. La bouche possède deux mandibules coniques, à peine rousseâtres, et, en dessous, trois mamelons, dont deux servent de palpes.

La Nymphe est nue, d'un blanc jaunâtre, elle a tous les caractères très distincts de l'Insecte adulte. Elle passe par degrés à la coloration noire, qui est celle de l'Insecte parfait.

Le Cémone unicolore a été étudié et décrit par Suckhard, Dahlbom, Chevrier, etc. M. le docteur Giraud signale, d'après ses observations personnelles, les parasites suivants : les Ichneumonides, *Ephialtes divinator*, *E. mediator*, *Mesoleius sanguinicolis*; une Chalcidite, *Eurytoma rubicola* ; un Chryside, *Omalus auratus*, et un Diptère, *Macronychia anomala*, qui en détruisent un grand nombre.

Dégâts. — Les dégâts causés aux tiges d'Églantiers servant de porte-greffes, par le *Cemonus unicolor*, ont été observés par M. le docteur Alex. Laboulbène sur des spécimens adressés par M. le docteur Boisduval.

La Femelle du Cémone unicolore, comme on l'a vu plus haut, niche très souvent dans les tiges d'Églantiers destinés à servir, chez les rosiéristes, de supports aux greffes des variétés de Rosiers recommandables et leur cause un préjudice considérable dans leurs pépinières.

Moyens de destruction. — Pour prévenir les dégâts occasionnés par cet Insecte, M. le docteur Laboulbène conseille d'enduire de goudron ou d'une substance analogue, d'un prix peu élevé, l'extrémité coupée des Églantiers destinés à être greffés, de la sorte, le Cémone unicolore Femelle ne pourra choisir ces tiges pour y établir ses nids.

M. J. Fallou a obtenu un bon résultat en appliquant, sur l'extrémité coupée de l'Églantier, un clou de tapissier en métal, qui obture la section en forme de parasol.

Faire la chasse à la main ou au filet, à l'Insecte, en mai-juin.

Tailler et brûler l'extrémité des branches sèches de Ronces infestées, pendant l'été jusqu'à fin mars pour détruire des Larves et les Nymphes.

ABDOMEN PÉDICULÉ

Formica fusca, L. — Fourmi noire.

Description et mœurs. — Les Fourmis vivent en société. En général, la colonie comprend : des Mâles en petit nombre et toujours ailés, ainsi que les Femelles, et presque de même taille, chargées du soin de propager l'espèce, et des Ouvrières ou Neutres, toujours aptères, plus petites et plus nombreuses, et qui ont la mission de construire la fourmilière, d'approvisionner la colonie et d'élever les Larves.

Les caractères distinctifs des Fourmis sont : des antennes de douze articles (treize chez les Mâles), coudées et souvent en massue peu prononcée, de fortes mandibules et l'abdomen pédiculé.

L'Insecte Mâle (pl. III, fig. 47) est noir ou d'un brun noir, long de 7 millimètres 5, a le corps étroit, allongé ; derrière de la tête légèrement convexe transversalement ; tête petite et thorax garnis de poils dressés épars, rarement, on voit une pilosité abondante, alors l'abdomen est revêtu d'une pubescence soyeuse. Yeux et ocelles proéminents ne manquent jamais. Ailes fortement articulées et faiblement enfumées. Absence d'appareil à venin. L'abdomen formé de sept anneaux, avec un léger reflet peu métallique, ayant le premier segment rétréci en pétiole d'un seul article, de la forme d'une lame, à peu près perpendiculaire au corps nommée écaille, peu ou pas échancrée. Pattes d'un jaune un peu rougeâtre. Taille le plus souvent intermédiaire entre celle des Femelles et des Ouvrières. En nombre restreint dans les fourmilières, il ne s'y trouve qu'à certaines époques de l'année.

L'Insecte Femelle (pl. III, fig. 48), d'un noir brun, long de 9 à 10 millimètres 5, derrière de la tête épais, arrondi, non déprimé ni échancré; mandibules et antennes d'un brun rouge. Yeux et ocelles ne manquent jamais, intermédiaires entre ceux des Mâles et des Ouvrières. Ailes faiblement articulées. Présence d'appareil à venin. Abdomen ordinairement lisse, luisant, très peu pubescent. Ecaille légèrement échancrée à son bord supérieur. Pattes d'un brun rouge. Taille presque toujours supérieure à celle des Mâles et des Ouvrières. En nombre plus considérable que les Mâles dans les fourmilières ; elles ne s'y montrent qu'à certaines époques de l'année.

L'Insecte Neutre ou Ouvrière · (pl. III, fig. 49), d'un brun noir, long de 5 millimètres 7, derrière de la tête épais, arrondi, non déprimé ni échancré; mandibules et antennes rougeâtres. Tête beaucoup plus forte que celle des Mâles, plus allongée. Yeux aplatis et ocelles petits ou nuls. Thorax très étroit. Absence d'ailes. Présence idéale d'appareil vénénifique. Abdomen formé, comme chez la Femelle, de six anneaux se rattachant au thorax par un pédicule formé d'un seul segment, ce qui procure à l'abdomen une extrême mobilité. Pattes rougeâtres. Taille un peu inférieure ou égale à celle des Mâles et toujours moindre que celle des Femelles. En proportion plus considérable dans une fourmilière que celle des Femelles ; elle s'y trouve toute l'année.

Cette espèce de Fourmi, bien que possédant un appareil à venin secrétant de l'acide formique, dont l'aiguillon se trouverait imprégné et rendrait la piqûre douloureuse, ne sait pas faire jaillir son venin ou à peine.

Le régime des Fourmis est omnivore, elles ont une alimentation semi-fluide ; elles aiment les matières sucrées, amylacées et gommeuses demi-fluides, les exsudations végétales, etc.

La Fourmi noire construit un nid de terre pure, simplement miné ou surmonté d'un dôme maçonné; moins souvent creusé dans le bois ou à la base de vieux troncs d'arbres. Elle est excessivement commune partout. Elle aime, comme les autres espèces de Fourmis, une chaleur humide dans son logis; elle sort de préférence pendant le jour, et avec une démarche brusque et saccadée, contraire à leur allure lente pendant la nuit.

Les travaux nombreux de la fourmilière incombent aux Ouvrières : construction des habitations, des galeries, des chambres d'aérage, de l'approvisionnement de la colonie, des soins nourriciers aux Œufs et aux jeunes Larves, ont lieu nuit et jour; pendant le jour, elles changent souvent de place, avec mille précautions, les Larves et les Nymphes.

Au milieu ou à la fin de l'été, de juillet à septembre, les Mâles et les Femelles de la Fourmi noire, par une belle soirée chaude et calme, quittent la fourmilière et s'envolent pour s'accoupler dans les airs. Leur grand nombre forme une espèce d'essaim qui s'éloigne de la fourmilière; peu après, tous tombent sur le sol.

Aussitôt après la fécondation, les Mâles reproducteurs périssent, mais aussi ceux qui n'ont pas été accouplés, peu après l'essaimage. Les Femelles fécondées, et non dévorées par les Martinets ou les Chauves-Souris, sont recueillies par les Ouvrières, qui les ramènent à leur fourmilière ou bien fondent une nouvelle colonie. Les Femelles, après la fécondation, se débarrassent de leurs ailes, désormais inutiles, en les détachant avec leurs pattes ou en les coupant avec leurs mandibules; les Ouvrières les aident dans cette besogne. Elles effectuent leur ponte, puis elles meurent peu de temps ensuite. Les Œufs pondus par des Femelles fécondes ou quelquefois

par des Ouvrières (ce dernier fait rentre dans les phénomènes de parthénogenèse) sont allongés, d'un blanc
jaunâtre mat; ils sont identiques de forme, de coloration
et de dimension, qu'ils donnent naissance à un Mâle, à
une Femelle ou à une Ouvrière. Ces Œufs sont recueillis
par les Ouvrières de la Fourmilière avec les soins les plus
touchants; elles les réunissent ensemble en petits paquets
et les lèchent constamment; et elles paraissent les nourrir,
par endosmose, à travers l'enveloppe de l'Œuf, car ils
croissent rapidement. Après une quinzaine de jours de
ces soins tout particuliers, naissent de petites Larves,
apodes, aveugles, en forme de Ver blanc et court. Les
Ouvrières remplissent alors le rôle de nourrice. Elles les
soignent avec la plus grande sollicitude; les jeunes
Larves sont nourries uniquement de gouttelettes de
liqueur sucrée que leur dégorgent dans la bouche les
Ouvrières, qui les transportent à l'endroit convenable, suivant que l'humidité ou la chaleur leur sont défavorables;
ces Larves croissent vite. Lorsque ces Larves sont arrivées à leur entier développement, elles filent un cocon
oblong, d'un blanc jaunâtre, pour se métamorphoser en
Nymphes. L'éclosion s'opère avec le concours des Ouvrières, qui déchirent le cocon avec leurs mandibules, et
facilitent la sortie de l'Insecte adulte. Les cocons, vulgairement désignés sous le nom d'*Œufs de Fourmis*, sont
des Larves complètement développées ou des Nymphes.
Elles sont utilisées par les éleveurs pour la nourriture
des jeunes Faisans, des Perdreaux et de beaucoup d'Oiseaux insectivores.

Lorsque la température devient trop basse, les Fourmis s'engourdissent et ne mangent plus; elles se réveillent
de leur torpeur aux premiers rayons du soleil printannier,
bien souvent, l'hiver, elles périssent, bien qu'elles peu-

vent supporter, sans périr, une température de plusieurs degrés au-dessous de zéro. Elles s'engourdissent pendant la nuit, et même le matin et le soir quand la température n'est pas suffisamment élevée.

Les Fourmis noires recherchent les Pucerons sur les plantes, ceux-ci sont les Insectes de prédilection des Fourmis, comme l'avaient observé Réaumur, de Geer, Christ. Linnée les appelle *Vaches des Fourmis*, et Huber, à qui l'on doit les premières observations bien exactes sur ce sujet, s'écrie : « On n'aurait pas deviné que les Fourmis fussent des peuples pasteurs. »

La Fourmi frappe un Puceron avec ses deux antennes, et bientôt celui-ci fait sortir de son anus une gouttelette d'un liquide sucré transparent, qui est aussitôt léché par la Fourmi. Elle répète cette manœuvre auprès de plusieurs Pucerons, qui secrètent d'autant plus abondamment qu'ils sont plus excités par ses sollicitations ; son jabot rempli, elle rentre à la fourmilière et dégorge ensuite le liquide sucré à d'autres compagnes ou aux Larves.

Lorsqu'ils ne sont pas visités par les Fourmis, les Pucerons éjaculent en l'air, de temps à autre, par une sorte de ruade cette matière sucrée.

Les Pucerons ne sont pas les seuls animaux recherchés par les Fourmis, les Cocciens ou Gallinsectes sont sollicités de la même manière. Ainsi s'expliquent les continuelles pérégrinations des Fourmis sur les végétaux chargés d'Aphidiens ou de Cocciens, dont elles se nourrissent de la sécrétion sucrée. Leur rôle est nuisible aux végétaux, en ce que les Fourmis excitent les Pucerons à une succion plus longue et plus abondante, au grand détriment de la plante, dont ils épuisent les sucs végétaux au moyen de leur rostre ou suçoir. La Fourmi noire rend visite aux fleurs, et lèche la sécrétion des nectaires, mais son rôle ici n'est pas nuisible.

Dégâts. — La Fourmi noire peut nuire à la végétation du Rosier, en établissant son nid au pied de celui-ci ; les galeries qu'elle creuse entre les racines, en même temps que l'acide formique qu'elle répand autour des radicelles suffisent pour faire périr le végétal ; ses fréquentes visites aux Aphidiens et aux Cocciens, sur les plantes, épuisent considérablement les sucs indispensables à l'entretien de la vie végétale, et partant, leur succion répétée active celle des Pucerons, et la plante en souffre plus ou moins considérablement.

Moyens de destruction. — Pour empêcher les Fourmis de monter sur les Rosiers, on fixe, à 20 centimètres du sol, une bande de toile enduite de goudron ou de glu artificielle qui entoure la tige du Rosier ; les Fourmis ne peuvent faire l'ascension qu'en deçà du collier ou de l'anneau ainsi préparé, si elles essayent de le franchir, bien vite elles s'englent dans la masse toujours molle et adhésive et périssent. On peut aussi en détruire une certaine quantité en plaçant sur leur trajet des fioles remplies à moitié d'eau sucrée avec de la mélasse ou du miel, les Fourmis, attirées par la liqueur sucrée, entrent dans les fioles et s'y noient.

Un moyen excellent consiste à placer sur leur trajet des éponges imbibées de miel ou de mélasse ; friandes de ces diverses substances sucrées, les Fourmis s'y rassemblent, on n'a plus qu'à plonger les éponges dans l'eau bouillante pour les détruire.

Par l'emploi de tous ces procédés, on ne détruit que des Ouvrières et en assez faible proportion.

On détruit facilement les fourmilières en répandant en plusieurs fois et copieusement, le soir, de l'eau bouil-

lante ou du pétrole mélangé d'eau sur la fourmilière ;
cette dernière préparation adhère au corps des Fourmis
et obture leurs stigmates ; ce procédé ne peut être
appliqué que lorsque le nid n'est pas établi au pied d'une
plante, sinon on pourrait faire plus de tort aux plantes
par l'application du remède ; on peut aussi remuer le
sol et le saupoudrer de soufre sublimé ou de poudre de
pyrèthre du Caucase qui bouche les stigmates des Fourmis et les asphyxie.

ABDOMEN PÉDICULÉ

Formica rufibarbis, Fabr. — Fourmi mineuse.
F. cunicularia. — Latr.

Description et mœurs. — La Fourmi mineuse vit en
communauté, est agile et audacieuse. Comme chez l'espèce
précédente, on y trouve trois sortes d'individus : les
Mâles, les Femelles et les Ouvrières ou Neutres.

L'Insecte Mâle, long de 8 à 10 millimètres, présente
tous les caractères de celui de l'espèce précédente,
excepté les distinctions suivantes : l'écaille est largement,
mais peu profondément échancrée, l'abdomen est sans
reflet métallique.

L'Insecte Femelle, long de 9 à 11 millimètres, offre les
caractères de l'espèce Femelle précédente, hormis que
sa couleur varie d'un noir brun avec les mandibules,
ainsi que le scape des antennes, les pattes d'un brun
rouge ; d'autres fois, sa couleur est d'un rouge jaunâtre
et le dessous de l'abdomen d'un noir brun ; l'abdomen
est ridé, ponctué, mat, couvert, ainsi que le corps,
d'une pubescence éparse.

L'Insecte Neutre ou Ouvrière, long de 5 à 7 millimètres 5, de couleur ferrugineuse plus ou moins claire et

l'abdomen d'un brun noirâtre; parfois tout le corps est brun.

Ses mœurs sont identiques à celles de l'espèce précédente, elle construit un nid miné avec de nombreuses galeries, sous les pierres, au pied des Rosiers, des murs, etc., plus rarement à dôme maçonné; l'essaimage a lieu en juin-juillet.

La Fourmi mineuse est très commune en France.

Dégâts. — Les mêmes dégâts que ceux causés par l'espèce précédente.

Moyens de destruction. — Employer les procédés indiqués pour détruire la Fourmi noire.

ABDOMEN SESSILE
Les Tenthrèdes.

Les Insectes de cette tribu ont la tête carrée, avec deux fortes mandibules; antennes à articles en nombre et de forme variable, quatre ailes un peu chiffonnées, l'abdomen est sessile, c'est-à-dire non pédiculé, aussi large à la base que le thorax, contre lequel il s'applique dans toute sa largeur, cylindrique ou à peine aplati, formé de neuf anneaux et terminé chez les Femelles par une tarière de ponte. Celle-ci se loge entre deux lames cornées, intérieurement deux stylets garnis d'entailles en dents de scie, servant à inciser les pétioles ou les nervures des feuilles, ou les rameaux verts, pour y déposer les Œufs; ce qui leur avait fait donner anciennement le nom de *Mouches à scie* ou *Porte-Scies*.

Les Œufs sont pondus le plus souvent en série, dans les entailles pratiquées par la tarière, parfois sur le bord des feuilles ou sous les nervures, parfois en masse à la surface des feuilles.

Ces Œufs sont le plus souvent, entourés d'un liquide qui sert à les fixer et à les protéger, et, souvent, ils s'accroissent après la ponte, au point de doubler de grosseur, en même temps que s'agrandit l'entaille faite pour les recevoir.

Leurs Larves ou Fausses-Chenilles, ainsi désignées par une ressemblance plus apparente que réelle, vivent à l'air libre sur les feuilles ou à l'intérieur des jeunes tiges des végétaux, elles causent souvent des dégâts aux Rosiers, aux Églantiers, etc.; elles ne mangent guère que la nuit et restent à peu près immobiles au repos pendant le jour. Leur tête a la forme arrondie, globuleuse d'un bouton, sans sillon au milieu : elles ont toujours plus de 16 pattes (de 18 à 22), tandis que les véritables Chenilles de Lépidoptères n'ont jamais plus de 16 pattes ni moins de 10, et qu'elles ont la tête un peu triangulaire ou cordiforme et dépourvue d'yeux.

Leurs mœurs, assez semblables dans leur ensemble, ne diffèrent que par des détails propres à chaque espèce; de même que les Chenilles vraies, elles sont rarement isolées, souvent elles forment de petits groupes à la surface des feuilles des végétaux ; elles vivent aussi quelquefois dans les tiges ou dans les jeunes pousses des Rosiers, etc. ; celles qui se nourrissent des feuilles se tiennent fréquemment à leur surface, roulées en spirales, d'autres tiennent ordinairement l'extrémité de leur corps relevée en l'air ; elles ont des teintes qui se rapprochent de la coloration de celles-ci ; lorsqu'on les inquiètent, elles redressent vivement la tête ou l'extrémité opposée et laissent suinter des liquides nauséabonds, jaunes ou verts. Elles changent quatre fois de peau. Les dégâts occasionnés par les Larves de Tenthrèdes sont fort appréciables.

La plupart, après être arrivées au terme de leur accroissement, généralement, descendent en terre à 6 ou 8 centimètres de profondeur, se filent une coque soyeuse très
solide, qu'elles habitent parfois très longtemps avant de
devenir Nymphes; néanmoins plusieurs espèces se transforment sur la plante qui les a nourries, elles attachent
leur cocon sur les rameaux ou les feuilles de celle-ci; il
en est de même de celles qui vivent dans l'intérieur des
tiges, elles s'entourent de débris ligneux.

Les Tenthrèdes adultes sortent de leurs cocons au
printemps, et butinent sur les fleurs, se nourrissant surtout du nectar des Ombellifères.

La plupart des Tenthrèdes ont deux générations par
an : l'une au printemps, l'autre au commencement de
l'automne; sauf de rares exceptions, elles n'attaquent
que les plantes pleines de vie, on ne les trouve qu'accidentellement sur les végétaux languissants ou malades.

Les Larves sont attaquées, à la façon des Chenilles,
par de nombreux parasites Hyménoptères et Diptères
entomophages.

Parmi les Tenthrèdes qui causent des dégâts, particulièrement aux Rosiers et aux Églantiers, nous examinerons : *Lyda inanita,* de Vill.; *Lyda balteata,* Fallèn;
Lyda stramineipes, Hartig; *Phyllœcus cynosbati,* L.;
Phyllœcus phthisicus, Fabr.; *Hylotoma Rosœ,* de Geer,
etc.

ABDOMEN SESSILE

Lyda inanita, de Villers.

Description et mœurs. — L'Insecte parfait a le corps
noir et jaune, long de 10 à 11 millimètres, envergure de
20 à 22 millimètres. Tête large, aplatie, jaune blanchâtre. Vertex noir. Antennes longues, sétiformes, de

20 à 22 articles, ferrugineuses, avec le premier article
plus jaune. Thorax noir ; écaillettes jaune pâle. Pattes
jaune pâle, un peu ferrugineuses sur les tarses. Ailes
grandes, jaunâtres jusqu'au stigma, subhyalines ou grisâtres ensuite ; nervures jaunes de la base à la moitié
de l'aile, brunes ensuite ; stigma brun avec la moitié
basilaire jaune pâle. Abdomen large, aplati, avec le
premier segment chez la Femelle ou avec les deux
premiers segments noirs chez le Mâle, ainsi que les
sixième, septième et huitième ; les segments deuxième à
cinquième et le dernier sont ferrugineux. Tarière courte,
obtuse. — Cet Insecte est assez commun en France.

En mai et juin, la Femelle dépose quarante ou soixante
Œufs à la surface des feuilles des Églantiers et des
Rosiers ; elle les fixe en les recouvrant d'un enduit glu-
tineux. Ces Œufs sont gros, allongés, courbés, arrondis
à une extrémité, amincis à l'autre, de coloration variée,
verte ou jaune. Les jeunes Larves écloses se construisent
un fourreau protecteur et commencent leurs ravages en
allant à la recherche de nourriture fraîche.

La Larve a 14 à 15 millimètres de longueur. Corps
vert tendre, ridé transversalement. Tête fauve pâle,
un peu verdâtre, cornée, arrondie, plus ou moins sillonnée ; mandibules fortes, dentées. Antennes de 7 à
8 articles filiformes. Pattes écailleuses vertes, assez
fortes, coniques de cinq articles, le dernier en forme de
pointe fine, dépourvue d'ongle ou de crochet. Abdomen
cylindrique, plus ou moins ridé transversalement, de
neuf segments dépourvus complètement de pattes membraneuses, sauf le dernier, qui est muni de pattes analogues aux pattes anales, composées de trois articles
sans ongle terminal. Ces pattes aident à faire progresser
la Larve dans son fourreau.

La Larve de la *Lyda inanita*, de Vill., ronge les feuilles de Rosier, elle vit solitaire et se construit un abri pour soustraire son corps mou aux attaques de ses ennemis ; elle découpe le bord d'une feuille, elle en fait une sorte de fourreau portatif qu'elle fixe verticalement sur la surface inférieure de la feuille du Rosier, d'où émerge seulement la tête, qui est dure et résistante (pl. III, fig. 40), les spirales de ce cornet, fixées par des fils de soie, se multiplient en augmentant de diamètre à mesure que la Larve grandit, le fourreau complet comprend environ dix spires et sa partie extérieure offre la surface supérieure de la feuille ; elle a aussi la faculté de descendre jusqu'à terre en se suspendant à un fil de soie, si elle veut remonter, son ascension est assez difficile et lente. On la trouve de juin à août sur les Rosiers et les Églantiers.

Voici la description complète du fourreau très curieux que la Larve sait se construire, d'après le docteur Giraud :

« Il a la forme d'un tube un peu conique, ouvert aux deux bouts ; sa longueur varie selon l'âge de la Larve et atteint quelquefois 5 centimètres. Il est formé d'un nombre variable de lanières étroites et assez longues, détachées du bord d'une feuille, enroulées en spirale et comme imbriquées les unes sur les autres, de telle manière que le bord de la lanière formée par celui de la feuille se trouve toujours en bas et en dehors, tandis que le bord opposé, qui est sans aspérités, se trouve plus directement en rapport avec la Larve. Quelques fils de soie servent à fixer toutes les spires entre elles. A mesure que la Larve grandit, elle allonge son tuyau en y ajoutant une nouvelle pièce et l'agrandit en même temps. C'est dans ce tuyau protecteur qu'elle se tient entièrement cachée, à moins qu'elle ne veuille chercher sa nourriture ou changer de place. Dans le premier cas, elle dégage la

moitié ou les trois quarts de son corps pour atteindre la
partie de la feuille qu'elle va entamer. Veut-elle se
transporter sur un point voisin, elle se dègage de son sac
de manière que son extrémité anale seule ne s'en sépare
pas ; elle jette alors quelques fils de soie entre l'orifice
du sac et le point qu'elle veut atteindre, puis fixant ses
pattes sur ce point, elle ramène vivement son corps et le
fourreau avec lui, surmontant ainsi tous les obstacles
qui peuvent résulter de l'entrelacement des feuilles et du
sac. Cette progression, quoique laborieuse, lui permet
cependant, non seulement de changer de feuille, mais de
se porter d'un rameau sur un autre. Comme toutes ses
congénères, elle est fort craintive, le moindre mouvement l'effraie et elle se retire précipitamment dans son
abri » (1).

La sécrétion de la soie, fort abondante pendant toute
la croissance, cesse à peu près, d'après Hartig, après la
dernière mue, et la Larve adulte, obligée pour se nourrir
de quitter son dernier abri, n'assure plus sa progression
que par un mouvement vermiforme dans lequel elle est
aidée par le tubercule de l'avant-dernier segment. Mais
cet état dure peu, et bientôt, en août, elle se laisse tomber de la branche qu'elle occupe jusqu'à terre, s'y
enfonce à une profondeur de 6 à 8 centimètres. La faculté
de filer venant de lui être retirée, elle ne se fait point de
coque pour y subir sa métamorphose, elle se contente de
former dans la terre, au moyen de mouvements divers,
une cellule à parois unies et nues.

La Larve arrivée à ce point, reste en repos, et, comme
engourdie pendant l'automne et l'hiver, et ce n'est qu'au
printemps qu'a lieu la transformation en Nymphe. Cet

(1) Giraud, Soc. Zool. Bot., Vienne, 1861, p. 90.

état ne dure plus alors que 12 à 14 jours, et à la fin d'avril ou en mai suivant, l'Insecte parfait sort de terre et procède à la reproduction de son espèce.

Giraud cite comme étant son parasite, un Vespide : l'*Odynerus spiricornis*, Spin., qui en approvisionne son nid.

Dégâts. — La Larve vit sur les feuilles du Rosier et de l'Églantier; ses ravages sont limités.

Moyens de destruction. — Faire la chasse à vue à l'Insecte parfait en mai-juin. Écraser les Larves, facilement reconnaissables par le fourreau spécial qui les accompagne, depuis juin jusqu'à août; enfin, d'août à mars, bêcher au pied des Rosiers pour extraire les Nymphes de leur loge et les détruire.

ABDOMEN SESSILE

Lyda balteata, Fallèn., — *L. suffusa*, Htg.

Description et mœurs. — Cet Hyménoptère, long de 10 millimètres, envergure de 20 millimètres, a la tête noire, large, aplatie, avec deux lignes jaunes sur le vertex. Antennes noires, longues, sétiformes, de vingt-deux articles, plus claires sur la moitié basilaire, avec les deux premiers articles noirs ou en partie noirs. Thorax noir; écaillettes jaune pâle. Pattes jaune paille avec la base des hanches noire et les tarses testacés. Ailes hyalines, transparentes, grandes; nervures brunes; stigma brunâtre clair, les contours plus foncés que le milieu. Abdomen noir, pouvant passer au bleu ou au violacé, large, aplati, tous les segments bordés finement de blanc; ventre noir avec les segments largement bordés de blanc chez la Femelle, à peu près entièrement jaunâtre chez le Mâle. Tarière courte, obtuse.

Dégâts. — La Larve vit sur les Rosiers, elle est assez commune, ses dégâts sont limités.

Moyens de destruction. — Employer les procédés indiqués pour la destruction de la *Lyda inanita*, de Vill.

ABDOMEN SESSILE

Lyda stramineipes, Hartig.

Description et mœurs. — Cette espèce, longue de 10 millimètres, envergure de 20 millimètres, a la tête noire, large, aplatie, avec quatre bandes ou taches jaune clair sur le vertex. Antennes de 22 articles, longues, sétiformes, brunes, avec les deux articles basilaires noirs ou tachés de noir. Thorax noir; écaillettes jaune clair. Pattes jaune paille avec la base des hanches noire et les tarses ferrugineux. Ailes hyalines, grandes; nervures de la base presque blanches, les autres brunes; stigma jaune ou testacé très clair. Abdomen noir ou violacé, tous les segments finement bordés de blanc sale; ventre jaune clair avec la base de tous les segments noire. Tarière courte, obtuse.

Dégâts. — La Larve vit sur les Rosiers, elle est commune. Ses dégâts sont limités. Elle a pour parasite un Ichneumonide : le *Tryphon pyriformis*, Rtzb.

Moyens de destruction. — Employer les procédés indiqués pour détruire la *Lyda inanita*, de Vill.

ABDOMEN SESSILE

Phyllœcus phtisicus, Fabr.

Description et mœurs. — Cet Insecte, long de 12 à 13 millimètres, envergure 19 millimètres, est noir en entier. Tête noire; mandibules et base de l'orbite interne des yeux, jaune rougeâtre. Antennes noires, filiformes. Thorax noir. Pattes noires avec les tibias et les tarses testacés, l'extrémité de ceux-ci rembrunie. Ailes subhyalines; nervure costale testacée; les autres nervures et le stigma noirs. Abdomen presque cylindrique, noir.

En avril-mai, la Femelle pond sur la longueur du rameau, et chaque jeune Larve pénètre dans celui-ci, déterminant ainsi, peu après, de petites taches noires, plus ou moins visibles sur la branche endommagée.

La Larve vit dans le canal médullaire des rameaux des Rosiers, à peine est-elle développée que les jeunes pousses se flétrissent, puis se dessèchent ensuite. La Larve a 15 à 16 millimètres de longueur et 1 millimètre 5 de largeur, à peu près droite ou peu courbée en S, peu agile. Corps blanc jaunâtre, strié transversalement, cylindrique. Tête petite, arrondie, brillante, fauve; yeux arrondis, noirs. Antennes courtes, coniques de quatre articles, bruns; mandibules brunes. Pattes écailleuses assez fortes. Abdomen cylindrique de neuf segments nettement séparés et dépourvus de pattes membraneuses, mais avec des mamelons grossiers, le dernier segment porte en dessous un mamelon carré, garni de chaque côté d'une petite pointe membraneuse.

Jeunes, elles sont isolées, mais en progressant elles agrandissent leur cellule et finissent par se rencontrer; on en voit parfois six ou sept ensemble. On la trouve de mai à juillet, elle s'enferme en septembre dans une coque soyeuse beaucoup plus grande qu'elle, où elle hiverne. La Nymphose a lieu au printemps, et l'Insecte parfait paraît en avril-mai.

Dégâts et moyens de destruction. — Les dégâts sont assez considérables. La chasse à vue contre l'Insecte parfait en avril-mai, et la section du rameau habité et sa destruction par le feu contre la Larve et la Nymphe, pendant l'été, et de l'automne au printemps suivant.

ABDOMEN SESSILE
Phyllœcus cynosbati, L.

Description et mœurs. — Le *Phyllœcus cynosbati*, L. (pl. III, fig. 50) ressemble beaucoup au précédent, toutefois, il est de plus petite dimension, longueur 6 à 7 millimètres, envergure 15 millimètres. Il est entièrement noir. Tête noire, antennes noires. Thorax noir avec quelquefois le bord du pronotum jaunâtre. Pattes antérieures et intermédiaires avec les hanches, les trochanters et ordinairement les cuisses noirs ou brun noir; les genoux, les tibias et tarses testacés; pattes postérieures noires avec la base des tibias blanche, leur moitié apicale et leurs tarses testacés plus ou moins brunâtres ou noirs. Ailes hyalines : nervures et stigma bruns. Abdomen noir, cylindrique. Anus chez le Mâle testacé. La Larve est blanche, de 6 millimètres de longueur, arrondie et courbée en forme d'S, glabre, peu agile, les trois premiers segments sont plus gros que les autres et sont munis de six pattes écailleuses, très petites; les autres segments moins renflés sont dépourvus de pattes abdominales, le dernier, un peu plus grand que les précédents, est terminé par un petit appendice caudal brun, corné, granuleux, velu. La tête est assez petite, arrondie, bien séparée du corps, le thorax est la partie la plus grosse de la Larve; il semble même être bossu et donne un aspect assez disgracieux à l'ensemble du corps. L'abdomen est plus étroit et construit en forme d'S. Elle vit dans l'intérieur des rameaux du Rosier où elle provoque à sa surface de légères bosselures déterminées par de légères dépressions circulaires ou en spirale. La Nymphe n'offre rien de particulier, sa forme est celle de l'Insecte parfait qui serait emmaillotté de toutes parts dans une fine membrane ou coque soyeuse d'un gris opalin, qui a pour caractère général d'être beaucoup plus longue que la Larve, puis aussi que la Nymphe. A la fin d'avril et au commencement de mai, l'Insecte parfait se dégage en perçant les parois de son réduit vers le bas du gonflement.

Malgré son existence si bien cachée, on lui connaît comme parasite un Ichneumonide : l'*Ephialtes inanis*, Grav.

Dégâts et moyens de destruction. — Les dégâts qu'il occasionne sont limités. Employer les procédés indiqués pour la destruction du *Phylloecus phtisicus*, Fabr.

ABDOMEN SESSILE

Hylotoma Rosæ, de Geer. — L'Hylotome du Rosier ou Mouche à scie du Rosier. — *H. rosarum*, Fabr., Klug.

Description et mœurs. — L'Hylotome du Rosier, de 8 millimètres 5 à 10 millimètres de long, envergure 18 à 22 millimètres (pl. III, fig. 51), a le corps d'un jaune ferrugineux ou rousseâtre. Tête noire plus large que longue, un peu triangulaire. Antennes noires, virant au ferrugineux ou au blanchâtre, simples dans les deux sexes; de trois articles : le premier court, pyriforme, le second encore plus court et aplati, le troisième très long et renflé légèrement en massue chez la Femelle, tandis que chez le Mâle, sa face inférieure est pourvue de poils serrés en brosse. Thorax noir, marqué de sillons profonds. Abdomen jaune : étroit chez le Mâle, élargi au milieu chez la Femelle. Ailes longues, jaunes vers la base; hyalines à l'extrémité, dépassant l'abdomen; nervures costales, cellule brachiale et stigma noirs. Pattes ferrugineuses; jambes intermédiaires et postérieures avec une épine au-dessus du milieu.

Cet Insecte butine sur les fleurs et voltige le matin et le soir autour des Rosiers; les Mâles se distinguent des Femelles par le dernier segment ventral qui est entier, tandis qu'il est fendu et laisse apercevoir l'extrémité de la tarière chez la Femelle.

La Larve (pl. III, fig. 29) est semblable à une Chenille, mais plus renflée relativement à sa longueur, elle est verte, plus ou moins jaune foncé sur le dos, vert jaunâtre sur les côtés, la face ventrale est plus blanchâtre; tout le corps est semé de points verruqueux noirs, couronnés d'une courte soie.

Tête arrondie jaune avec une tache grise sur le front, dans le jeune âge, la tête est noire, yeux noirs. Le dernier segment est jaune, précédé par une plaque noire. Pattes au nombre de dix-huit, au-dessus de chacune, on remarque une grande tache saillante noire.

Cette Fausse-Chenille prend une attitude singulière si on l'inquiète, elle redresse vivement la tête ou la partie opposée, à angle droit. Les Larves se répandent sur les jeunes feuilles qu'elles rongent sur les bords du limbe, ne laissant que des nervures.

La Larve change quatre fois de peau, elle paraît en deux générations de chaque année, en juin, et de nouveau en août-septembre; celle-ci généralement de beaucoup plus abondante que la première génération. Les Larves croissent rapidement, celles qui sont écloses de la ponte de mai, sont parvenues au terme de leur mue, et ayant atteint leur complet développement en juin, sa longueur est de 22 millimètres sur 3 de diamètre, à ce moment, elles descendent sur le sol et y pénètrent à une profondeur de quelques centimètres, et au moyen de leurs filières, s'y construisent une coque oblongue, gris jaunâtre. Celle-ci est composée de deux cocons séparés et insérés l'un dans l'autre, le plus extérieur à parois résistantes et réticulées, contenant des grains de sable, de façon à augmenter davantage sa solidité ; ce premier cocon laisse voir dans son intérieur le second cocon où est enfermée la Larve ; celui-ci a une enveloppe mince, soyeuse, flexible et plus pâle, dans lequel elle reste un mois environ avant de se transformer en Nymphe. Aussitôt enfermée, la Larve se gonfle, se contracte, se rétrécit et devient immobile, recourbée sur elle-même, la tête venant rejoindre l'extrémité de l'abdomen.

Celle de la seconde génération se trouve sur les Rosiers jusqu'en octobre, et se métamorphose en terre, comme celle de la première, avec cette différence qu'elle hiverne, immobile, à l'état de Larve contractée ou de seconde Larve ; lorsque le printemps est revenu, elle se transforme en Nymphe proprement dite. Cet état ne dure que quelques jours et bientôt ses enveloppes se fendent pour livrer passage à l'Insecte parfait. L'Hylotome du Rosier prend son essor, s'accouple, puis la Femelle fécondée procède à l'opération de la ponte sur les jeunes rameaux des Églantiers et des Rosiers.

La Femelle est munie d'une tarière en forme de scie. Cet organe est composé de cinq pièces : deux valves du fourreau, constituant par leur réunion un cylindre entier recouvrant une gaîne, sorte de tube allongé, aigu, évasé à la base en forme d'entonnoir, parcouru dans toute sa longueur, en dessous, par une fente longitudinale. Cette gaîne protège deux stylets et prépare la perforation des tissus incisés par ceux-ci. Ces stylets, dentés à leur extrémité sur le bord inférieur, sont tranchants au bord supérieur. A la volonté de l'Insecte, les stylets exécutent des mouvements de va-et-vient, parfois très rapides. Cette tarière est toujours composée de ces cinq pièces chez toutes les Femelles des Hyménoptères.

La Femelle de cette Mouche à scie pond ses Œufs sous l'écorce des rameaux tendres des Églantiers et des Rosiers cultivés en pleine végétation ; elle dépose ses Œufs à quelques centimètres du sommet des rameaux, de manière que les jeunes Larves trouvent à leur portée les feuilles tendres des bourgeons pour se nourrir, et pour chaque Œuf, elle pratique une petite incision longitudinale dans cette écorce. L'importante et délicate opération de la ponte a lieu le matin, après le lever du soleil, la Femelle se promène lentement sur les rameaux du Rosier qu'elle a choisi, et lorsqu'elle a trouvé un emplacement propice, généralement la partie la plus mince d'un rameau, la tête en bas, elle perce un petit trou dans l'écorce avec l'extrémité de sa tarière, puis fait exécuter aux deux stylets qui forment scie un mouvement alternatif et rapide jusqu'à ce qu'une courte entaille ait été pratiquée dans l'écorce. Elle y dépose alors un Œuf, qu'elle arrose avec une liqueur mousseuse âcre qui empêche les fibres de l'écorce de se rejoindre, et détermine un gonflement noirâtre des lèvres de l'entaille ; de plus, elle donne un trait de scie sur l'épiderme, dans le sens de la longueur des cellules où elle loge ses Œufs, afin d'arrêter la circulation de la sève qui, sans cette précaution, les recouvrirait, et elle recommence sur le même rameau à pratiquer de nouvelles incisions, contenant chacune un Œuf ; elle en place ainsi souvent cinq à six à la suite l'un de l'autre, d'après M. Girard ; de huit à quinze, d'après Boisduval ;

en une série unique ; puis, pour terminer sa ponte, elle change de rameau ou même de Rosier. Elle meurt aussitôt après sa ponte terminée, et tombe à terre au-dessous du rameau où elle a inséré ses Œufs.

De dix à onze heures du matin, l'Hylotome du Rosier se repose et disparaît pour revenir, vers cinq heures du soir, continuer sa besogne.

Une curieuse particularité s'observe le lendemain de cette opération, la partie du rameau qui contient les Œufs est devenue noire, et chaque Œuf a acquis un volume plus gros que celui qu'il avait au moment de la ponte ; l'écorce se trouve soulevée à la place de chacun d'eux, et présente une série de petites convexités avec une fente sur l'un des côtés, laissant apercevoir l'Œuf qui est inclus ; au moment de la ponte, l'Œuf est ovale, d'un jaune clair et a un millimètre de longueur sur un demi millimètre de largeur.

L'Insecte parfait éclôt en mai, s'accouple, et la Femelle fécondée opère sa ponte.

Les jeunes Larves éclosent bientôt, au bout de huit à dix jours, suivant l'intensité de la température, et se répandent sur les jeunes feuilles des bourgeons qu'elles dévorent par les bords du limbe, ne respectant que les nervures trop dures ; trois semaines après, elles se nourrissent de vieilles feuilles, où elles trouvent une nourriture abondante et plus substantielle ; enfin, après le trentième jour, ayant atteint son maximum de croissance, elles se laissent glisser à terre, suspendues à un fil qu'elles secrètent elles-mêmes en construisant un cocon double, avant de se métamorphoser en Nymphe.

Dégâts. — La Larve de l'Hylotome du Rosier se nourrit exclusivement des feuilles de cet arbuste ; par leur voracité et leur réunion en nombre sur le même Rosier,

7

leurs dégâts sont parfois considérables; les Fausses-Chenilles dévorent les jeunes feuilles des bourgeons, presque
entièrement, ne laissant subsister que les grosses nervures des feuilles, souvent même, elles n'épargnent que
la nervure médiane, puis elles descendent du sommet
des bourgeons et rongent les vieilles feuilles de l'arbuste,
dans lesquelles elles trouvent une nourriture plus substantielle.

Un signe particulier de la présence de l'Hylotome sur
les Rosiers, c'est la forme nettement recourbée que prend
chaque rameau qui renferme des Œufs, ainsi que les
entailles noirâtres révélatrice, sans que, cependant la
végétation soit complètement arrêtée.

Les Larves de l'Hylotome du Rosier ravagent presque
toutes les espèces de Rosiers sauvages et cultivés, toutefois les Rosiers Banks, les Rosiers Thé et les Rosiers
Bengale sont sujets à être moins dévorés que les Églantiers, les Rosiers hybrides remontants et les Rosiers Ile-
Bourbon. Leurs ravages sont si rapides, que dans l'espace
de quelques jours, les cultures de Rosiers sont complètement dépourvues de feuilles, la végétation se trouve
arrêtée et la floraison future gravement compromise;
perdue aussi la récolte des gains dans laquelle le semeur
comptait trouver une récompense à ses soins intelligents
et laborieux.

Plusieurs Chalcidites, parasites naturels : *Pleroma-
lus hylotomae*; *Eulophus incubitor*, Bé; *E. hylotoma-
rum*, Bé; *E. nigrator*, Bé, attaquent la Larve de
l'Hylotome du Rosier et les détruit en nombre considérable; elles limitent ainsi l'extension de cette espèce
nuisible.

Moyens de destruction. — Les Oiseaux et les Guêpes
sont de précieux auxiliaires pour la destruction des

Fausses-Chenilles de l'Hylotome du Rosier ; ils en détruisent une quantité très considérable.

Lorsque l'on observe des entailles caractéristiques sur les rameaux des Rosiers, on pourra passer sur ces incisions noirâtres une légère couche de colle forte ; les Œufs, emprisonnés sous cet enduit ne pourront pas éclore.

Malgré ces précautions, il en reste encore une grande quantité, aussi, pour s'en débarrasser, doit-on en faire la chasse à vue, sur les feuilles aux Larves, très visibles et à allure lente, et les recueillir à la main ou sur le plateau agglutinatif, et les écraser ou les brûler.

Il est indispensable de surveiller les Rosiers, et de couper et de ramasser avec soin les rameaux courbés où sont déposés les Œufs, pour les brûler ensuite.

Pour la destruction de l'Insecte parfait, qui a le vol lourd, peu vif et très facile à saisir, on peut employer la chasse à la main ou au moyen d'un filet de naturaliste, le matin et l'après-midi.

M. Margottin, rosiériste distingué, a conseillé un moyen efficace déduit de ses intéressantes observations personnelles. L'habile horticulteur a remarqué que l'Hylotome adulte abandonne les Rosiers vers le milieu de la journée pour varier sa nourriture sur d'autres plantes, et qu'il recherche particulièrement les fleurs de Persil. Cette découverte lui donna l'idée de planter quelques pieds de cette Ombellifère entre les rangées de Rosiers, et, sur cette plante, il détruisit rapidement, chaque jour, des centaines d'Insectes parfaits. Il recommande la culture de quelques plantes de Persil auprès des corbeilles ou des massifs de Rosiers, ainsi que dans les pépinières, que l'on veut préserver des atteintes de l'Hylotome. Toutefois, malgré l'efficacité bien reconnue de ce procédé simple et peu onéreux, il ne donnera des résultats complètement favorables que lorsqu'il sera appliqué par tous les rosiéristes. En effet, si les horticulteurs voisins négligent la destruction de cet Insecte dans leurs cultures, on verra de nombreux Hylotomes du voisinage attirés par cette Ombellifère qu'elles affectionnent, et si l'on veut en obtenir tous les résultats profitables, il faut l'appliquer d'une manière générale : cette recommandation est la même que pour le hannetonnage et pour l'échenillage.

On peut aussi en détruire une grande quantité au moyen d'une planchette ou d'une ardoise enduite d'un mélange composé de mélasse, additionnée d'une faible proportion de colle forte chaude et liquide : les Insectes ailés attirés par l'appât sucré se prennent au piège agglutinatif.

En juillet et pendant l'hiver, retirer les cocons à Nymphes enfouis au pied des Rosiers, les jeter dans l'eau bouillante ou les arroser avec une solution concentrée de sulfocarbonate de potasse.

ABDOMEN SESSILE

Hylotoma ustulata, L. — L'Hylotome ustulate.

Description et mœurs. — L'Hylotome ustulate est un petit Insecte long de 10 millimètres, envergure 20 millimètres, et de couleur bronzée verdâtre métallique; à ailes jaunes, principalement à la base, avec une simple tache brune sous le stigma; à antennes noires, et dont les cuisses sont verdâtres à la base et le reste des pattes de couleur jaune clair.

La Larve ou Fausse-Chenille de cette Tenthrède, longue de 20 millimètres, a 20 pattes, de coloration

verte avec des saillies verruqueuses noires, avec des poils
courts ; le dos porte deux lignes blanchâtres ; les côtés
sont testacés ; sa tête est brune et plus foncée entre les
yeux qui sont bruns.

Elle vit en juillet et septembre sur les feuilles des
Rosiers et de divers végétaux, comme l'Hylotome du
Rosier, étudié plus haut, et fait son cocon sur le sol et
sous les feuilles sèches. L'Insecte parfait paraît de mai à
juillet.

Dégâts. — Ceux-ci sont semblables et moins importants que ceux occasionnés par l'Hylotome du Rosier.

Moyens de destruction. — Mêmes moyens de destruction que pour l'Hylotome du Rosier.

ABDOMEN SESSILE

Hylotoma pagana, Panzer. — L'Hylotome païenne.

Description et mœurs. — Cette Tenthrède est de petite
dimension, longue de 9 à 10 millimètres, envergure
20 millimètres, de coloration noire violacée, ainsi que la
tête et le thorax ; à ailes à nervures noires, teintées de
noir bleuâtre sur toute la base ; à antennes ainsi que les
pattes noires, et dont l'abdomen est jaune ou testacé en
partie.

La Larve de l'Hylotome païenne, longue de 20 millimètres a, dans son jeune âge, le dos jaune clair et les
côtés de couleur verdâtre ; plus tard, elle devient entièrement jaune, et porte des rangées de six mamelons au
travers du corps ; sa tête est jaune avec une tache obscure
au sommet ; le ventre présente deux lignes de taches
noires et les côtés offrent aussi des mamelons noirs semblables aux précédents. La métamorphose a lieu en terre.
Cette Fausse-Chenille vit, non seulement, sur les Églan-

tiers, mais, aussi sur des Rosiers cultivés, et notamment les *Rosa centifolia* des jardins, dont elle se nourrit en dévorant le parenchyme des feuilles jusqu'à la nervure médiane. Mêmes mœurs que les espèces précédentes. Toutefois l'*Hylotoma pagana* pratique deux séries d'incisions, l'une à côté de l'autre, et chacune reçoit un Œuf. L'Insecte parfait se rencontre en mai, juin et juillet.

L'Hylotome païenne a pour parasite, d'après M. Gouveau, un Ichneumonide, le *Scolobates auriculatus*, Fabr. *S. crassitarsus*, Grav.

Dégâts et moyens de destruction. — Les dégâts sont les mêmes que ceux causés par l'espèce précédente, et il convient d'employer les procédés indiqués pour détruire l'Hylotome du Rosier.

ABDOMEN SESSILE

Hylotoma melanochroa, Gmelin. — L'Hylotome noire.

Description et mœurs. — De dimension semblable à l'espèce précédente, long de 9 millimètres, envergure 18 millimètres, et de coloration noire bleuâtre, ainsi que la tête et le thorax ; à ailes teintées de jaune jusque vers le stigma, légèrement enfumées ensuite ; avec une tache brune foncée sous le stigma ; à antennes noires, ainsi que les cuisses. Pattes en partie jaunes; tibias jaunes, tarses bruns à l'extrémité, et dont l'abdomen est jaune.

La Larve de cette Tenthrède, longue de 19 millimètres, est de coloration verte, plus sombre sur le dos, et marquée de deux lignes dorsales blanches ; l'extrémité de l'abdomen est jaune ainsi que la tête. Les pattes écailleuses sont jaunâtres et les pattes membraneuses sont vertes. L'Insecte parfait vole en mai, juin et juillet.

Dégâts. — Les dégâts sont très limités sur les Rosiers et les moyens de destruction sont les mêmes que pour les espèces précédentes.

ABDOMEN SESSILE

Hylotoma enodis, L. — Klug.

Description et mœurs. — L'Hylotome commun a une longueur de 9 millimètres et une enverg. de 20 millimètres. Son corps est entièrement bleu foncé métallique, ses antennes sont noires ainsi que les pattes antérieures, les tibias et les tarses; ses ailes sont enfumées, bleuâtres, sans taches foncées.

La Larve est pourvue de 18 pattes, de coloration générale, gris perle; le dos jaune, couvert de nombreuses taches verruqueuses noires, portant chacune quelques petits poils noirs; les côtés sont nus et bordés par une série de mamelons noirs. La tête est jaune cire avec deux points noirs sur le front.

Cette Larve vit sur divers arbustes, au commencement de juillet, elle se tient courbée en S à l'état de repos, elle se nourrit du parenchyme des feuilles des rosiers cultivés et les dépouille plus ou moins de leur parure de feuilles. Elle se métamorphose en terre, dans un cocon elliptique double, tissé de fils blanchâtres.

L'Insecte parfait se trouve de mai à août, il a deux générations par an.

Dégâts et moyens de destruction. — Les dégâts sont restreints, la larve étant polyphage. Elle a pour parasite, d'après M. Giraud, un Braconide : le *Proterops nigripennis*, Wesm. Mêmes moyens de destruction que ceux indiqués précédemment.

ABDOMEN SESSILE

Hylotoma cyanella, Klug. — L'Hylotome azuré.

Description et mœurs. — Cet Hyménoptère, de dimension moindre que les espèces précédentes, long de 6 à
7 millimètres, enverg. 14 millimètres, a le corps entièrement noir-bleu métallique. Ses ailes sont d'une coloration noire bleuâtre, plus claires sur les bords. Ses antennes sont noires et longues. Les pattes antérieures sont
en partie rougeâtres ou testacées, pubescentes sur les
tibias et les tarses qui sont noirs.

La Larve a 18 pattes, elle est longue de 9 millimètres,
brillante, rougeâtre avec des taches verruqueuses, noires,
sur le dos, donnant chacune naissance à des poils ; les
côtés portent des taches orangées. La tête ainsi que le
vertex sont bruns.

Elle vit, en septembre, sur diverses variétés d'arbustes,
dont elle dévore les feuilles jusqu'à la grosse nervure
médiane. Sa métamorphose a lieu en terre. Elle paraît
n'avoir qu'une génération par an. L'Insecte parfait se
trouve en juillet et août.

Dégâts et moyens de destruction. — Semblables à
ceux décrits pour les espèces précédentes.

ABDOMEN SESSILE

Hylotoma coeruleipennis, Retz. — L'Hylotome à ailes bleues
ou améthyste. — *H. amethystina*, Klug.

Description et mœurs. — Cet Insecte a 9 millimètres
de longueur et une envergure de 19 millimètres. Le
corps, les antennes et les pattes sont d'un noir-bleu
foncé brillant ; les ailes sont enfumées avec une teinte
bleuâtre plus foncée vers la base, presque hyaline à

l'extrémité, avec des nervures brunes et un stigma noir.

La Larve (pl. II, fig. 30) a 18 pattes, elle est longue de 19 millimètres, convexe en dessus, plate en dessous, de couleur vert clair, avec les plis latéraux jaune soufre, les stigmates noirs portant un trait blanc dans le milieu. Chaque segment porte une ligne transversale de points saillants, bruns, d'où émergent de courtes soies. La tête est verte avec une tache noire sur le front, et les yeux noir brillant.

Elle vit sur divers arbustes et sur les Églantiers, en juillet et en septembre. Mêmes mœurs que les espèces précédentes. Elle se métamorphose en terre dans une coque elliptique, blanchâtre.

L'Insecte parfait se trouve en mai et en août.

Dégâts et moyens de destruction. — Semblables à ceux décrits pour les espèces précédentes.

ABDOMEN SESSILE

Cladius pectinicornis, Fourcroy. — La Tenthrède difforme
C. difformis, Panzer.

Description et mœurs. — Cette espèce (pl. III, fig. 52) a 5 millimètres de longueur, enverg. 12 millimètres dans les deux sexes. Le corps allongé, entièrement noir brillant, un peu pubescent. Les antennes de 9 articles, sont pectinées et munies de 4 à 6 appendices chez le Mâle, et filiformes chez la Femelle, d'où le nom spécifique de *difformis*. Les pattes sont d'un jaune testacé clair avec la plus grande partie des cuisses noire, et l'extrémité des tarses brune. Les ailes, plus longues que le corps, sont légèrement enfumées vers la base, hyalines à l'extrémité.

La Larve (pl. II, fig. 31) a 5 millimètres de longueur, elle possède 20 pattes, les deux dernières membraneuses, très petites ; sa couleur est d'un vert brillant sur le dos, avec deux lignes latérales sombres. Les côtés et le ventre d'une coloration vert plus tendre, presque translucide ; les flancs sont revêtus de points proéminents, portant chacun un petit faisceau de poils brun grisâtre et d'une rangée de tubercules piligères. La tête est d'un brun ferrugineux, arrondie comme un bouton, avec une tache plus sombre sur le vertex et une autre en avant du front ; elle porte deux yeux, les poils de la tête sont un peu plus courts que ceux du corps.

Ces Fausses-Chenilles, par leur couleur, se dissimulent parfaitement à la périphérie des feuilles du rosier ; elles s'accroissent rapidement, elles ne vivent pas en société, il est rare d'en trouver plus de 3 ou 4 appliquées sous la même feuille, qu'elles rongent et percent à jour, pratiquant dans le milieu du limbe, des entailles semblables à celles des Limaçons et respectant en général les grosses nervures (pl. II, fig. 31).

A la fin de juin, elles ont atteint leur complet développement, leur Nymphose s'effectue dans une petite coque brune, très lâche, d'une forme très irrégulière, simple, selon Brischke, double, selon Brullé et Lepelletier de Saint-Fargeau, attachée aux feuilles sèches du Rosier. Elles y restent enfermées en été, seulement 13 jours ; la seconde génération y séjourne tout l'hiver, pour n'éclore qu'au printemps suivant.

L'Insecte parfait paraît en mai et juillet-août ; on le rencontre rarement sur les rosiers.

La Femelle fécondée, à l'aide de ses petites lames de scie, pratique une ou plusieurs petites entailles à la face inférieure de la nervure médiane des feuilles, dans chacune est déposée un Œuf, dont l'éclosion s'opère au bout de 8 à 10 jours.

Cette Mouche à scie a pour parasite : *Mesochorus cimbicis*, Rtzb. Ichneumonide.

Dégâts et moyens de destruction. — Dans les années où leur apparition est assez considérable, et lorsqu'elles sont appliquées sous la face inférieure de nombreuses feuilles, les Larves causent un préjudice assez sérieux aux rosiers, notamment ceux du Bengale, en rongeant une notable partie de la surface utile à la respiration des plantes, l'équilibre indispensable à la végétation se trouve détruit et la floraison est compromise.

Pour la destruction de cette Tenthrède, le moyen le plus efficace est de couper, à la fin de mai, les feuilles où se tiennent les Larves et de les brûler. Capturer l'Insecte adulte et le détruire.

ABDOMEN SESSILE

Priophorus Padi, L. — Priophore du Merisier à grappes.

Description et mœurs. — Cette espèce présente les mêmes caractères que l'espèce précédente, sauf que les antennes sont simples dans les deux sexes, sans appendices. Insecte adulte long de 6 millimètres, envergure 12 millimètres. Corps noir. Antennes un peu plus courtes que le corps, velues et hérissées chez le Mâle, pubescentes chez la Femelle, noires ou ferrugineuses Pattes blanches ou brun clair; hanchés et cuisses en partie ou entièrement blanche; tibias et tarses blancs, sauf l'extrémité chez les postérieurs qui est brunâtre. Ailes presque hyalines surtout vers l'extrémité, avec le stigma et les nervures noirâtres.

La Larve est pubescente, munie de 20 pattes. Le corps

est d'un beau vert sur le dos, plus clair sur les côtés et en dessous, la tête est brune avec une tache triangulaire sur le vertex et le tour des yeux noirs. On la rencontre, au commencement de l'été et en automne, sur le dessous des feuilles des cerisiers, pommiers, poiriers, pruniers, Églantiers, etc. Après l'accouplement, la Femelle insère ses Œufs dans la nervure des feuilles. A la fin de mai, la Larve se laisse tomber à terre et s'y renferme dans un petit cocon qu'elle attache aux feuilles sèches. L'Insecte adulte éclôt à la fin d'avril pour la première génération, en juillet pour la seconde dont les Larves hivernent dans leur cocon et dont la Mouche à scie sort au printemps suivant.

On cite comme parasite de la Larve : un Ichneumonide, le *Tryphon lucidulus*, Htg.

Dégâts et moyens de destruction. — Les Fausses-Chenilles, dans leur premier âge, rongent seulement le milieu du limbe des feuilles, puis, plus tard devenues plus grandes, elles les dissèquent entièrement, ne respectant que les grosses nervures.

Assez rare en France, cette espèce polyphage ne se rencontre qu'accidentellement sur les Rosiers.

Pour détruire cette Mouche à scie, il faut couper, dans les mois de mai-juin, avec des ciseaux, les feuilles où elles sont appliquées et les brûler. Rechercher l'Insecte à la fin du printemps ou en été et le détruire.

ABDOMEN SESSILE

Nematus albipennis, L. — Le Némate à ailes blanches.

Description et mœurs. — Le Némate à ailes blanches a 8 millimètres de longueur, envergure, 18 millimètres. Corps allongé noir, ainsi que les antennes de 9 articles filiformes, de la longueur du corps ; tête noire étroite ; l'abdomen étroit, de consistance molle, jaune en dessus en entier, quelquefois avec deux petites taches noires sur le premier segment ; pattes ordinaires jaunes ; ailes hyalines, longues avec la côte et le stigma jaunes.

La Femelle dépose ses Œufs un à un dans le parenchyme des feuilles, l'éclosion a lieu huit jours plus tard.

La Larve du Némate à ailes blanches est citée comme vivant accidentellement sur les Rosiers, elle a les mêmes mœurs que celles du *Cladius pectinicornis*, Fourcroy ; elle possède 20 pattes, elle est cylindrique, velue, elle se recourbe souvent en spirale sur elle-même ; la Nymphose s'effectue en terre, dans une coque simple de forme irrégulière. Il doit y avoir deux générations par an par analogie.

Dégâts et moyens de destruction. — Les Fausses-Chenilles rongent en groupe les feuilles des Rosiers, dont elles dévorent tout le parenchyme ne laissant qu'une dentelle. Il est rare que ces Larves soient assez abondantes pour causer un réel dommage.

L'Insecte adulte se rencontre rarement sur les Rosiers en juillet-août; contre la Larve le plus sûr moyen de destruction est de couper les feuilles où elle se tient en juin et de les brûler.

ABDOMEN SESSILE

Phoenusa albipes, Cameron. — Phénuse à pattes blanches.

Description et mœurs. — Espèce relativement peu répandue sur les Rosiers. Adulte long de 3 millimètres, envergure 7 millimètres, forme trapue, ramassée. Corps noir, avec la tête noire étroite, transversalement élargie; yeux gros et proéminents; antennes noires filiformes, de

9 articles, de la longueur de l'abdomen, leur troisième article de beaucoup le plus long. Thorax noir ; pattes ordinaires, blanches avec les tarses postérieurs faiblement jaunâtres ; ailes grandes, enfumées avec les nervures et le stigma noirs. Abdomen noir, allongé ; tarière très courte. L'Insecte parfait se rencontre rarement en mai-juin-août.

La Fausse-Chenille a 22 pattes, le corps déprimé, aplati. plus large en avant qu'en arrière, composé de douze anneaux, sans compter la tête. de coloration blanchâtre, excepté le canal digestif qui, gorgé de nourriture, est de teinte verdâtre. La tête, de couleur brune, est très petite, triangulaire ; yeux noirs ; mandibules brunes.

La Larve de cette Tenthrédine est de dimension exiguë, elle est mineuse de feuilles en été et en automne, et pratique entre les deux épidermes, dans l'épaisseur du parenchyme, une mine du genre de celles que les micro-lépidoptéristes nomment *mine à grande aire*, c'est-à-dire que la Larve ne se contente pas de se frayer un canal linéaire devant elle, mais ronge le parenchyme dans un espace plus ou moins considérable.

La jeune Larve au sortir de l'Œuf, qui a été déposé par la Femelle sur le bord de la feuille, perce l'épiderme, entre dans le tissu cellulaire du parenchyme où elle trouve immédiatement une abondante nourriture, en un temps très court, elle atteint son complet développement. Elle creuse autour d'elle un espace circulaire, sans offenser les épidermes supérieur et inférieur de la feuille, de façon qu'il est facile d'apercevoir, grâce à la transparence suffisante de la feuille, la mine et son habitant avec les résidus de sa nutrition.

Chaque feuille donne l'hospitalité et la subsistance à trois ou quatre Fausses-Chenilles et, à mesure qu'elles grandissent, la dimension de leur loge augmente et il arrive alors que les mines se rejoignent et constituent un espace étendu où la feuille, privée de son parenchyme, se flétrit et jaunit, le bord seul est respecté.

La Larve, parvenue à son complet développement, quitte la feuille pour se métamorphoser et se construit une coque en terre ou dans les débris qui la recouvrent. Il y a deux générations par an, les Larves qui éclosent en automne hivernent et la Nymphose n'a lieu qu'au printemps suivant.

On ne signale encore aucun parasite de la Larve du *Phoenusa albipes*.

Dégâts et moyens de destruction. — C'est un parasite très rare sur les Rosiers. Le plus sûr moyen de destruction est de couper les feuilles flétries et transparentes contenant les Larves et de les brûler.

ABDOMEN SESSILE

Harpiphorus lepidus, Klug.

Description et mœurs. — L'adulte (pl. III. fig. 53) a la forme d'une Mouche à 4 ailes, longues de 4 millimètres, envergure 8 millimètres. Corps un peu moins allongé que celui des *Emphytus*, légèrement oviforme, de couleur noire ; antennes, tête et thorax noirs ; la tête quadrangulaire, assez grosse, avec deux yeux oblongs, saillants ; les antennes sétacées, de 9 articles ; pattes jaune blanchâtre avec les hanches et la base des cuisses noires, les postérieures plus fortes et plus longues que les deux paires antérieures. Ailes dépassant sensiblement l'extrémité de l'abdomen ; hyalines avec la côte et le stigma blancs, les autres nervures sont brunes ; les ailes antérieures, avec la cellule lancéolée divisée par une nervure oblique ; les ailes postérieures avec une cellule discoïdale fermée, rarement deux. Abdomen cylindrique, allongé, déprimé, noir avec une large bordure jaune, excepté aux deux derniers segments. Tarière courte.

La Larve est cylindrique, allongée, un peu plus étroite en arrière qu'en avant, munie de 22 pattes, le corps est garni de nombreux sillons transversaux. La tête est cornée et porte deux yeux ronds noirs, elle est arrondie, ponctuée et armée de deux fortes mandibules.

. La Femelle dépose ses Œufs, au printemps ou au commencement de l'été, dans des sortes d'ampoules ou de sacs sur la face inférieure des feuilles de la plante nourricière des Larves. Celles-ci en sortent bientôt et rongent immédiatement la face inférieure des feuilles sur laquelle elles se tiennent presque toujours. Elles détruisent tout le parenchyme, ne respectant que les grosses nervures, leur nombre limité seul les empêche de causer un véritable dommage aux plantes qui leur sont assignées comme nourriture. Les Larves, dans le repos, se tiennent en spirale sous les feuilles, la partie postérieure du corps restant en dehors du plan de la spire. En automne, elles ont atteint leur complet développement et elles se disposent à passer la mauvaise saison. Pour hiverner, elles choisissent, pour s'y creuser une loge dans la moelle, les tiges sèches d'Églantier, de ronce ou de framboisier ; ce logement a deux ou trois centimètres de profondeur. Quelquefois, à défaut de tiges convenables, les Larves se réfugient simplement dans les fissures ou sous les esquilles du bois ; dans l'un et l'autre cas, elles ne se construisent aucun cocon.

Les Larves y passent, dans un repos absolu, toute la mauvaise saison, puis au printemps, elles se transforment en Nymphes, la Nymphose dure environ une quinzaine de jours, après quoi l'Insecte ailé vole depuis le mois de mai jusqu'à la fin d'août. Il doit y avoir deux générations chaque année.

Dégâts et moyens de destruction. — Leurs dégâts sont très limités par leur nombre restreint, aussi les arbustes ont-ils peu à souffrir de leur présence. Néanmoins en examinant attentivement les feuilles, si l'on s'aperçoit de la présence de petites ampoules déposées sur la surface inférieure des feuilles, où si l'on constate la présence des fausses chenilles, il ne reste plus qu'à couper les feuilles endommagées et à les brûler avec les Larves.

ABDOMEN SESSILE

Emphytus melanarius, Klug. — Emphyte mélanaire.

Description et mœurs. — L'Insecte adulte, long de 8 millimètres, envergure 17 millimètres. Corps allongé, entièrement noir, sauf la bouche et les pattes. Tête et thorax noirs ; écaillettes noires. Antennes sétacées, noires, de 9 articles. Pattes antérieures et intermédiaires rouges avec les hanches, les trochanters (sauf l'extrémité des intermédiaires, qui est blanche) et la plus grande partie des cuisses noirs et leurs tarses grisâtres, surtout vers l'extrémité ; pattes postérieures avec les hanches noires, les trochanters blancs, les cuisses et les tibias rouges, l'extrémité de ceux-ci ainsi que les tarses noirs. Ailes à peu près hyalines, côte brune ; les autres nervures noires, stigma moitié brun foncé, moitié blanc. Abdomen noir.

L'Insecte parfait est peu commun ; il y a 2 générations par an et l'adulte paraît en mai-juin, puis en août.

La Fausse-Chenille a 22 pattes, le corps vert plus ou moins sombre, plus pâle latéralement, allongé, plus étroit

8

en arrière, garni de sillons transversaux nombreux. La tête est cornée, arrondie, ponctuée et armée de deux puissantes mandibules, elle porte 2 yeux ronds, ordinairement noirs. Elle se tient contournée en spirale au repos, à la face inférieure des feuilles des Rosiers, et se tient allongée lorsqu'elle attaque les feuilles qu'elle perfore de part en part entre les nervures. La Larve hiverne sur la terre, sur une coque blanchâtre, et après la mauvaise saison, au printemps elle se transforme en Nymphe, métamorphose d'une durée de quinze jours environ, après quoi l'Insecte ailé fait son apparition.

Cette Tenthrédine a pour parasite : *Campoplex cerophagus*, Grav. — Ichneumonide.

Dégâts et moyens de destruction. — Le nombre restreint des Larves limite les dégâts causés aux feuilles, souvent perforées irrégulièrement à cinq ou six endroits ; ces feuilles sont privées d'une surface utile au phénomène de la respiration, mais ne nuit que faiblement à la floraison.

Pour détruire la Larve, procéder avec soin, en mai et août, à la visite des arbustes, et couper avec des ciseaux les feuilles attaquées, où se tiennent les Larves, et les brûler. Capturer l'Insecte adulte et le détruire. De plus, en hiver, il sera utile de bêcher la surface du sol, autour de la tige des Rosiers, afin d'en retirer les cocons et arroser avec une dissolution concentrée de sulfocarbonate de potassium.

ABDOMEN SESSILE

Emphytus didymus, Klug. — Emphyte didyme.

Description et mœurs. — Cette espèce présente les mêmes caractères que l'espèce précédente, de dimension un peu moindre, long de 7 millimètres, enverg. 13 milli-

mètres. Ecaillettes en partie testacées. Pattes antérieures et intermédiaires semblables à celle de l'*E. mena-
larius*, Klug, sauf l'extrémité des tarses noire; pattes
postérieures, avec les hanches, une partie des trochanters, l'extrémité externe des tibias et les tarses noirs.
Ailes hyalines; côtes et nervures noires ; stigma brun
foncé avec la base blanche. Abdomen noir.

La Fausse-Chenille présente les caractères de la précédente et a les mêmes mœurs et métamorphoses.

Il doit y avoir 2 générations par an : l'Insecte parfait
apparaît en mai et en août.

Dégâts et moyens de destruction. — C'est une espèce
peu commune et occasionnant par suite peu de dégâts.

Le plus sûr moyen de destruction est de couper les
feuilles où se tiennent les Larves et de les brûler. Il est
plus rare de découvrir sur les Rosiers, l'Insecte adulte.
En hiver, bêcher le sol autour de la tige du Rosier, afin
de retirer les cocons de Nymphes et les détruire.

ABDOMEN SESSILE

Emphytus basalis, Klug. — **Emphyte basal.**

Description et mœurs. — Cette Tenthédine ressemble
beaucoup à l'*E. melanarius*, Klug. Adulte long de
8 millimètres, enverg. 16 millimètres, pattes noires avec
les trochanters, l'extrémité des cuisses antérieures
blanche; les tibias antérieurs jaune pâle avec la base
blanche, les tibias postérieurs noirs ou bruns avec la
base blanche. Ailes hyalines, nervures et **stigma** bruns
ou noirs. Abdomen noir, ou noir avec une bande blanche
sur le 5e segment.

La Fausse-Chenille est semblable aux précédentes,

— 116 —

vert pâle, et présente les mêmes caractères, mœurs et métamorphoses.

L'Insecte parfait paraît en mai et en août.

Dégâts et moyens de destruction. — Cette espèce vit sur les Rosiers et perfore les feuilles à plusieurs endroits, la proportion restreinte des Larves ne les rend que fort peu nuisibles.

Le moyen de les détruire consiste à examiner avec soin les arbustes, et lorsqu'on découvre les feuilles endommagées où se tiennent les Larves, à les couper et les brûler. En hiver, bêcher le sol autour de la tige du Rosier, pour retirer les cocons des Nymphes et les détruire.

ABDOMEN SESSILE

Emphytus cinctus, Klug. — Tenthrède à ceinture.
Tenthredo cincta, L.

Description et mœurs. — La Tenthrède à ceinture adulte est longue de 8 millimètres environ, un peu allongée, noire. La tête, les antennes et le thorax sont noirs, les écaillettes blanches ou en partie blanches. Les pattes antérieures sont blanchâtres avec les hanches, les trochanters et une partie des cuisses noirs au côté interne, les trochanters intermédiaires sont blancs à l'extrémité ; les pattes postérieures ainsi que les hanches noires, les trochanters blancs, les cuisses noires, les tibias rouges avec la base blanche et les tarses noirs, ce qui donne un aspect ferrugineux aux pattes. L'abdomen est noir, avec l'extrémité du premier segment et une ceinture sur le cinquième blanche ou noir en entier.

Fin avril ou au commencement de mai, la Femelle fécondée pratique avec sa tarière une petite entaille sur les pousses encore herbacées des Rosiers, et y introduit un ou plusieurs Œufs. Il peut exister jusqu'à 6 Larves dans une seule galerie.

La Tenthrède à ceinture diffère des précédentes, par les mœurs de sa Larve, celle-ci, sitôt éclose, pénètre dans le canal médullaire du rameau, elle ronge le tissu médullaire et aussi la zone ligneuse (pl. II, fig. 34).

La Larve jeune (pl. II, fig. 33) est d'un gris verdâtre pâle; après la première mue, elle devient d'un vert plus obscur sur le dos, grisâtre sur les flancs. Au milieu du dos, on remarque une ligne longitudinale claire, accompagnée sur chaque segment de quatre points noirs. La tête est fortement pointillée et le dernier anneau porte une petite pointe, qui doit servir à la Larve à progresser dans sa galerie.

Elle élargit la galerie à mesure qu'elle grossit, où elle se déplace, la tête en bas. La présence de cette Tenthrède est signalée, tout d'abord, par la flétrissure de l'extrémité de la pousse, puis, progressivement les feuilles placées au-dessus de la galerie, à mesure que la galerie se creuse du sommet vers la base du rameau (la destruction de la zone ligneuse entraînant la suppression de la sève ascendante), et aussi par la présence des excréments de la Larve qui ferment l'ouverture de leur retraite.

Lorsque les Larves arrivent dans la partie lignifiée du rameau, l'état un peu languissant du rameau seul indique leur présence, et celui-ci, fortement vidé au centre, se brise quelquefois au premier coup de vent.

Arrivée au terme de sa croissance, la Larve de la Tenthrède à ceinture se transforme dans la galerie descendante qu'elle a creusée, dans une coque ovale, en soie blanche (pl. III, fig. 38). Il est probable qu'il y a deux générations chaque année : la première a lieu au printemps, en mai, et la seconde apparaît en août-septembre, les Larves de celle-ci hivernent, au moins en partie, dans leurs galeries.

On cite comme son parasite : *Cryptus emphytorum*, Boié. — Ichneumonide.

Dégâts et procédés de destruction. — La Tenthrède à ceinture est très commune dans les cultures, en France, aussi est-ce un ravageur redoutable qui compromet la bonne tenue des plantes ainsi que leur floraison.

Pour la détruire, il faut couper avant la fin de mai et fin septembre, au-dessous des feuilles malades, toutes les pousses des Rosiers dont le sommet a une flétrissure plus ou moins marquée, et les brûler.

ABDOMEN SESSILE

Emphytus succintus, Klug. — Emphyte succinct.

Description et mœurs. — Cette Tenthrède adulte ressemble aux espèces précédentes, 9 mill. de long, enverg. 15 millimètres un peu plus longue que l'*E. melanarius*, Klug. Corps noir, tête noire avec le labre blanc ou brun. Antennes et thorax noirs; écaillettes blanches. Pattes noires avec l'extrémité des trochanters antérieurs et intermédiaires, les trochanters postérieurs en entier, les genoux des deux premières paires et tous les tibias blancs, sauf l'extrémité qui est testacée aux quatre antérieurs et noire aux postérieurs; tarses testacés. Ailes hyalines avec une tache enfumée sur les cellules radiales et le dessus des cellules cubitales; côte et nervures brunes, stigma testacé. Abdomen noir avec l'extrémité, une fascie basilaire et une ceinture sur le 5º segment, blanches. Il y a deux générations par an, en mai et en août.

La Larve ressemble aux précédentes et se tient sur les

feuilles des Rosiers qu'elle perfore à la manière des *E. melanarius*, Klug., *E. didymus*, Klug., *E. basalis*, Klug. ; ses mœurs et métamorphes sont semblables à celles des espèces précitées.

La Larve a pour parasite : *Microgaster fumipennis*, Rtzb. — Braconide.

Dégâts et moyens de destruction. — Cette espèce étant plutôt rare, occasionne relativement peu de dégâts sur les feuilles des Rosiers.

Les moyens de destruction à employer sont ceux décrits précédemment contre l'*E. melanarius*, Klug., *E. didymus*, etc., etc.

ABDOMEN SESSILE

Emphytus viennensis, Schrank. — Emphyte de Vienne.

Descriptions et mœurs. — Adulte, long de 9 millimètres, enverg. 15 millimètres (pl. III, fig. 54). Corps noir. Tête et thorax noirs, écaillettes jaunes. Antennes noires avec les 2 articles basilaires blancs, pattes blanc-jaunâtre. Ailes hyalines avec une tache enfumée sur les cellules radicales et une partie des cellules cubitales ; nervure costale et stigma testacés, les autres nervures noires. Abdomen noir, avec le 1er segment, le bord du 4e et du 5e et une partie du 6e jaune brillant, les bords du 7e et du 8e, et le dernier presque en entier jaune sombre.

La Larve (pl. II, fig. 35), longue de 15 millimètres, est d'un vert, parfois un peu jaunâtre sur le dos, plus atténué sur les flancs et blanc grisâtre sous le dessous du corps, le dos porte trois séries de points verruqueux blancs, donnant naissance à des poils raides. La tête est jaune-brunâtre avec les yeux noirs. Cette Larve vit sur l'Églantier (*Rosa canina*, L.) en mai et en septembre,

sous les feuilles qu'elle perce de trous irréguliers et assez
nombreux entre les nervures. La métamorphose en
Nymphe verdâtre a lieu au printemps dans un cocon
sur le sol et l'Insecte parfait paraît peu après en mai-juin.
Il y a une seconde génération en août.

Dégâts et moyens de destruction. — Les dégâts sont
assez restreints et les procédés décrits contre la Tenthrède
précédente, *E. succinctus,* Klug, sont applicables.

ABDOMEN SESSILE

Emphytus rufocinctus, Retzius. — Tenthrède à ceinture rousse,
Tenthredo rufocincta, Klug.

L'Insecte adulte long de 9 millimètres, enverg. 18 millimètres, est noir. Tête, antennes et thorax noirs ; écaillettes bordées de jaunâtre. Pattes noires avec jambes et
tarses rouges ; extrémité des tibias postérieurs et de leurs
tarses noirâtre. Ailes presque hyalines avec la nervure
costale testacée, le stigma et les nervures brun-noir.
Abdomen noir avec les segments 4 et 5 et une partie du
6e rouges.

La Fausse-Chenille, verte, longue de 16 à 18 millimètres est d'une teinte verte plus ou moins foncée en
dessus, son corps est parsemé de petites verrues blanches ;
les côtés sont plus pâles et le dessous est d'un blanc sale ;
la tête jaune rougeâtre et les yeux noirs. Cette Larve a
22 pattes. Elle vit en mai et août sur le Rosier, dont elle
ronge les feuilles sur les bords et les perfore de trous
irréguliers entre les nervures. A l'état de repos, elle
se tient contournée en spirale, la queue sortant du plan
du reste du corps, à la face inférieure des feuilles. En
juin et en septembre, elle se cache sous la surface de la
terre, sans cocon, la génération d'automne hiverne pour

ne se transformer en Nymphe qu'au printemps ; celle-ci est verdâtre avec les yeux noirs et les pattes blanches ainsi que les fourreaux des ailes et les antennes.

La Tenthrède à ceinture rousse a pour parasites : *Tryphon extirpatorius*, Grav. — Ichneumonide ; *Masicera media*, Goureau. — Diptère.

Dégâts et moyens de destruction. — Cette espèce est plutôt rare que commune dans les cultures de Rosiers, elle occasionne par suite peu de dégâts.

Employer les moyens de destruction indiqués contre la Tenthrède précédente.

ABDOMEN SESSILE

Athalia Rosae, L. — La Tenthrède de la Rose

Description et mœurs. — La Tenthrède de la Rose ressemble beaucoup à l'Hylotome décrit plus haut, cette espèce est cependant un peu plus petite, long. de 4 à 7 millimètres environ, enverg. 9 à 15 millimètres. Corps épais, oviforme, d'une teinte ferrugineuse, avec la tête transversalement élargie, les antennes de 10 à 11 articles, en forme de massue, le dessus du corselet, l'extrémité des jambes noirs, les appendices buccaux blanchâtres. Écaillettes testacées. Poitrine, soit entièrement testacée, soit tachée de noir, soit entièrement noire. Pattes testacées avec l'extrémité des tibias et des articles de leurs tarses noire, souvent les pattes antérieures sont entièrement jaunes. Ailes longues hyalines, un peu jaunes à la base; nervures et stigma bruns. Abdomen oblong, un peu oviforme, renflé, testacé jaune en entier ou avec le 1er ou les 2 premiers segments noirs, fourreau de la scie noir (chez la Femelle).

Les Femelles insèrent leurs Œufs, blancs, translu-

cides, oblonds, dans une petite incision faite par la scie
et pratiquée à la nervure médiane des feuilles des Rosiers. Quelques jours plus tard, les Larves éclosent. Les
Fausses-Chenilles, longues de 12 à 15 millimètres, ont
22 pattes, savoir : 3 paires de pattes thoraciques, 7 paires
de pattes abdominales et une paire de pattes anales.
Elles sont allongées, cylindriques, marquées d'un grand
nombre de sillons. La tête est rousse, petite, globuleuse
et porte deux petits yeux ronds ; elle est plus étroite que
le corps et munie de deux courtes antennes. Le corps,
d'un vert obscur en dessus, plus clair latéralement et
en dessous, peut se décomposer en 12 segments ; il est
entièrement glabre. Les Fausses-Chenilles, aussitôt
écloses se mettent à dévorer les feuilles, mais d'une façon
toute particulière, ce qui les distingue facilement de
suite des autres espèces nuisibles aux Rosiers ; en effet,
elles rongent le parenchyme, en respectant toutes les
nervures de l'épiderme d'un côté complètement intact,
de telle sorte que les feuilles ressemblent à de la gaze.
A la suite de ces nombreuses lésions des feuilles, il n'est
pas rare de voir les boutons de Roses se faner.

Les Larves parvenues à l'état adulte, effectuent en
terre leur Nymphose, dans une petite coque brune.

Il y a deux générations par an ; l'adulte se montre une
première fois, en avril-mai, et donne naissance à une
nouvelle génération en août-septembre, dont les Larves
hivernent en terre, dans leur coque, et l'Insecte parfait
apparaît en mai. L'Adulte se rencontre communément
sur les fleurs des Églantiers, des Ombellifères, des Ronces,
etc., etc.

Il doit avoir un grand nombre de parasites, mais aucun n'a été encore signalé.

Dégâts et moyens de destruction. — Cette Athalie de

la Rose est souvent très commune, aussi est-elle consi-dérée comme très nuisible aux Rosiers.

Pour la destruction des Larves, procéder avec soin, en avril-mai et août-septembre, à la visite des feuilles des Rosiers et couper avec des ciseaux toutes les feuilles où elles se tiennent et les brûler. Capturer les Femelles venant pondre et les détruire. En hiver, râcler le sol autour de la tige des Rosiers, pour en retirer les coques de Nymphes, qu'on peut détruire par l'arrosage avec une dissolution concentrée de sulfocarbonate de potassium.

ABDOMEN SESSILE

Athalia spinarum, Fabr. — La Tenthrède de la Cent-Feuilles.
Athalia centifoliae, Panzer.

Description et mœurs. — Cet Insecte adulte (pl. III, fig. 55), long de 7 à 8 millimètres, enverg. 15 millimètres, jaune orangé, a la tête, les antennes, les flancs, la partie antérieure du corselet, l'extrémité des jambes noirs, les appendices buccaux blanchâtres. Écaillettes rouges ; pattes jaunes testacé avec l'extrémité des tibias et des articles des tarses noire. Ailes longues, hyalines, un peu jaunâtres à la base ; côte et stigma noirs ; nervures jaunes vers la base de l'aile, brune à son extrémité. Abdomen jaune testacé ; fourreau de la scie, chez la Femelle, noir.

Les Fausses-Chenilles de cette Tenthrède (pl. II, fig. 36) sont longues de 15 à 18 millimètres, ont 20 pattes, elles sont d'un vert sale, légèrement chagrinée, avec une raie dorsale plus foncée qui s'efface complètement au moment de la métamorphose, avec la tête noir brillant, petite, globuleuse avec deux petits yeux.

Les Larves parvenues à leur croissance complète effec-tuent leur retraite sous terre, au pied des plantes, en s'enfermant chacune dans une petite coque oblongue, brune, à surface irrégulière, mélangée de grumeaux terreux et à parois lisses enduites de viscosité.

Il y a deux générations chaque année, l'Adulte se montre une première fois en juin, une seconde en septembre, dont la Nymphose n'a lieu qu'au printemps.

Cette Mouche à scie n'est pas rare en France, mais elle s'attaque peu aux Rosiers et vit de préférence sur les Crucifères potagères, Choux et surtout les Navets et Turneps, qu'elle dépouille complètement de leurs feuilles.

L'Insecte parfait se rencontre plus communément à la seconde génération, sur les fleurs des Ombellifères, des Églantiers, des Ronces, etc.

Cet Insecte a pour parasites :

Mesoleius armillatorius,	Grav. —	Ichneumonide.
— *ciliatus,*	Holmg.	—
Perilampus splendidus,		Chalcidite.
— *violaceus,*		—
Perilissus lutescens,	Holmg.	Ichneumonide.
Tachina bisignata,	Meigen.	Diptère.
Tryphon brachyacanthus,	Grav.	Ichneumonide.
— *marginellus,*	—	—
— *succinctus,*	—	—

Dégâts et moyens de destruction. — Les dégâts causés par cette Tenthrède sont rares, elle ne vit que très accidentellement sur les Rosiers.

Les procédés à appliquer sont ceux indiqués contre la Tenthrède de la Rose.

ABDOMEN SESSILE

Blennocampa pusilla, Klug. — Blennocampe chétive.

Description et mœurs. — Cette Tenthrédine de taille
petite, longue de 3 à 4 millimètres, env. 10 millimètres,
a le corps oviforme, noir luisant. Antennes courtes, de
9 articles, filiformes, noires. Tête transversale et thorax
arrondi, globuleux, noirs. Pattes ordinaires, noires ;
tibias et tarses jaune blanchâtre. Ailes un peu enfumées.
Abdomen noir luisant.

La Larve, longue de 8 à 9 millimètres, est courbée,
verdâtre, cylindrique, à tête petite, pâle ou brune, avec
deux petits yeux arrondis ; elle porte de petits poils épineux sur le sommet de chaque segment, latéralement
ces poils sont plus faibles. Elle a 22 pattes.

L'Insecte parfait paraît en mai et juin et dépose ses
Œufs (1 ou 2) dans les feuilles des Rosiers, *Rosa canina,*
L. et plus habituellement sur le bord de celles-ci. Elles se
roulent à moitié en dessous jusqu'à la nervure médiane,
sous l'influence de la blessure, de façon à donner l'apparence de feuilles linéaires. Dans l'intérieur de cette sorte
de fourreau, se tient la Larve, et elle ronge l'épiderme
inférieur de la feuille et détermine un très faible épaississement de la partie enroulée. Quand une feuille est
consommée, elle en prend une autre, qui, par la morsure,
se roule de la même manière. En août, elle pénètre en
terre à une profondeur de 3 à 5 centimètres et s'y construit une petite coque noire, cylindrique, arrondie aux
deux extrémités et fermée à l'un de ses bouts par un couvercle plat.

Il n'y a qu'une génération par an. La ponte a lieu peu

après l'apparition de l'Insecte parfait. L'éclosion se produit quelques jours plus tard, et, un mois après environ, les Larves entrent dans la terre pour se transformer. Elles y passent l'automne et l'hiver, et, après avoir subi la Nymphose, l'Insecte parfait s'envole au printemps.

Dégâts et moyens de destruction. — La présence des Larves de cette Tenthrédine est facilement signalée par les feuilles recroquevillées (pl. XIII, fig. 164), dans lesquelles elles trouvent la nourriture et aussi un abri permanent. Il convient donc, au mois de mai–juin, d'examiner avec soin les cultures de Rosiers et de couper toutes les feuilles où se tiennent les Larves et de les brûler. Râcler le sol à l'arrière-saison et le retourner peu profondément, pour exposer à la gelée et offrir aux Oiseaux les cocons abritant les Larves ou les Nymphes.

ABDOMEN SESSILE

Blennocampa brunniventris, Hartig. — Blennocampe à ventre brun.

Description et mœurs. — Cette espèce de dimension, moins petite que la précédente, a 7 millimètres de longueur, enverg. 16 millimètres, et ressemble beaucoup à l'espèce précédente, sauf que les pattes sont noires avec les tibias et la base des tarses blancs; les ailes hyalines avec nervures brunes, enfin l'abdomen oviforme brun-marron clair.

Dégâts et moyens de destruction. — La Larve de cette Mouche à scie ne cause que de faibles dégâts dans l'est de la France, en rongeant les feuilles des Rosiers. Mêmes moyens de destruction que pour le *Blennocampa pusilla*, Klug.

ABDOMEN SESSILE

Blennocampa bipunctata, Klug

Description et mœurs. — Cette Tenthrédine, longue de 4 à 5 millimètres, envergure 13 millimètres, est noire. Corps oviforme et garni d'une pubescence soyeuse. Antennes courtes, de 9 articles filiformes, noires. Tête transversale et thorax arrondi noirs, avec la bordure des angles du pronotum et les écaillettes blanchâtres. Pattes noires, avec les genoux, les tibias et les tarses blanchâtres. Ailes faiblement enfumées, nervures et stigma noirs. Abdomen noir ou avec seulement les segments finement bordés de blanc.

La Larve, longue de 10 millimètres environ, entièrement d'un blanc jaunâtre, a la tête petite, blanche, assez lisse, avec de courtes antennes de 5 articles; deux petits yeux arrondis noirs, et deux petites mandibules rouges; le corps est arrondi en dessus, plat en dessous, et présente 22 pattes, 6 pattes écailleuses et 8 paires de pattes membraneuses.

La Larve, parvenue à sa croissance complète dans le rameau du Rosier, y perce un trou et en sort, puis s'enfonce dans le sol à 5 ou 6 centimètres, en s'enfermant dans un cocon elliptique, brun où elle hiverne.

Cette Larve se loge, en mai et juillet, dans le canal médullaire des rameaux de divers Rosiers, elle y creuse une galerie comme celle de l'*Emphytus cinctus,* Klug, ou de *Poecilosoma candidatum,* Fll., dirigée de haut en bas, et se nourrit de la mœlle, elle occasionne ainsi de graves dégâts dans les plantations de Rosiers.

L'Insecte parfait paraît en mai, puis en juillet; il a une double génération par an.

Dégâts et moyens de destruction. — Ses ravages parfois compromettent sérieusement la foliaison et la floraison. Pour la détruire il suffit de surveiller les Rosiers en mai-juillet, et de couper tous les rameaux flétris et de les brûler pour exterminer les Larves et, contre les Nymphes, de bêcher le sol peu profondément, en juin-juillet, et pendant l'arrière-saison, pour exposer les cocons à l'air ou à la vue des Oiseaux qui les détruisent.

ABDOMEN SESSILE

Eriocampa soror, Vollenhoven. — Tenthrède noire.
Selandria æthiops, Westw.

Description et mœurs. — Cette Mouche à scie a 5 millimètres, env. 10 millimètres.

L'Insecte parfait est d'un noir brillant, avec le corps oviforme. Antennes courtes, filiformes, noires, de 9 articles. Tête transversale, thorax arrondi, noirs. Pattes noires avec les 4 tibias antérieurs blancs ainsi que leurs tarses. Ailes enfumées à la base. Abdomen noir.

La Larve est cylindrique, pourvue de 22 pattes, d'un vert jaunâtre pâle, avec une ligne plus foncée sur le dos; tête jaune orangé, avec deux petites taches noires de chaque côté.

L'Insecte parfait paraît en mai, la Femelle dépose ses Œufs en mai sur les feuilles des Rosiers; l'éclosion a lieu fin mai. Peu après, on voit les feuilles atteintes par les Larves prendre tout à coup une coloration brun pâle, analogue à celle des parties brûlées par le Soleil (pl. II, fig. 37); en les examinant attentivement, on observe que la face supérieure est rongée en tout ou en partie, et semble parsemée d'écorchures, tandis que la face inférieure est restée intacte.

La Fausse-Chenille, auteur de ces lésions, est très

difficile à découvrir, car sa coloration se confond avec celle de la feuille.

Lorsque cette Larve est arrivée à sa croissance complète, elle passe en terre, dans une petite coque qu'elle se construit, une partie de l'été, l'automne et l'hiver pour devenir Insecte parfait au printemps.

Dégâts et moyens de destruction. — Les dégâts, parfois assez étendus, ne consistent pas seulement à faire perdre aux feuilles leur fraîcheur, ils occasionnent aussi une altération de la végétation et le Rosier ne produit plus que des fleurs mal venues.

L'examen attentif des feuilles des Rosiers en mai-juin permet d'y découvrir la Larve nuisible, il suffit de couper toutes les feuilles rongées à la face supérieure et de les brûler. Râcler le sol à la fin de l'été et le retourner peu profondément, pour exposer aux intempéries et à la voracité des Oiseaux les cocons renfermant des Larves ou des Nymphes.

ABDOMEN SESSILE

Hoplocampa brevis, Klug. — Hoplocampe courte.

Description et mœurs. — Cette Mouche à scie est de taille petite, à corps oviforme, long de 5 millimètres, envergure 10 millimètres. Tête et antennes ferrugineuses, courtes de neuf articles, filiformes. Thorax ferrugineux taché de noir. Pattes testacées. Ailes à peu près hyalines, nervures pâles. Abdomen noir en dessus, ferrugineux en dessous.

La Larve a seulement 8 millimètres, elle est verte et a le corps couvert de petits tubercules; elle porte des épines fourchues à tige courte et même les deux branches sont souvent insérées directement sur une verrue

9

épaisse, noire; la tête est brune, aucune fourche épineuse. Elle apparaît au printemps sur les feuilles du Rosier qu'elle roule sur elles-mêmes et attachées ensemble à la manière des Chenilles de Tortrix. La Larve entre en terre au commencement de juin pour y construire un cocon ovoïde, simple, terreux à l'extérieur, lisse et noirâtre au dedans, et y subir sa Nymphose au printemps suivant. L'Insecte parfait vole dès le milieu d'avril sur les Rosiers.

Dégâts et moyens de destruction. — Les petites Fausses-Chenilles sont souvent nombreuses, elles entravent le développement des folioles en les attachant avec des fils et en rongeant l'épiderme supérieur, elles compromettent ainsi la floraison des Roses.

Un moyen simple consiste à surveiller avec soin les Rosiers, et dès qu'on aperçoit des feuilles enroulées et liées ensemble, il n'y a qu'à couper l'extrémité du rameau et les brûler ensuite.

ABDOMEN SESSILE

Poecilosoma candidatum, Fll.

Description et mœurs. — Cette Tenthrédinide est de taille petite, à corps allongé, noir et pubescent; long. 6 à 7 millimètres, envergure 12 ou 13 millimètres. Tête large, noire, couverte d'une pubescence. Antennes noires, filiformes, de neuf articles. Thorax noir, pubescent. Pattes ordinaires noires, avec cuisses à tibias jaune sale. Ailes subhyalines, stigma brun testacé. Abdomen noir.

En mai, la Femelle fécondée insère, dans les jeunes pousses des Rosiers, un ou plusieurs Œufs, la Larve, sitôt éclose, pénètre dans le canal médullaire du rameau et ronge la moelle et aussi la zone ligneuse.

La Larve, longue de 12 à 13 millimètres, a le corps lisse, allongé, cylindrique, la tête est petite, brillante, arrondie, un peu déprimée en avant et porte deux petits yeux. Elle se loge, en mai–juin, dans la moelle des jeunes pousses, et y creuse des galeries comme celles de l'*Emphytus cinctus*, Klug, étudié précédemment. En juin, pour la première génération, elle s'enferme dans une coque soyeuse dans la tige creuse, et en août-septembre, l'Insecte parfait s'échappe; la seconde génération passe l'hiver, et en avril se produit la nymphose, quelques jours après, l'adulte prend son essor.

Dégâts et moyens de destruction. — Les dégâts sont assez considérables, l'Insecte étant assez commun. Les rameaux vidés au centre se brisent au premier coup de vent, et la foliaison est entravée dans sa répartition, d'où l'arbuste souffre et la floraison qui se produit ensuite est chétive et incomplète.

Employer les mêmes moyens de destruction que pour l'*Emphytus cinctus*, Klug.

ABDOMEN SESSILE

Allantus Zona, Klug. — Tenthrède zonée.
Tenthredo Zona, Klug.

Description et mœurs. — Cette Mouche à scie est relativement peu répandue. L'Adulte, long de 8 à 10 millimètres, envergure 20 millimètres, a le corps oviforme, noir, sauf la base des antennes, le bord du premier segment, du quatrième et du cinquième segments de l'abdomen, et les derniers anneaux abdominaux qui sont d'un jaune brillant. Tête et antennes noires, courtes, de neuf articles, un peu claviformes, avec le premier article jaune. Thorax noir. Pattes jaune pâle. Ailes grisâtres, nervures noires. Abdomen noir avec le bord du premier segment, le cinquième en entier, les bords du septième et du huitième, le neuvième en entier jaunes. Ventre noir fascié de jaune au milieu.

Il y a deux générations par an, et l'Insecte ailé apparaît en mai, puis en août.

Après l'accouplement, la Femelle procède à la ponte en insérant ses Œufs dans les nervures des feuilles, la jeune Larve en éclosant se met à ronger celles-ci, en pratiquant des trous de forme irrégulière dans la surface du parenchyme.

La Fausse-Chenille (pl. II, fig. 32) a le corps allongé, cylindrique, d'un vert plus ou moins grisâtre, plus pâle latéralement et sous le dessous du corps ; sa tête rousse plus ou moins pâle est munie de deux yeux noirs ; tout le corps est couvert de petits points blancs verruqueux ; elle a vingt-deux pattes. Lorsqu'elle est inquiétée, elle se met en boule, et si elle tombe à terre, elle reste assez longtemps sans se décider à remonter sur les rameaux. Elle ne sort souvent que la nuit pour prendre sa nourriture. Cette Larve est enroulée en spirale sur elle-même, à l'état de repos, et ne se tient allongée que lorsqu'elle attaque la feuille du Rosier. Arrivée à son complet développement, sa couleur devient plus terne, elle entre en terre et se construit une coque, formée de particules de terre agglutinées par de la salive, dans laquelle s'opère la Nymphose.

Les Fausses-Chenilles de la première génération donnent l'Adulte après six semaines de métamorphose ; celles de la seconde ne se transforment en Nymphes qu'au printemps suivant.

Dégâts et moyens de destruction. — Les dégâts causés sont assez limités; cette espèce est peu nuisible aux Rosiers.

L'examen des feuilles percées entre les nervures décèlera sa présence; il suffit de couper les feuilles où se tiennent les Larves et de les brûler. Râcler le sol en juin puis à l'arrière-saison, et le retourner peu profondément pour exposer à l'air et à la voracité des oiseaux les cocons renfermant des Larves ou des Nymphes.

HYMÉNOPTÈRES GALLICOLES

Nous accordons l'hospitalité aux divers représentants du groupe des *Cynipides gallicoles*, moins à cause de l'importance très limitée des dégâts qu'ils occasionnent aux Rosiers, à la suite de leur piqûre, par le développement de Galles ou Cécidies, que comme Insectes phytophages, toujours considérés comme nuisibles.

Ces Galles sont plus communément rencontrées sur les Rosiers sauvages, les Églantiers, que sur les Rosiers cultivés, Rosier à Centfeuilles, etc.; elles résultent de la déformation d'une ou plusieurs folioles, rarement d'une fleur.

D'après M. A. Laboulbène [1], les Cécidies ou Galles végétales sont uniquement occasionnées par les substances liquides sortant du corps des animaux et provenant des glandes génitales, des glandes de succion ou transudation des parois du corps des Larves. Les piqûres, les

---

[1] *Essai d'une théorie de la production des diverses Galles végétales.* Compte-rendu de l'Académie des Sciences, 28 mars 1892.

incisions ne peuvent pas en produire, ainsi que ce savant professeur a pu le constater expérimentalement.

D'après le docteur Giraud, de Vienne, ces Galles varient avec l'espèce de Cynipides qui les produit, mais peuvent différer pour le même Insecte avec la partie du végétal piqué, son espèce, l'époque, etc.

Certains auteurs donnent l'explication suivante sur cette production singulière : le moment de la ponte des Femelles correspond à l'époque du bourgeonnement, ces Insectes piquent le bourgeon et, en même temps qu'elles y déposent un ou plusieurs Œufs, elles déversent dans le tissu parenchymateux un liquide acide, dont la présence provoque un afflux de sève gonflant chaque Œuf et attirant fortement au contact les écailles épaissies du bourgeon qui se transforme en un corps charnu : la Galle.

Enfin d'autres savants prétendent que la présence seule de l'Œuf suffit pour déterminer l'afflux de la sève et en même temps une abondante prolifération du tissu, et qu'il en résulte une excroissance de forme constante avec l'espèce qui l'a provoquée, renfermant une ou plusieurs Larves, dont la croissance et la métamorphose s'effectuent au sein de la Galle, en même temps que celle-ci s'accroît.

Les *Cynipides gallicoles* sont souvent assez nombreux et passent inaperçus à cause de leur petite taille (2-5 millimètres). Ils ont une tête petite et transversale, plus large que le thorax, avec antennes droites, filiformes de 14 articles dans les Mâles ; plus courtes et plus épaisses, et de 15 articles dans les Femelles. Mandibules courtes et épaisses, tridentées au côté interne. Palpes maxillaires de 4 articles ; palpes labiaux de 2 articles. Thorax large, épais et ovoïde ; écusson convexe, grand et saillant, ar-

rondi postérieurement. Ailes antérieures grandes avec
une cellule radiale, une marginale large et triangulaire
et une deuxième cellule sous-marginale triangulaire et
située sous la base de celle-ci et 2 ou 3 cubitales ; les
ailes inférieures avec une forte nervure outre la costale.
Abdomen généralement pourvu d'un pédicule court,
comprimé, le premier segment très grand, les autres
courts, les arceaux supérieurs très prolongés en dessous ;
et dans les Femelles, une tarière assez longue et droite,
le plus souvent cachée sous le ventre et dépassant à
peine l'abdomen au repos, tandis que les Cynipides commensaux en ont une fort longue et des plus déliées, dentelée à l'extrémité et enroulée pendant le repos.

Cette tarière logée en entier dans une rainure de l'abdomen, par le jeu de muscles puissants, se détend au
moment où l'Insecte pratique, dans les tissus végétaux,
des incisions dans lesquelles la Femelle fécondée dépose
un Œuf et quelquefois un plus grand nombre, selon les
espèces. En incisant la plante, le Cynips verse dans la
plaie une goutte de liquide acide particulier, sous l'action duquel résulte, par afflux de sève détournée de sa
fonction normale, la production de Galles les plus diverses dans lesquelles se développent une ou plusieurs
Larves, ayant des tubercules charnus, rudiments de
pattes.

Les Œufs, d'après les observations de Réaumur, par
un phénomène d'endosmose croissent en grosseur en même
temps que la Galle. Puis l'Œuf éclôt, la Larve se développe, vit plusieurs mois au sein de la Galle, jouant le
rôle d'un corps étranger dans le tissu nourricier et provoquant une réaction déterminant une volumineuse
excroissance de forme variable, mais constante avec l'espèce qui l'a provoquée. La Larve s'y métamorphose en

Nymphe et sort à l'état d'Insecte parfait au printemps. Sa sortie est indiquée par un trou rond sur la Galle.

Dès le printemps et pendant l'été, les *Cynipides galli- coles* sont nombreux, les Mâles sont plus rares.

HYMÉNOPTÈRES GALLICOLES

Rhodites Rosae, Gir. — Cynips de la Rose ou Cynips du Bédéguar.
Cynips Rosae, L.

Description et mœurs. — L'Insecte adulte, long de 4 à 5 millimètres, est d'un noir luisant, à corps oblong, très convexe avec l'abdomen attaché au thorax par un mince pédicule; pattes et abdomen, sauf l'extrémité, d'un rouge brun ferrugineux et les ailes diaphanes, légère- ment enfumées; dans le Mâle, la plus grande partie de l'abdomen est noire.

Tout le monde connaît cette excroissance chevelue, le *Bédéguar* (pl. XIII, fig. 165)[1], qui est due à la piqûre du *Cynips Rosae*, L., sur les rameaux des Rosiers sau- vages qui poussent le long des haies et à la lisière des bois, et sur les Rosiers cultivés.

A la fin du printemps, vers le commencement de mai, au moment de la ponte, la Femelle (pl. III, fig. 56) explore les végétaux à sa convenance et lorsqu'elle a choisi un endroit favorable, elle détend sa tarière et pra- tique des petites entailles sur les organes les plus variés du végétal : tantôt sur une tige, tantôt sur un rameau,

---

[1] Les figures 165, 166 et 167 sont reproduites d'après un dessin co- lorié inédit, de M. A.-L. Clément, l'artiste bien connu pour les repro- ductions d'histoire naturelle, et gracieusement prêté par M. Henri Gadeau de Kerville.

tantôt sur un pétiole ou sur une feuille, ou plus rarement sur un pédoncule de fleurs. La Femelle dépose une dizaine d'Œufs environ dans les petites incisions. Chaque petite plaie se boursouffle et la Galle se forme aux dépens d'une ou de plusieurs feuilles, plus rarement d'une fleur ; elle est visible deux semaines après la piqûre, et grossit d'abord avec lenteur, elle a la forme d'une pustule blanchâtre, parsemée de petites épines molles et roses ; puis peu à peu, chaque Cécidie augmente de volume et arrive à toucher les autres Galles voisines, à former, à la fin de mai, une petite masse du volume d'une framboise, recouverte complètement d'épines allongées, élargies et pinnatifides, longues de 2 à 3 centimètres, rapprochées et enchevêtrées qui la rendent moussue et empêchent d'apercevoir la surface de la Galle. Puis elle grossit avec une certaine rapidité. Au moment de la saison froide, lorsque vient l'automne, le Bédéguar ou Galle du Cynips du Rosier est tout à fait développé et présente des émergences plus développées qui la recouvrent, offrant des nuances rouges à la partie inférieure et vertes au sommet, quelquefois jaunes, dont l'effet est charmant; d'où le nom de *Galle chevelue*, qui lui a été aussi appliqué.

Son volume est très variable, on en trouve quelquefois de la grosseur d'une cerise et généralement du volume d'une châtaigne ou d'une grosse nèfle. La consistance de la Galle ou Bédéguar, à cette époque, est ligneuse, sa surface semble toute moussue et possède une odeur *sui generis* non désagréable, et ce tissu fort serré a une grande épaisseur (pl. XIII, fig. 166), quelquefois arrondie, le plus souvent très élargie et plus ou moins irrégulière, pluriloculaire, contenant le même nombre de loges et de Larves qu'il y a de Galles uniloculaires agrégées dans sa constitution.

Chaque loge, assez irrégulière, contient une Larve qui s'y développe et y subit toutes ses métamorphoses. Cette Larve (pl. XIII, fig. 167) a la forme d'un petit Ver de 4 à 5 millimètres de longueur, de coloration blanchâtre. Sa tête offre deux dents brunâtres, avec des yeux seuls colorés. Son corps est composé de 11 segments arrondis et prononcés, d'un volume plus accentué du 1er au 6e, puis diminuant de grosseur ensuite au point que l'extrémité paraît cylindrique. On observe, sur chaque côté, excepté sur les 2e et 3e segments, un stigmate de coloration rouge. Lorsqu'elle est arrivée au terme de sa croissance, elle devient inactive ; elle se raccourcit, se ramasse sur elle-même et demeure à peu près immobile depuis la fin de l'automne, époque de la maturité de la Galle du Cynips du Rosier, jusqu'au printemps suivant. A cette époque s'effectue sa métamorphose en Nymphe, sous cette forme, elle ne vit guère plus de 10 à 15 jours, puis elle se transforme en Insecte ailé.

Lorsque la température est convenable et douce l'Insecte adulte éclôt ; si, au contraire, la température est froide encore, il demeure dans la loge étroite où il a pris naissance, attendant un temps plus propice pour percer la paroi de sa demeure et s'échapper.

La Galle du Cynips du Rosier, arrivée à sa maturité, ne tombe pas et, sous l'action des intempéries de l'hiver, le Bédéguar perd son riche coloris et prend une teinte brun ferrugineux uniforme.

Le Cynips du Bédéguar n'est pas seul à occuper la Galle que nous venons d'examiner, des parasites de diverses familles et d'autres Cynips, commensaux ou locataires des Galles, s'y donnent également rendez-vous, on cite : *Porizon harpurus*, Schk., Ichneumonide ; *Hemi-*

teles luteolator, Gir., Ichneumonide ; *Pteromalus va-rius*, Klg., Chalcidite ; *P. inflexus*, Frst., Chalcidite ; *P. fuscipalpes*, Frst., Chalcidite ; *Torymus bedeguaris*, L. Chalcidite ; *T. ater*, Ns., Chalcidite ; *T. longicaudis*, Rtz., Chalcidite ; *T. purpurascens*, Fb., Chalcidite ; *Eurytoma abrotani*, Fll., Chalcidite ; *E. aethiops*, Rtz. Chalcidite ; *Aulax Brandli*, Rtz., Cynipide.

La Femelle de ce dernier perce les Galles déjà formées pour y déposer ses Œufs, et les Larves qui éclosent vivent et croissent en commun à côté de celles du fondateur de la Galle, ayant la même nourriture végétale ; il n'en est pas de même des autres parasites cités plus haut, ceux-ci, dont la Femelle introduit, en perçant la Galle avec sa tarière, un ou plusieurs Œufs dans le corps des Larves des Cynips, aux dépens desquels vit la Larve vermiforme de l'Insecte parasite et quelquefois se métamorphose dans le corps de sa victime : les uns prennent leur essor avant l'habitant régulier de la Galle, les autres après lui, certains en même temps que les Cynips des Galles des Rosiers.

Dégâts et moyens de destruction. — Les Cécidies ou Bédéguars ne sont pas réellement nuisibles aux variétés de Rosiers et aux Églantiers, leur nombre est souvent très commun.

D'une façon générale, pour détruire le Cynips des Galles des Rosiers, on doit, au mois d'octobre, recueillir toutes les Galles qui sont formées sur les Rosiers et les Églantiers et les brûler. Par ce moyen on anéantit les Larves dans leur demeure et on prévient la formation des Galles futures.

HYMÉNOPTÈRES GALLICOLES

Rhodites eglanteriae, Hart. — Cynips de l'Églantier.

Description et mœurs. — Ce Cynips ressemble beaucoup au *Rhodites Rosae,* Gir. Son corps est d'une coloration rouge plus brillante et ses ailes sont plus diaphanes encore, enfin le triangle de la seconde cellule sous-marginale est punctiforme.

Il occasionne, plus particulièrement sur divers Rosiers non cultivés, des Galles sphériques (pl. XIII, fig. 168) uniloculaires, subligneuses, de la grosseur d'un pois et quelquefois moindre, verdâtres ou rouges du côté le plus exposé à la lumière, lisses, à paroi très mince, et fixées par un point à une nervure, généralement à la nervure principale de la face inférieure, rarement à la face supérieure d'une foliole, quelquefois au pétiole ou aux sépales.

La Larve de ce Cynipide se développe à l'intérieur de la Galle et y subit sa métamorphose, l'Insecte parfait en sort au printemps suivant.

Le Cynips de l'Églantier a de nombreux parasites, on cite : *Hemiteles imbecillus,* Gir., Ichneumonide ; *Torymus viridis,* Frst., Chalcidite ; *Eulophus minutus,* Ns. Chalcidite.

Dégâts et moyens de destruction. — On trouve communément, et en grand nombre ces Cécidies sphériques pendant l'été, sur les Rosiers sauvages, elles ne causent aucun préjudice aux plantes.

Le même procédé, indiqué précédemment pour prévenir la formation des Galles dues au *Rhodites Rosae,* Gir., est applicable ici, on doit couper, pendant l'été et l'automne, les folioles sur lesquelles se trouvent ces Galles, et les brûler.

HYMÉNOPTÈRES GALLICOLES

Rhodites Mayri, Schlecht. — *Rhodites Orthospinae*, Beyerinck.

Description et mœurs. — Cette espèce de Cynips vit encore dans les mêmes conditions sur les Rosiers. Il ressemble beaucoup aux précédents et a de nombreux parasites.

Le *Rhodites Mayri*, Schlecht, produit sur divers Rosiers des Galles ligneuses (pl. XIII, fig. 169) assez semblables à celle du *Rhodites Rosæ*, Gir., mais non moussues, et parsemées d'épines très fines, de 2 à 4 millimètres de longueur, leur surface n'est pas arrondie, mais plus ou moins tuberculeuse. Ces Galles paraissent être, lorsqu'elles sont grosses, une agglomération de nombreuses petites Galles sphériques, uniloculaires, à paroi ligneuse très dure et très épaisse ; celles de petite dimension ne dépassent pas souvent le volume d'une cerise, et sont sphériques et uniloculaires; la loge est irrégulière et de petite dimension.

Dégâts et moyens de destruction. — Ces Galles sont plus rares que celles des espèces précédentes. On les trouve généralement sur diverses espèces de Rosiers sauvages, rarement sur les Rosiers cultivés, elles ne sont pas communes.

Pour prévenir la formation de ces Cécidies, on doit, au mois d'octobre, recueillir toutes celles qu'on trouve sur les Églantiers et les Rosiers et les brûler.

HYMÉNOPTÈRES GALLICOLES

Rhodites centifoliae, Hart. — Cynips du Rosier Centfeuilles.

Description et mœurs. — Ce Cynips ressemble beaucoup aux espèces précédentes, et il jouit de la faculté de déterminer chez la plante qu'il pique, au point précis de la blessure, une petite Galle sphérique, uniloculaire, de la grosseur d'un pois, un peu aplatie au sommet, à surface parsemée de poils raides et courts, et fixée à une nervure de la face inférieure d'une foliole.

Le *Rhodites centifoliæ*, Hart., a pour parasite le *Torymus ater*, Ns., Chalcidite.

Dégâts et moyens de destruction. — Cette Cécidie se trouve assez communément sur les feuilles des Églantiers et des Rosiers Centfeuilles. Pour enrayer la formation de ces Galles, rarement nuisibles, au mois d'octobre, recueillir les feuilles sur lesquelles elles sont fixées et les brûler pour détruire les Larves qu'elles renferment.

HYMÉNOPTÈRES GALLICOLES

Rhodites spinosissimae, Gir.

Description et mœurs. — Le *Rhodites spinosissimae*, Gir., ressemble beaucoup au *Rhodites eglanteriae*, Hart., il est un peu plus petit, 3 à 4 millimètres. Son corps est d'un rouge plus brun et moins brillant, ses ailes sont aussi diaphanes. Il a aussi de nombreux parasites, on cite comme locataires de sa Galle : *Aulax caninae*, Rtz., Cynipide ; *Aulax socialis* (?) Cynipide, il vit comme les espèces précédentes sur les folioles, les fruits et quelquefois les rameaux de *Rosa pimpinellifola*, L., var. *Spinosissima*, Jacq., plus rarement sur les Églantiers. Il occasionne une Galle assez variable de forme et de grosseur (pl. XIII, fig. 170), parfois une boursouflure rougeâtre ou blanchâtre, saillante sur les faces supérieure et inférieure de la foliole ; les plus petites Galles

sont de la grosseur d'un pois et les plus grosses du volume d'une olive. Celles qu'on trouve de mai à août sur
les rameaux sont ordinairement couvertes de petites
épines, peu dures ; celles fixées sur les folioles et les
fruits sontp resque lisses, légèrement tomenteuses, vertes,
roses ou rouges, généralement assez développées, fon-
gueuses, plus ou moins aplaties, uni-pluriloculaires.

L'Insecte ailé en sort au printemps.

Dégâts et moyens de destruction. — Les dégâts n'ont
qu'une importance très limitée. Il suffit simplement de
surveiller avec attention les Rosiers pendant les mois de
juin à août et de recueillir les Cécidies qu'on trouve, puis
de les brûler pour détruire les Larves qui y sont renfermées.

HYMÉNOPTÈRES GALLICOLES

Rhodites rosarum, Gir.

Description et mœurs. — Le *Rhodites rosarum*, Gir.,
offre des caractères assez identiques aux précédentes
espèces ; il est facile de les confondre entre elles, et ses
mœurs sont semblables. Il produit sur divers Rosiers
cultivés, mais plus particulièrement sur les Églantiers,
une Galle, qui a beaucoup de ressemblance avec celle
occasionnée par le *Rhodites centifoliae*, Hart., un peu
plus volumineuse, quelquefois resserrée, mais ornée à
sa partie supérieure de petites bosses et d'épines coniques
et droites, de 2 à 4 millimètres de longueur. Cette Cécidie, à uniloculaire, paroi mince, est blanchâtre, puis
verte dans son jeune âge, et se colore en rouge du côté
de la lumière ; elle est fixée par un point à une nervure
sur les folioles des Églantiers communs, *Rosa canina*, L.,

et des Églantiers des champs, *Rosa arvensis*, Huds.; on la trouve en juin-juillet.

L'Insecte adulte paraît en avril-mai de l'année suivante.

Dégâts et moyens de destruction. — Les Galles produites par le *Rhodites rosarum*, Gir., sont peu communes. Pour limiter ces productions, il convient de recueillir les Cécidies à la fin de l'été ou à l'automne et de les brûler pour détruire les Larves auxquelles elles offrent nourriture et logement.

Pour épuiser le tableau de classement des déprédations causées aux Rosiers sauvages et cultivés en France, il nous reste à vous entretenir des espèces les plus malfaisantes des Chenilles des Lépidoptères, des Hémiptères sous leurs trois états, et des Larves de Diptères.

Nous esquisserons rapidement cet exposé ultérieurement.

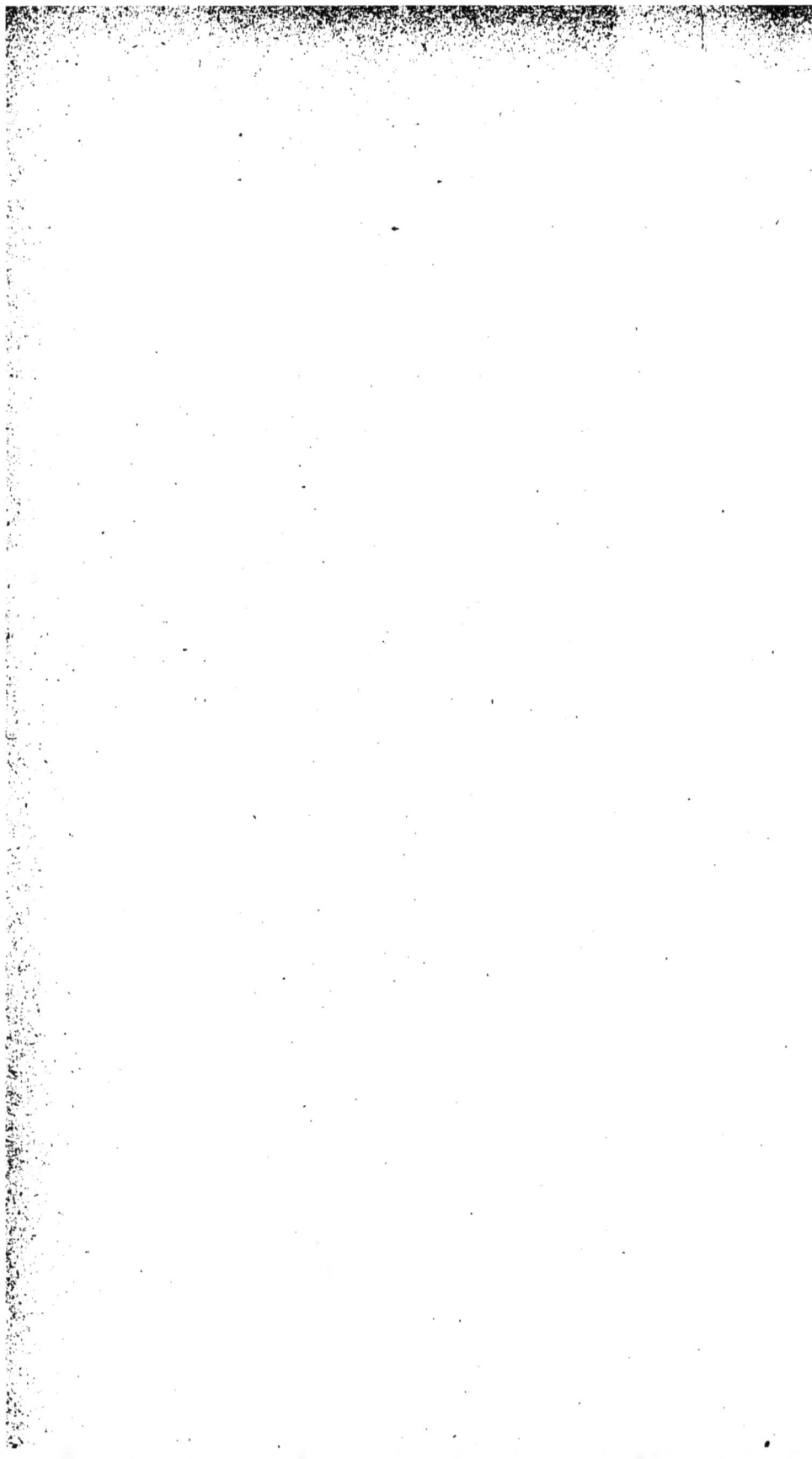

LES INSECTES NUISIBLES AUX ROSIERS

SAUVAGES ET CULTIVÉS EN FRANCE

Extrait du Bulletin de la Société centrale d'Horticulture
de la Seine-Inférieure

INSECTOLOGIE AGRICOLE

LES INSECTES NUISIBLES AUX ROSIERS

SAUVAGES ET CULTIVÉS EN FRANCE

Par M. Émile LUCET

Membre résidant

Parmi les nombreux végétaux cultivés pour l'ornement des jardins, le Rosier est de beaucoup le plus répandu. Cet arbuste, décoratif par excellence, d'une culture et d'une multiplication faciles, est l'objet d'un commerce très considérable : source de richesse pour notre pays. Sa culture et sa multiplication en plein air ou en serre entretiennent le pain quotidien à une multitude de personnes employées dans les nombreux et renommés établissements horticoles de Paris, dans la Brie, la Beauce, l'Orléanais, le Lyonnais, la Provence, etc.

Le Rosier est attaqué par une foule d'ennemis dont plusieurs sont des plus redoutables, et les ravages qu'ils occasionnent annuellement atteignent un chiffre excessivement élevé.

Ce sont ces ravageurs du Rosier que nous nous sommes proposé de décrire dans cette étude, en donnant une description sommaire de leurs caractères, leurs mœurs, leurs dégâts et les moyens les plus pratiques et les moins onéreux que nous avons expérimentés pour les détruire ou au moins pour entraver leur multiplication et réduire leurs ravages.

Dans la nomenclature qui va suivre, peut-être trouvera-t-on

que plusieurs des ennemis que nous signalons ont si peu d'importance, sont si peu répandus, qu'il n'y a pas lieu de s'en occuper. Nous nous permettrons de combattre cette opinion erronée, car rien ne permet de pouvoir assurer que ces espèces ne prendront pas une plus grande extension et qu'ils ne se rencontreront pas dans les localités restées jusqu'à présent indemnes de leurs dégâts.

Les conditions d'extension de ces Insectes sont soumises à tant de variabilité, qu'il n'est pas possible de prévoir qu'un ravageur quelconque n'étendra pas le cercle de ses dégâts autre part que dans la région où sa présence a été observée.

A côté des Insectes nuisibles, la Nature a souvent mis de puissants auxiliaires, dont on doit favoriser le développement.

Nous avons divisé notre travail en six parties.

Les Insectes Coléoptères, Orthoptères, Hyménoptères, Lépidoptères, Hémiptères et Diptères.

Nous avons dressé un tableau de classement des Insectes par ordre et d'après les dégâts qu'ils causent aux organes des végétaux : racines, tiges, rameaux, bourgeons, feuilles, fleurs, fruits et graines. Ce tableau permet au lecteur d'être renseigné immédiatement sur quelle partie du végétal l'Insecte porte ses dégâts.

Il est facile de se convaincre que les végétaux doivent être l'objet de la plus grande surveillance, même pendant la période du quasi-repos de la végétation, car dès son réveil, un nombre infini d'Insectes se répandent sur les plantes, s'attaquent aux bourgeons, entravant ainsi leur développement normal. Plus tard, ce sont les feuilles dévorées, la floraison compromise ou bien les organes sexuels rongés et la fécondation avortée.

Nous examinons ensuite les dégâts et nous énumérons les moyens de combattre l'Insecte, soit à l'état de Larve, soit à l'état d'Insecte parfait.

Les observations personnelles que nous avons notées depuis de longues années déjà, et les documents que nous avons puisés dans les remarquables travaux de nos devanciers, tant français qu'étrangers, ainsi que les renseignements que nous avons pu recueillir, soit sous le climat de Paris, soit dans diverses régions de la France, nous ont puissamment aidé dans cette étude d'une exécution difficile, que nous nous sommes efforcé de vous présenter aussi consciencieusement que possible.

Nous ne saurions omettre d'exprimer spécialement notre sincère et respectueuse gratitude à MM. H. Gadeau de Kerville, J. Fallou, l'abbé J. Kieffer, l'abbé Levêque, Louis Dupont, Lhotte, Martel, qui nous ont aidé très obligeamment en mettant à notre disposition des publications ou des observations personnelles dans lesquelles se trouvent des détails d'un haut intérêt sur les Insectes nuisibles ; à MM. Varenne, Boutigny, Lebas, Creuilly, qui ont eu la bonté, soit de nous fournir des échantillons de végétaux endommagés, soit de nous permettre de visiter leurs cultures pour y étudier les Insectes nuisibles, et à M. Eug. Benderitter fils, dessinateur, pour la fidèle reproduction des dessins d'après nature.

C'est pour répondre à la sollicitation d'un grand nombre de nos collègues, membres de diverses Sociétés savantes, que nous avons entrepris cette étude, dans l'espoir qu'elle pourra être utile aussi bien à ceux qui cultivent un grand nombre de Rosiers, soit comme simple agrément, soit dans un but commercial; et si, par ces renseignements, une réussite plus complète est obtenue dans les établissements de culture, ce sera une récompense précieuse pour nos laborieuses recherches. Nous n'avons point reculé devant les frais que nécessitent la publication des nombreuses figures nécessaires pour en rendre la lecture plus agréable et plus instructive.

Ce travail est illustré de nombreuses figures hors texte qui rendront faciles la reconnaissance des espèces décrites, et dessinées d'après les spécimens de notre collection, qui a été bien des fois soumise à votre examen.

LEPIDOPTERES

Les Lépidoptères sont des Insectes à métamorphoses complètes, désignés habituellement sous le nom de *Papillons*, dont les ailes, au nombre de quatre, simplement veinées, sont couvertes sur les deux faces d'une poussière formée d'une multitude de poils raccourcis et élargis en petites écailles de couleurs variées, de formes très diverses, imbriquées, et si peu adhérentes qu'elles se détachent au moindre toucher.

La tête des Lépidoptères émerge librement, généralement arrondie, assez développée, comprimée en avant dans la région du chaperon, moins large que longue, et généralement moins large que le thorax; chez les Hétérocères, elle est plus petite, moins saillante, et porte des poils écailleux, et se trouve quelquefois entièrement retirée sous le thorax.

Sur la tête, velue ou couverte d'écailles, on trouve des yeux composés, à très nombreuses facettes, de couleur variable, larges et présentant une saillie hémisphérique, et souvent aussi deux yeux lisses ou stemmates, situés sur le vertex.

Elle porte des antennes droites, toujours bien visibles, formées d'un grand nombre d'articles souvent plus longues que le corps, elles sont presque toujours sétiformes ou filiformes dans les Hétérocères, dans d'autres genres (*Attacus*, *Bombyx*, etc.), elles sont pectinées chez les Mâles, c'est-à-dire que les antennes sont garnies de chaque côté de dentelures, simples ou doubles, qu'on a comparées à celles d'un peigne, ou plumeuses, si elles ressemblent aux barbes d'une plume ; les Femelles des mêmes ne présentent que des antennes filiformes.

La conformation de la bouche est disposée de manière à servir à la succion des liquides : miellat, nectar et diverses exsudations végétales ou animales. La pièce principale est la *Spiritrompe*, tantôt courte, tantôt allongée et enroulable, parfois nue, parfois couverte d'écailles épidermiques et souvent hérissée de papilles à sa partie terminale. C'est un tube, formé de deux pièces semi-cylindriques, cornées, creusées longitudinalement en forme de gouttières sur le côté interne et soudées ensemble sur leurs bords, de manière à laisser entre elles un canal interne par où montera le liquide aspiré. Ces deux pièces représentant les mâchoires sont placées entre les palpes labiaux, à la base de la spiritrompe, on trouve une petite saillie triangulaire, rudiment d'un palpe maxillaire, couvert de poils très serrés, formé de deux ou trois articles. Cette spiritrompe flexible se déploie à la volonté de l'Insecte, et ne s'étend en ligne presque droite que lorsqu'elle lui sert à puiser les sucs des nectaires des fleurs ; au repos, elle demeure enroulée en spirale entre les palpes labiaux.

Le corps, très élancé, est entouré d'une cuirasse chitineuse, couvert d'une toison épaisse de poils serrés, parfois d'apparence squameuse, qui empêche de distinguer les trois anneaux bien unis entre eux au *corselet* ; le prothorax, très court, constitue le collier du corselet, le mésothorax et le métathorax, bien soudés, semblent ne former qu'une pièce unique, postérieurement terminée par un petit écusson triangulaire, offrant au-dessus deux *ptérygodes* ou *épaulettes*, plus ou moins volumineuses.

Les ailes des Lépidoptères sont au nombre de quatre ou bien elles sont avortées, les antérieures toujours plus développées que les postérieures; celles-ci sont généralement arrondies en un ovale allongé, quelquefois un peu évidées ou échancrées sur le côté interne ou abdominal, alors que les ailes supérieures se rapprochent plus ou moins de la formation triangulaire; parfois on rencontre des ailes fendues en fines lanières, comme plumeuses, selon leurs nervures, et ayant un aspect d'éventail à demi-déchiré (Ptérophores).

La forme des ailes, leurs dessins et leurs nervures servent à caractériser les espèces, de même que l'attitude caractéristique qu'elles offrent pendant le repos.

Il existe dans certains groupes d'Hétérocères, des Femelles à ailes imparfaites, impropres au vol, en moignons plus ou moins développés, *Orgya*, *Hybernia*, *Cheimatobia*, etc., ou même entièrement absentes, *Hybernia defoliaria*.

Les pattes, revêtues de poils épais et longs, paraissent parfois assez larges, toutefois, elles sont généralement grêles, faiblement attachées; les jambes sont munies d'éperons, les tarses ont cinq articles et sont terminées par des crochets.

L'abdomen est composé de sept à neuf articles, dont les arceaux dorsaux recouvrent le plus souvent par leurs bords les arceaux ventraux. A son extrémité, entre deux valves du dernier segment on trouve les pièces copulatrices. Chez certaines Femelles des Bombyciens, l'abdomen se termine par d'épaisses touffes de poils fins et soyeux, servant à recouvrir les Œufs, afin de les préserver des rigueurs de l'hiver ou du froid intense du rayonnement nocturne.

Les différences sexuelles sont caractérisées, outre les organes propres, par des dissemblances bien tranchées dans la coloration des ailes, moins vive chez la Femelle, et à dessins moins prononcés, à l'abdomen long et cylindroïde du Mâle, tandis que la Femelle se reconnaît assez facilement à sa taille renflée, ovoïde, à son aspect plus lourd, surtout lors du développement des Œufs fécondés. Ordinairement la Femelle est un peu plus grande que le Mâle.

Les couleurs des Lépidoptères sont très variables, par albinisme ou manque de pigment, par mélanisme ou pigment plus foncé que chez le type; on observe aussi beaucoup d'autres variations.

Le mimétisme ou adaptation des formes et des couleurs est assez fréquent chez les Lépidoptères, certains ressemblent à des feuilles sèches, les *Lasiocampes*, dites Feuilles-Mortes, d'autres espèces, les *Boarmia*, les *Acidalia*, etc., aux ailes marbrées et grisâtres, étalées sur les troncs d'arbres, sur les murailles, ne sont visibles que par une observation soutenue. Enfin certaines espèces présentent des cas de polymorphisme, ainsi dans les *Hybernia*, il y a des espèces à dessins constants, comme *Hybernia aurantiara*, *Cheimatobia brumata*, alors que *Hybernia defoliaria* varie souvent et semble appartenir à une toute autre espèce.

Les faits de parthénogénèse se rencontrent chez beaucoup de Femelles d'Hétérocères, qui non accouplées et captives, peuvent pondre des Œufs parfois accidentellement fertiles, donnant naissance à des individus Mâles et Femelles.

La durée de la vie des Lépidoptères est souvent très courte, peu après leur naissance a lieu l'accouplement et la ponte, généralement, le Mâle meurt après l'acte de la reproduction et la Femelle lui survit un peu pour déposer ses Œufs et meurt ensuite. Cependant quelques espèces hibernent, et l'accouplement n'a lieu qu'au printemps suivant. Peu de temps après l'accouplement, les Femelles procèdent à la ponte, généralement les Œufs sont déposés un à un, à nu, ou en tas, ou en rangées autour des branches, retenues par un enduit gluant, quelquefois les Femelles poilues de certains Bombyciens : *Li-paris dispar, chrysorrhoea, auriflua*, etc., recouvrent leurs Œufs de poils qu'elles arrachent à leur abdomen. Les Œufs peuvent, dit-on, supporter, sans avorter, des températures comprises entre + 60° et — 40° centig.

Les Femelles, par suite d'un admirable instinct, placent leurs Œufs sur la plante qui doit nourrir la Chenille, en une même place si les Chenilles doivent être sociales, isolés un à un ou en petit nombre, si celles-ci doivent vivre solitaires, et toujours enduits d'un vernis gluant, insoluble dans l'eau, qui les fait adhérer sur les feuilles, si l'éclosion doit avoir lieu à la belle saison, sur le tronc ou sur les branches des plantes à feuilles caduques, lorsque les Œufs sont destinés à passer l'hiver et à n'éclore qu'au printemps suivant ou lorsque les jeunes Chenilles nées à la fin de l'automne ont à subir les froids de l'hiver, engourdies dans les fissures de l'écorce ou au pied des arbustes.

De forme ellipsoïde ou sphéroïde, de couleurs très variées, ces Œufs offrent une surface très variable ; parfois la coque de l'Œuf est lisse, parfois striée, quelquefois velue. Cette coque est dure et chitineuse ; au moment de l'éclosion, la jeune Chenille la ronge circulairement avec ses mandibules, et n'a plus qu'à soulever le couvercle qu'elle vient de confectionner pour sortir.

Les Chenilles ont le corps généralement allongé, cylindroïde, mou, diversement coloré, à peau tantôt nue, tantôt garnie de poils, de tubercules, d'épines, etc., se divisant en douze segments, indépendamment de la tête : trois thoraciques et neuf abdominaux, séparés par des incisions plus ou moins profondes, chaque segment thoracique porte une paire de pattes articulées et terminées en pointe, dites *pattes vraies* ou *écailleuses*, qui sont comme les fourreaux des six pattes de l'Insecte adulte ; elles servent à la locomotion plutôt qu'à la fixation sur les

·feuilles ou sur les rameaux. La marche et la station sur ces objets sont obtenues à la fois par les *fausses-pattes* ou *pattes membraneuses*, ou *mamelonnées*, dont sont munis en dessous certains anneaux abdominaux. Elles ne persistent pas chez la Chrysalide ni chez l'Adulte.

A l'extrémité du corps de la Chenille se trouvent généralement deux pattes membraneuses non articulées, dites *pattes anales*, celles-ci ne persistent pas chez la Chrysalide ni chez l'Insecte parfait. Les Chenilles n'ont jamais plus de seize pattes, parfois un nombre moindre.

La tête semble composée de deux calottes latérales cornées, elle porte deux antennes latérales et rudimentaires, de chaque côté sont six ocelles, dont trois bien visibles. La bouche des Chenilles est conformée comme celle d'un Insecte broyeur, elle est composée d'une paire de mandibules cornées, robustes, plus ou moins tranchantes, d'une paire de mâchoires latérales munies chacune d'un très petit palpe, d'une lèvre inférieure munie de deux rudiments de palpes et d'un mamelon médian, cylindroïde, percé d'un orifice très petit et constituant la *filière* par laquelle sort le fil de soie formé de deux fils accolés et secrété par les deux glandes séricigènes.

Le corps des Chenilles présente généralement neuf stigmates aériens visibles de chaque côté : un au prothorax, les autres aux segments abdominaux sauf le dernier. L'anus s'ouvre dans le dernier anneau des Chenilles, et se trouve protégé le plus souvent, par le *chaperon* ou *clapet*, sorte de valve plus ou moins saillante, habituellement triangulaire.

Le mode de progression des Chenilles est en rapport avec le développement de leurs pattes articulées ou membraneuses. Lorsqu'elles ont leurs pattes au complet, la locomotion a lieu **par des mouvements ondulatoires du corps, d'arrière en avant,** et aussi à l'aide des pattes, c'est une sorte de reptation, pendant laquelle le corps se soulève alors à peine au-dessus de la surface d'appui. L'absence de la première ou des deux premières paires de pattes membraneuses obligent les Chenilles de relever en boucle le milieu du corps pendant la marche : on les nomme Chenilles *Demi-Arpenteuses*. Les *Arpenteuses* ou *Géomètres* sont celles qui ne possèdent plus que les deux dernières paires de pattes membraneuses. Si l'on examine une de ces Chenilles au moment où elle va se porter en avant, elle relève en arceau le milieu du corps, en rapprochant les pattes postérieures des pattes écailleuses. Cette première série de mouvements accomplie, la Chenille prend un point d'appui sur ses pattes postérieures, soulève toute la partie antérieure de son corps et la détend comme pour saisir au-dessus d'elle quelque objet éloigné, puis la rabat et pose aussi loin que possible ses pattes articulées. Alors l'abdomen se soulève et les pattes membraneuses, lâchant prise, viennent s'appliquer tout contre les pattes articulées, qui servent à leur tour de point d'appui, et ainsi de suite. Souvent ces Chenilles, à peau verte, grisâtre ou brune, à anneaux rigides, ont été désignées sous le nom d'*Arpenteuses en bâton*, car on les aperçoit souvent dressées sur la paire postérieure des pattes anales, qui s'attache à un rameau ou au pétiole d'une feuille, et rester immobiles pendant des heures entières, simulant, suivant leur coloration, une tige morte ou un rameau frais privé de ses feuilles (pl. V, fig. 72). Parfois ces Chenilles tombent raides et paraissent être une branchette morte, ce qui constitue leur mimétisme défensif, d'autres espèces ont les pattes membraneuses protégées par des prolongements latéraux charnus, préhensiles, dits *appendices pédiformes*, qui cachent les pattes et concourent avec elles à fixer ces Chenilles plates entre les fentes des écorces, où elles sont difficiles à apercevoir.

Beaucoup de Chenilles, en outre de la locomotion ordinaire, ont la faculté de marcher à reculons avec rapidité, et de plus, se tortiller comme de petits serpents : c'est le fait de beaucoup de Chenilles de Tortriciens, de Tinéiniens, etc., et lorsqu'elles veulent descendre du point qu'elles occupent, sur le sol, ou si elles tombent des feuilles, elles demeurent suspendues à un fil de soie secrété par la filière buccale, qui amortit la chute sur le sol, et le long duquel elles peuvent remonter.

La coloration du fond des téguments des Chenilles est généralement verte, brune ou grisâtre. D'un blanc jaunâtre ou parfois rosée chez les Chenilles qui habitent à l'intérieur des racines ou des tiges ou des fruits, elle est au contraire d'une teinte pâle, bleuâtre ou terreuse chez celles qui ne doivent pas être non plus exposées à la lumière, chez celles qui vivent cachées en terre, rongeant les racines, alors que la coloration de celles vivant à l'air est, le plus souvent, semblable à celle des feuilles, des fleurs, dont elles dévorent les pétales ou les fruits, des écorces, si elles viennent s'y reposer fréquemment.

Un certain nombre de Chenilles, dites *Chenille à fourreaux*, assurent la protection de leurs téguments par un revêtement de soie auquel sont fixés des corps étrangers; la tête et les pattes écailleuses sortant seules, pour manger et marcher, comme dans beaucoup de Tinéiniens.

La plupart des Chenilles se nourrissent de matières végétales, le plus grand nombre vivent à la lumière du jour, mais certaines espèces se cachent sous les feuilles, dans les crevasses des écorces, etc., pendant le jour et ne sortent de leurs retraites que pendant la nuit; plusieurs espèces forment des sociétés nombreuses, d'autres, au contraire, vivent isolées.

L'accroissement des Chenilles est très varié, selon les espèces, la nourriture, l'époque de l'année. Certaines espèces se développent rapidement et mangent nuit et jour avec voracité, d'autres Chenilles sont nocturnes ; les Chenilles de seconde éclosion estivale, d'espèce ayant eu une première apparition au printemps, arrivent promptement à toute leur taille ; enfin d'autres espèces, écloses à l'arrière-saison, passent l'hiver dans l'engourdissement.

L'accroissement a lieu par des mues en nombre assez variable. La plupart des Hétérocères ont quatre mues, séparées par des périodes d'activité et de voracité qu'on nomme âges. Ces changements de peau sont une phase critique dans l'existence des Chenilles, beaucoup périssent. Pour cela, elle s'accroche aux objets avec ses pattes et parfois avec des fils de soie, la vieille peau se plisse d'abord, puis se fend le long du dos et la Chenille en retire son corps, d'abord la région antérieure, puis la postérieure, par des efforts souvent pénibles. Elle cesse de manger pendant cette période, qui est parfois mortelle pour elle.

Quand une Chenille est parvenue à son entier développement, elle cesse de manger, comme aux approches d'une mue, ses couleurs se ternissent ou deviennent livides, son corps se raccourcit, sa peau se plisse, et après avoir préparé ou cherché un abri convenable et très varié, elle se dépouille de sa peau, après un état dormant et sans nourriture qui peut durer plusieurs jours et parfois plusieurs mois.

L'état de Nymphe des Lépidoptères est désigné sous le nom de *Chrysalide* ou *Fève;* on y reconnaît déjà nettement la plupart des caractères extérieurs de l'Adulte : on y distingue l'enveloppe de la tête, les yeux, la spiritrompe rabattue sur l'enveloppe du thorax, les pattes symétriquement repliées sur la face abdominale, sur les côtés les ailes dans leurs fourreaux, entre les fourreaux alaires, ceux des pattes, enfin l'enveloppe de **l'abdomen composée de neuf segments comme chez l'Adulte.**

Chez les Hétérocères, les Chrysalides sont cylindro-coniques, obtuses en avant et s'amincissant régulièrement en arrière, d'une coloration variant du brun noir au brun testacé.

Elles présentent des téguments lisses, parfois rugueux, les bords des anneaux sont parfois garnis de touffes de poils rudes, l'extrémité postérieure est souvent armée d'une pointe simple ou double recourbée en crochet ou munie de poils raides et courbes servant à la suspension de la Chrysalide de diverses manières.

La durée de l'état de Chrysalide est très variable : celles qui se forment à la fin du printemps ou au début de l'été, et surtout pour les Microlépidoptères à Chrysalides de petite taille donnent l'Insecte parfait après quelques semaines; au contraire, les Chrysalides formées en automne passent souvent l'hiver et éclosent au printemps, et quelques-unes, cette époque passée, reprennent l'état dormant pendant toute une année, et même pendant plusieurs années.

Les Chrysalides restent à l'air libre, certaines espèces s'entourent d'un cocon plus ou moins épais, formé de fils de soie continue et entrelacés, réunis par une matière gommeuse ; d'autres espèces, n'ayant pas assez de matière soyeuse, même en y mêlant leurs poils, ajoutent à leur entourage des matières diverses : tantôt entrecroisent entre les feuilles ou les écorces soulevées, ou sous une pierre quelques fils de soie auxquels la Chrysalide est maintenue, plutôt par les crochets de sa pointe anale que par la résistance du tissu ; enfin d'autres espèces encore ne se filent pas de cocons, et dont les Chrysalides reposent simplement sur le sol ou sont plus ou moins enfoncées en terre.

Quand la Chrysalide est parvenue au terme de son évolution, la peau de celle-ci se fend longitudinalement en dessus du corselet et le Papillon agrandit l'orifice en poussant avec sa tête, et parfois en se servant de ses pattes, et abandonne sa prison.

Les éclosions ont généralement lieu dans la matinée.

Le Papillon est d'abord très faible, entièrement mouillé, ses parties externes sont molles. Peu après, celles-ci s'allongent, s'agitent, se sèchent complètement et ont acquis leur ampleur normale, et le plus ordinairement, en moins d'une demi-heure, le Papillon a successivement étendu, séché toutes ses parties externes, et prend son vol.

Latreille subdivisait les Lépidoptères en trois grands groupes : les Diurnes, les Crépusculaires et les Nocturnes, d'après les époques de la journée où l'on rencontrait les Adultes à l'état actif ou volant. Il est reconnu aujourd'hui qu'il n'existe pas de caractère net de séparation entre les Crépusculaires et les Nocturnes, car les plus nocturnes des Papillons ne paraissent pas dépasser onze heures du soir dans leur état d'activité, aussi divise-t-on, actuellement, les Lépidoptères en deux grands groupes. Les uns, qui correspondent aux Diurnes de Latreille, sont les *Rhopalocères*, de M. Constant Duméril, comprenant tous les anciens Diurnes ; chez lesquels l'antenne se termine par un bouton en forme de massue plus ou moins allongée. Les autres, nommés *Hétérocères*, par M. Boisduval, présentent des antennes de toutes formes, sauf la massue arrondie à sa terminaison, renfermant les anciens Crépusculaires et Nocturnes.

L'Ordre des Lépidoptères est celui qui contient le plus grand nombre d'espèces nuisibles pouvant vivre aux dépens des Rosiers, fort heureusement, un grand nombre de ces espèces sont polyphages, et ne s'attaquent aux Rosiers que dans des cas particuliers et limités. Toutes les espèces décrites sont nocturnes.

HÉTÉROCÈRES

C'est dans ce groupe de Lépidoptères que nous trouvons les espèces les plus nuisibles à l'agriculture et à l'horticulture. Certains genres offrent des Femelles avec atrophie alaire, chez lesquelles les ailes manquent quelquefois complètement ou sont réduites le plus souvent à des moignons impropres à la fonction du vol ; d'autres chez lesquels la spiritrompe est absente, et par suite ne peuvent s'alimenter à l'état parfait.

Les tribus dont nous avons à vous entretenir dans les Macro-lépidoptères sont : les Bombyciens, les Attaciens ou Saturniens, les Noctuéliens, les Phaléniens ; viennent ensuite : les Microlépidoptères, avec les tribus des Tortriciens, des Tinéiniens, des Ptérophoriens.

LIPARIDES

Orgya gonostigma Fabr. — Ochsen., S. V., God. — La Soucieuse.
Bombyx gonostigma L., Esp., Hubn., Scop., de Vill.

Description et mœurs. — *La Soucieuse* d'Engrammelle est un Papillon de 30 à 31 millimètres d'envergure, à spiritrompe nulle. Chez le Mâle (pl. VII, fig. 87) les ailes sont toujours bien développées, à demi-inclinées au repos, les antérieures d'un brun marron plus ou moins obscur, avec trois taches orbiculaires cerclées de gris, trois lignes flexueuses, transversales, brun noirâtre, deux lunules blanches, l'une au sommet ou angle apical, précédée d'une double tache oblongue jaune-roussâtre, l'autre à l'angle interne de l'aile, le dessous est noirâtre. Les ailes postérieures noires et brunes sur les deux faces, avec des poils cendrés à la base ; la frange des quatre ailes est blanchâtre entrecoupée de noir, surtout aux ailes antérieures.

La Femelle (pl. VII, fig. 88) est aptère avec des vestiges d'ailes à peine visibles, à corps très gros et gonflé, cendré et obscur, avec les pattes et les antennes dentées, brun jaunâtre, alors que le Mâle est toujours ailé, à corps grêle, avec les antennes courtes, plumeuses ou largement pectinées, brun obscur avec la tige plus pâle.

L'Insecte parfait paraît pour la première fois en mai et juin, pour la seconde génération fin août et en septembre.

La Femelle sort de la coque, se cramponne à sa surface, c'est là qu'elle est copulée par le Mâle, et c'est généralement sur la coque même qu'elle pond un grand nombre d'Œufs ronds, blanc-verdâtre luisant. Étant très visibles, il est facile de les détruire à la main.

La Chenille (pl. IV, fig. 57), très aisée à reconnaître, beaucoup plus forte si elle doit donner une Femelle, elle est garnie de poils disposés, les uns sur le dos, en forme de brosse, les autres en forme de pinceaux aux deux extrémités du corps, dont deux placés latéralement sur le cou et dirigés en avant comme des antennes, et le troisième sur le onzième anneau et dirigé en arrière ; la Chenille est d'un jaune terne avec trois bandes noires longitudinales et quatre brosses dorsales d'un roux jaunâtre obscur ; tous les anneaux de son corps, à l'exception de ceux où sont les brosses, offrent chacun deux bouquets courts de poils blancs ; on remarque de chaque côté des tubercules noirs bordés de jaune, et sur lesquels sont disposés par verticilles des poils grisâtres assez longs, et les stigmates blancs avec le pourtour noir. Les pattes écailleuses brun jaunâtre luisant, les pattes membraneuses verdâtres.

Cette Chenille est essentiellement polyphage, elle se nourrit en mai, juillet, août et septembre des feuilles de plusieurs arbres et arbustes, tels que : le Chêne, le Tilleul, le Peuplier, le Prunier cultivé, le Prunier épineux, l'Aulne, le Pommier, l'Aubépine, la Ronce, l'Églantier, le Framboisier, le Noisetier, et toutes espèces de Rosiers, etc. Elle file une coque ovale, lâche, d'un jaune pâle un peu grisâtre entremêlée de poils (pl. VI, fig. 79), placée entre les feuilles ou dans les fentes des écorces. Sa Chrysalide noir brun, avec les incisions jaunâtres et les poils de la couleur de la coque, les trois anneaux postérieurs dorsaux ont chacun une double tache blanchâtre, et l'anus est **terminé** par une pointe assez longue, à extrémité bifide.

Les individus de cette espèce hivernent soit en Œufs, soit en Chenilles, soit en Chrysalides. On signale deux parasites de cette Chenille : *Bracon geniculator* Nees, Braconide, et *Eulophus bombycicornis* Rtz., Chalcidite.

Dégâts. — Le Papillon n'est nullement nuisible, il ne prend pas de nourriture. Quand à la Chenille, elle apparaît pendant le mois de mai, et elle broute les feuilles de divers végétaux jusqu'en septembre, elle est moins commune que l'espèce suivante, elle ne fait guère de dégâts sérieux, car elle n'est jamais beaucoup commune en France.

Moyens de destruction. — On peut utiliser l'habitude que possède la Chenille de *La Soucieuse* de se laisser tomber sur le sol quand on secoue les rameaux pour la recueillir à l'aide de 'entonnoir *ad hoc*; de plus, leur taille permet facilement de les voir, et, par suite, de les ramasser pour les détruire. Il en est de même de la coque chargée d'Œufs, celle-ci étant très visible, il est facile de les détruire à la main.

LIPARIDES

Orgya antiqua L., God. Ochsen. — L'Étoilée ou Bombyx antique.
Bombyx antiqua L., Fabr., Esp., Hubn., Scop., de Vill.

Description et mœurs. — Le Papillon Mâle (pl. VII, fig. 89) est de petite taille, de 26 à 30 millimètres d'envergure, à corps grêle, de la couleur des ailes antérieures d'un fauve roussâtre clair, avec deux bandes transverses sinueuses, d'une couleur plus foncée, dont la postérieure plus large est terminée avant l'angle interne par une boucle d'un blanc pur, comparée, par Geoffroy et Engrammelle à une étoile. Frange entrecoupée de points noirâtres. Ailes postérieures jaune roux avec la frange d'un jaune sale, le dessous des quatre ailes entièrement jaune rougeâtre. Antennes d'un brun grisâtre, avec la tige jaunâtre chez le Mâle ; antennes et pattes cendrées chez la Femelle.

La Femelle (pl. VII, fig. 90) est bien différente du Mâle en ce qu'elle n'a que des moignons d'ailes à peine visibles, et ressemble à une Araignée de grosseur moyenne, de teinte jaune grisâtre.

L'Insecte parfait paraît en juin, pour la première époque, mais plusieurs générations se succèdent à partir du mois de juillet jusqu'en octobre, il est alors très commun. Certaines années, cette espèce est tellement commune qu'elle devient un véritable fléau. Les Œufs de la dernière génération passent l'hiver et éclosent en mai.

La Chenille (pl. IV, fig. 58) est gris cendré, gris bleuâtre pâle ou même parfois blanchâtre, avec des poils grisâtres en aigrettes entremêlés de poils noirâtres implantés sur des tubercules rouges. Le premier anneau offre de chaque côté un long faisceau de poils inégaux (cornes) dirigés en avant ; le cinquième anneau offre un faisceau semblable, mais dirigé en arrière ; une brosse jaune, grise, blanche, parfois rousse ou noirâtre se trouve sur chacun des quatrième, cinquième, sixième et septième anneaux ; entre chaque brosse, le dos porte des incisions très noires ; le fond devient plus obscur et porte, sur chaque anneau, deux tubercules rouges, depuis la dernière brosse jusqu'à la queue, formant une bande demi-circulaire ; une bande semblable se trouve aussi sur chacun des premiers anneaux ; une rangée de tubercules rouges, supportant de petites aigrettes noirâtres, se trouve sur chaque côté. Toutes les pattes sont jaunâtres et le ventre est d'une couleur livide.

Cette Chenille polyphage vit, de mai en octobre, sur une infinité d'arbres et d'arbustes : Chêne, Pommier, Prunier, Abricotier, etc., elle est très commune en automne sur les Rosiers.

A l'époque de la Nymphose, elle file entre les feuilles ou dans les gerçures des écorces, une coque ovale, tantôt blanc grisâtre, tantôt gris jaunâtre, molle, entremêlée de poils ; sa Chrysalide (pl. VI, fig. 80) est noir brun luisant, avec les incisions ferrugineuses et des poils cendrés ; elle a une tache blanchâtre sur le dos de chacun des trois anneaux antérieurs, et l'anus est terminé par une pointe aiguë. Sa Nymphose a lieu aux mêmes époques que celle de l'*Orgya gonostigma* Fabr.

Dégâts. — La Chenille de l'Orgye antique est essentiellement polyphage et tellement commune qu'elle devient parfois un véritable fléau pour les arbres forestiers et fruitiers et les Rosiers. L'Insecte parfait est commun partout, il vole du soleil de juin en octobre.

Moyens de destruction. — Surveiller avec soin les arbustes, et recueillir les Chenilles vivant à découvert sur les rameaux et les feuilles des Rosiers, en secouant les pieds attaqués au-dessus d'un entonnoir *ad hoc*, ou d'un parapluie renversé, puis les détruire. On peut aussi employer, pour détruire les Chenilles vivant à découvert, la préparation suivante, expérimentée par les soins de la Société centrale d'Horticulture de la Seine-Inférieure, et inscrite dans le Bulletin du 1er trimestre de 1894 (séance du 3 avril).

PRÉPARATION POUR LA DESTRUCTION DES CHENILLES :

Polysulfure de potassium........................	50 grammes.
Savon mou de potasse...........................	100 —
Nicotine ou jus de tabac (des manufactures)...........	200 —
Alcool méthylique ou Esprit de bois.................	250 —
Eau...	10 litres.

La pulvérisation sera pratiquée le soir, de bas en haut, au moyen d'une seringue de jardin ou d'un pulvérisateur à boule. Le lendemain matin, seringuer les arbustes avec de l'eau simple, à la température ordinaire. Répéter cette opération si cela est nécessaire.

Pour la destruction des Chrysalides, il convient de faire des labours mensuels peu profonds (5 à 12 centimètres), de novembre à mars, selon l'importance de la culture, ou simplement de bêcher le pied des Rosiers ; parfois il suffit de râcler le sol pour ramener à la surface un grand nombre de Chrysalides enterrées, et les exposer ainsi à être dévorées par les Oiseaux, ou détruites par les intempéries.

LIPARIDES

Dasychira fascelina L., Fab., Esp., God. — La Patte étendue agate de de Geer ; le Bombyx porte-brosse de Godard. — *D. medicaginis* Hbn.

Description et mœurs. — Le Papillon Mâle, de 40 millimètres d'envergure, a le corps grêle et les antennes courtes, pectinées, les ailes supérieures oblongues, d'un gris blanchâtre le long de la côte, d'un gris cendré sur le reste de la surface, avec trois lignes transverses, ondulées et noires; entremêlées d'atomes orangés, des ailes inférieures d'un gris cendré pâle, souvent sans taches, et quelquefois avec une lunule centrale et une bande postérieure légèrement obscures. Abdomen terminé par une brosse de poils. Il vole quelquefois pendant le jour, à la fin de juillet et en août, pour trouver la Femelle. Celle-ci est plus grande avec les antennes courtes, dentées, elle a les mêmes dessins que le Mâle et a en outre l'extrémité de l'abdomen garni d'un bourrelet laineux et plus foncé que le corps. Pattes antérieures étendues en avant dans le repos, dans les deux sexes, très velues chez la Femelle.

L'Insecte parfait paraît en août, il n'est pas rare dans une grande partie de la France.

La Chenille est pourvue de brosses comme celle des *Orgya*, mais elle est dépourvue des deux faisceaux de poils en forme d'antennes, avec les incisions du dos d'un noir de velours et 4 brosses de poils serrés jaunes ou blanchâtres sur les anneaux du milieu et d'un pinceau rougeâtre sur le onzième anneau.

Elle ressemble beaucoup pour la forme à celle de l'espèce suivante ; elle se trouve en mai et au commencement de juin, principalement sur le Genêt, et aussi sur le Prunellier, l'Aubépine, etc. ; on prétend aussi qu'elle peut vivre sur les Rosiers.

La Nymphose a lieu dans une coque blanchâtre, molle, entremêlée de poils.

Cette espèce est moins commune que l'espèce suivante.

Dégâts. — Cette Chenille est polyphage, et ses dégâts sont peu considérables sur les Rosiers. Comme chez les autres Bombyciens, les Insectes adultes ne se posent presque jamais sur les fleurs, ne possédant qu'une spiritrompe rudimentaire, ils vivent peu longtemps et sans nourriture.

Moyens de destruction. — Détruire les Chenilles, parasites des Rosiers, en secouant les arbustes attaqués au-dessus d'un parapluie renversé, les recueillir et les écraser ; ce moyen de destruction manuelle est encore le plus efficace, dans la plupart des cas.

Pour les Chrysalides, suivre les conseils indiqués contre celles de l'*Orgya antiqua* L.

LIPARIDES

Dasychira pudibunda L., Fabr., Esp., God., Scop., de Vill. — La Patte étendue de Geoffroy et d'Engram. — La Dasychire pudibonde. — *D. juglandis* Hubn. — *Orgya pudibunda* Ochsen.

Description et mœurs. — Le Papillon Mâle (pl. VII, fig. 91), de 48 à 58 millimètres d'envergure, a le corps grêle, d'un gris blanchâtre, les antennes courtes avec les barbes roussâtres, les ailes supérieures oblongues, d'un gris blanc nuancé de gris brun avec une bande d'un gris brun, plus ou moins bien marquée au milieu, et 4 lignes transverses ondulées et une série marginale de points plus ou moins bien marqués, d'un brun noirâtre ; l'espace médian forme en outre une bande d'un gris brun, les ailes inférieures blanchâtres, avec une bande brunâtre très nuageuse, toujours mieux marquée vers l'angle anal, le dessous des 4 ailes du même ton que le dessus des inférieures, avec un point central et une bande postérieure noirâtres.

La Femelle est beaucoup plus grande, avec les ailes blanchâtres, semées de petits points d'un gris brun avec les bandes transversales bien marquées et tout l'espace médian plus foncé.

L'Insecte parfait est commun dans toute la France, d'avril à juin, dans les jardins et dans les vergers, etc.

La Chenille (pl. IV, fig. 59) est très jolie d'un vert plus ou moins jaunâtre, ou brune avec les 2e, 3e et 4e incisions du dos d'un beau noir de velours, et 4 brosses de poils serrés, d'égale longueur, d'un jaune citron ou blanc sur les anneaux du milieu ; chacun des autres anneaux porte sur le dos un faisceau de poils jaunes, mais moins serrés et plus courts que les brosses et plus ou moins divergents, et un pinceau de poils roses ou violacés, incliné en arrière, qu'elle porte sur le 11e anneau ; toutes les pattes ont l'extrémité rougeâtre et le ventre est noir. Les stigmates sont blancs avec le pourtour noir. La tête est assez grosse, très convexe, d'un vert jaunâtre, est marquée, sur chaque côté, d'un point ferrugineux, et au centre d'une sorte de dépression en V renversé.

Cette Chenille se roule fortement quand on y touche. On la trouve du milieu d'août au milieu d'octobre, mais plus communément à l'arrière-saison sur beaucoup d'arbres forestiers et fruitiers, sur le Chêne, l'Orme, le Charme, le Peuplier, le Noyer, le Hêtre, le Bouleau, le Saule, le Pommier, le Poirier, le Noisetier, et quelquefois sur les Rosiers.

Parvenue à toute sa taille, elle se file entre les feuilles ou dans les bifurcations des branches de l'arbre qui l'a nourrie, une coque légère, ovoïde, d'une jolie soie blanche et entremêlée de quelques poils ; la Chrysalide (pl. VI, fig. 81), cylindro-conique, courte, d'un noir brun luisant, avec les incisions plus claires, les anneaux postérieurs velus et rugueux, et l'anus terminé par une pointe épaisse, à l'extrémité de laquelle sont des poils roussâtres. Elle passe l'hiver et l'Insecte parfait n'en sort qu'en avril-mai de l'année suivante.

Ratzeburg et L. Kirchner signalent 13 Parasites différents des Œufs et de la Chrysalide de ce Papillon commun.

Dégâts. — Cette Chenille est essentiellement polyphage, et, bien que commune, ses dégâts sur les Rosiers sont limités. Les Insectes adultes n'ayant qu'une spiritrompe rudimentaire vivent sans nourriture et ne sont nullement nuisibles

Moyens de destruction. — Suivre les conseils indiqués contre les *Orgya*.

LIPARIDES

Liparis auriflua Ochsen., Bdv., S.-V. — La Phalène blanche à cul jaune d'Engram., l'Arctie cul doré de Latreille, Bombyx auriflue, Liparis doré ou le Cul doré. — *Bombyx auriflua* Fabr., Hubn., de Vill. — *Bombyx Chrysorrhœa* Esp. — *Ocneria auriflua* H.-S. — *Liparis similis* Fuessly. — *Porthesia auriflua* Steph.

Description et mœurs. — Le Papillon mâle (Pl. VII, fig. 92), de 30 à 33 millimètres d'envergure, a le corps entièrement blanc, avec la région anale couverte de poils d'un jaune doré, qui recouvrent les Œufs jaunes pondus par la Femelle, les ailes d'un blanc plus pur et plus brillant, les supérieures sensiblement plus arquées à la côte et ayant toujours un ou deux points noirâtres sur le bord interne, qui est entouré de franges très développées.

L'Insecte parfait paraît fin de juillet, il vole le soir, il est commun par toute la France.

Les Chenilles éclosent en septembre et se trouvent réunies sous une toile commune et y subissent une première mue. Les Chenilles à leur taille adulte se métamorphosent fin de juin, elles se dispersent avant le début de l'hiver; et chacune cherche isolément un abri et s'entoure d'une coque blanche. Elle reste environ trois semaines à l'état de Chrysalide.

Cette Chenille (pl. IV, fig. 60) ressemble beaucoup à celle de *Liparis chrysorrhœa* L., mais ses couleurs sont plus vives. Sa livrée est brun-noir avec des poils gris-noirâtre; deux rangées de taches blanc pur, pulvérulentes, se remarquent sur le dos, à partir du premier anneau, entre elles une double ligne rouge vif commençant au deuxième anneau et se dilate en croissant sur le quatrième anneau, lequel ainsi que le cinquième relevé en une bosse **charnue dont la sommité est blanche entre les deux lignes** rouges, deux petites' taches rouges, légèrement rétractiles se trouvent sur le neuvième et le dixième anneau ; les tubercules qui avoisinent les pattes sont ferrugineux et entourés de rouge, reliés par une raie latérale rouge. La tête est plus noire que dans l'espèce suivante, et le premier anneau offre trois traits jaunes longitudinaux et parallèles.

Cette Chenille est commune, elle attaque divers arbres et arbustes des bois : le Chêne, le Bouleau, le Charme, le Saule, le Peuplier, et notamment les Prunelliers, les Aubépines, etc.

La Chrysalide est noirâtre, recouverte d'un duvet jaune avec les incisions de l'abdomen un peu ferrugineuses et le dernier des anneaux d'un jaune plus clair ; elle est renfermée dans une coque molle et blanchâtre, placée dans les fissures des écorces et dans les bifurcations des rameaux.

Dégâts. — Cette Chenille est peu nuisible sauf des cas exceptionnels, car elle vit solitaire en mai et juin, elle ravage principalement les bois et les haies d'Aubépines, mais elle a une prédilection marquée pour les Rosiers.

Moyens de destruction. — Suivre les conseils indiqués contre les *Orgya*.

LIPARIDES

Liparis chrysorrhœa Ochsen. — La Phalène blanche à cul brun de Geoffroy et d'Engram ; l'Arctie queue d'or de Latreille. — *Bombyx chrysorrhœa* L., Fabr., Hubn., Scop., de Vill., God. — *Bombyx auriflua* Esp.

Description et mœurs. — Le Papillon (pl. VII, fig. 93) a 30 à 33 millimètres d'envergure. Son corps est entièrement blanc, avec les quatre derniers anneaux de l'abdomen d'un brun obscur et le pourtour de l'anus garni d'une bourre de poils d'un fauve ferrugineux, très développé chez la Femelle et lui servant à recouvrir ses Œufs. Les antennes sont pectinées ou garnies de bandes roussâtres. Les ailes sont d'un blanc luisant, ordinairement sans taches, quelquefois avec un ou deux points noirâtres vers le bord interne des ailes supérieures. L'Insecte éclôt le soir, en juillet-août, il vole le soir et cherche à s'accoupler. La Femelle reste immobile contre une branche ou sur une feuille et le Mâle s'approche d'elle en voltigeant. Après l'accouplement, la Femelle dépose bientôt des Œufs roses en longs tas oblongs, qu'elle recouvre de poils arrachés à son bourrelet abdominal, à l'extrémité des branches et sous les feuilles de divers arbres ou arbustes, de sorte qu'il en résulte ce qu'on appelle la *petite éponge*.

Les poils de la bourre anale peuvent pénétrer dans la peau, si l'on touche ces tas d'Œufs, et causer de vives démangeaisons.

La Chenille est extrêmement commune, elle éclôt dans la fin d'août ou dans les premiers jours de septembre et, aussitôt née, elle dévore les feuilles les plus voisines, et elle enveloppe quelques feuilles (dont elle ronge seulement le parenchyme) sous une toile soyeuse divisée en autant de cellules qu'il y a d'individus dans la colonie. Après une première mue, quand les atteintes du froid commencent à se faire sentir, ces Chenilles gagnent le sommet des branches pour hiverner et filent d'épaisses toiles en commun, dans lesquelles elles s'abritent en y englobant des feuilles et ne deviennent adultes qu'au printemps. En mai et juin, la Chenille a le corps (pl. IV, fig. 71) d'un brun noirâtre, avec six rangées de tubercules noirs surmontés de poils roussâtres, en aigrette.

La tête est luisante et d'un brun noirâtre, le dos porte, à partir du troisième anneau jusqu'au onzième inclusivement, deux rangées de taches blanches, bordées de chaque côté par un petit pinceau brunâtre ; une tache rouge cinabre, avec deux petits faisceaux de poils roux courts, se trouve sur les neuvième et dixième, parfois septième et huitième anneaux, ces taches sont vésiculeuses et rétractiles. Les pattes écailleuses sont fauves avec leur extrémité noirâtre, et les pattes membraneuses sont noirâtres avec l'extrémité fauve.

A l'automne, les Chenilles de cette espèce rongent seulement le parenchyme des feuilles, se retirent le soir, et par la pluie, ou si la température se refroidit, sous leur tente qu'elles quittent et reconstruisent sur une nouvelle branche, après avoir dépouillé de feuilles la première branche par elles attaquée. Elles quittent définitivement leur toile après leur dernière mue, et se répandent sur toute la surface de l'arbre. La métamorphose a lieu fin de mai-juin dans une coque molle et serrée, grisâtre, entremêlée de quelques poils, placée entre les feuilles ou dans les bifurcations des branches. Elles reparaissent à la fin d'août, en septembre, en octobre, et recommencent leurs ravages jusqu'à l'hiver. La Chrysalide est entièrement noir-brun, avec les anneaux bosselés et parsemés d'un duvet roussâtre, son anus finit par une pointe conique à l'extrémité de laquelle il y a une petite houppe de crochets ferrugineux.

Dégâts. — Les petites Chenilles sociales de septembre et octobre sont bien moins nuisibles que les Chenilles isolées et bien développées du printemps. Celles-ci, par leur nombre et leur voracité sont, en certaines années, tellement abondantes partout qu'on l'a surnommée la *Commune*, qu'elles sont un véritable fléau pour les bois, les vergers et les jardins, trop souvent elles ne laissent pas une seule feuille avant l'époque de leur métamorphose, à la fin de juin, et périssent par myriades, faute de nourriture après avoir saccagé des cantons tout entiers.

A l'époque des mues, les poils de la Chenille du *L. chrysor-*

rhœa L. se détachent avec une grande facilité et lorsqu'ils s'introduisent sous l'épiderme causent une rubéfaction douloureuse accompagnée de prurit.

La propriété urticante des poils de la Chenille empêche les Oiseaux de les avaler, sauf le Coucou et quelques espèces de Mésanges, dont la muqueuse stomacale peut supporter les Chenilles, ces Oiseaux, poussés par la faim, percent en hiver les toiles d'abri pour y chercher les jeunes Chenilles; ce n'est là qu'un secours peu efficace contre les légions de ces Chenilles, aussi ont-elles de nombreux parasites très féconds et aussi des intempéries climatériques, de sorte qu'elles deviennent parfois très rares pendant plusieurs années consécutives.

Parmi les parasites on cite le *Pimpla instigator*, Grav. — Ichneumonide.

Elles ravagent tous les arbres forestiers, sauf les Conifères, les arbres d'ornement, les arbres fruitiers de toute sorte, les haies et aussi les jardins trop souvent, et au besoin elles dévorent les plantes herbacées et causent des ravages aux Rosiers et autres arbustes des jardins qu'elles dépouillent de leur feuillage.

Moyens de destruction. — Les premiers nids de septembre sont très faciles à voir, dès que l'on aperçoit un paquet de feuilles desséchées au milieu du feuillage vert d'un arbre ou d'un arbuste, on devra le détacher pour le brûler; les feuilles desséchées en hiver ne tombent pas avec les autres et aident aussi à voir les toiles à détruire. C'est spécialement contre cette espèce nuisible que fut faite la loi sur l'échenillage, du 15 mars 1796, objet d'arrêtés préfectoraux annuels. Elle oblige les propriétaires, fermiers et locataires de terrains, d'écheniller les arbres, haies et buissons qui sont dans lesdits terrains, ainsi que ceux qui bordent les grandes routes et les chemins vicinaux; il leur est enjoint de brûler sur-le-champ les bourses et toiles venant des dits arbres, haies et buissons, en prenant les précautions nécessaires pour éviter le danger du feu. La loi prescrit d'avoir terminé l'échenillage au 15 mars, et ordonne aux maires et adjoints d'y faire procéder d'office aux frais des propriétaires, etc., négligents. Cette loi ne concerne que les espèces qui passent l'hiver dans des bourses ou toiles soyeuses, elle ne peut atteindre les espèces qui éclosent au printemps et vivent sur les feuilles, soit à un, soit sous des toiles formées après le 15 mars, comme les Chenilles des *Liparis dispar* L., et *Bombyx neustria* L., etc. L'insuffisance de cette loi bien trop spéciale à l'échenillage et surtout l'absence presque complète de police rurale l'ont fait tomber en désuétude. C'est donc à l'automne qu'il faut détruire les nids du *Liparis chrysorrhœa* L., au lieu d'attendre au printemps, ou dans les jours les plus froids ou les plus brumeux de décembre et de janvier, ainsi que l'ordonne la loi sur l'échenillage, car en février il y a des journées de soleil assez chaud pour dissiper l'engourdissement des jeunes Chenilles et les plus vives sortent des toiles et abris. Si on laisse les Chenilles passer l'hiver dans leur nid, dès que les arbres de tous genres commenceront à avoir quelques feuilles et à fleurir, elles sortent de leur retraite et dévorent tout ce qui se trouve dans le voisinage de leur habitation. Les paquets de soie, où vivent les Chenilles du *L. chrysorrhœa* L., doivent être coupées au sécateur quand ces Chenilles sont très jeunes ; lorsqu'elles ont subi plusieurs mues, elles se dispersent et ne rentrent plus au nid, de sorte que l'on n'enlèverait plus que des bourses vides. Il est indispensable de ramasser dans des sacs toutes les bourses coupées et de les brûler avec soin ; quand on les laisse sur le sol les Chenilles remontent aux arbres. Outre la destruction des nids, si l'on rencontre une Femelle laissant traîner après elle sur les feuilles un petit amas de poils fauves facile à distinguer par sa couleur qui tranche avec celle du tronc ou de la branche sur laquelle ils sont collés, il faut détruire ce paquet d'Œufs avec soin ; c'est une colonie de Cheniles de moins. Dans les soirées de juillet et d'août, il est bon d'allumer des lanternes-pièges que l'on enduit de glu, les Papillons sont attirés par la flamme et viennent s'y brûler ou se prendre dans la glu. Une disposition très simple imaginée par M. Bernard, ingénieur-contructeur à Paris, consiste en une lampe à verrine qu'entoure une carcasse en fils de fer galvanisés que l'on enduit de glu.

La lanterne à Papillons du docteur Dufour, de Lausanne, se compose d'une carcasse en fer-blanc, au centre de laquelle brûle une bougie. Cette carcasse repose sur une plaque de fer-blanc dont les bords sont relevés ; une douille placée en dessous permet de la placer sur un piquet.

Autour de la carcasse, on roule un papier enduit de glu qui protège la flamme sans trop atténuer son éclat et retient les Papillons qui viennent s'y poser. Le fond de la plaque de fer-blanc est garni de glu dont le docteur Dufour donne la formule suivante :

Poix blanche	1 kilogramme
Térébenthine..............	500 grammes
Huile de lin..............	500 —
Huile d'olive..............	600 —

Cette préparation est plus économique que la glu ordinaire.

On peut aussi employer l'appareil agglutinatif, il consiste en une plaque de fer-blanc très léger, de 25 $\times$ 30 centimètres, emmanchée dans une poignée de bois et enduite sur une face de glu ou d'un mélange agglutinatif. En frappant le soir chaque tige de Rosier à l'aide d'un bâton, les Papillons s'envolent et se fixent dans le glu.

Contre les Chenilles, on peut employer la préparation pour la destruction des Chenilles dont la formule est indiquée aux moyens de destruction de l'*Orgya antiqua* L.

LIPARIDES

Bombyx dispar **L.**, **Fabr.**, **Esp.**, **Hbn.**, **Scop.**, **de Vill.**, **God.** — Bombyx disparate. — Le Zigzag de Geffroy et Engram. — *Liparis dispar* Ochsen., Bdv. — *Ocneria dispar* H. S., Herr., Sch.

Description et mœurs. — Le Papillon mâle a 43 millimètres d'envergure, le corps est d'un brun sale avec une tache noire sur les quatre derniers anneaux de l'abdomen ; antennes fortement pectinées, d'un gris brun avec la tige blanchâtre, ailes supérieures d'un gris cendré ou brunâtre à la base et à l'extrémité, d'un gris plus ou moins blanchâtre au milieu, avec quatre lignes noirâtre, transverses en zigzag et des points noirs sur le bord ; la cellule discoïdale fermée par une lunule noire. Ailes inférieures d'un brun sale, avec le bord postérieur plus obscur et la frange blanchâtre un peu entrecoupée de brun. Le dessous des quatre ailes est moins foncée que le dessous des inférieures.

La Femelle beaucoup plus grande (pl. VII, fig. 94) (on trouve parfois des Mâles de grande taille et de la teinte de la Femelle), ayant les antennes noires et le corps très volumineux, duveteux, d'un blanc jaunâtre antérieurement et d'un gris brun postérieurement, l'abdomen se termine par une sorte de coussinet velu en forme de mamelon brun foncé ; les ailes disposées en forme de toit, d'un blanc grisâtre ou légèrement jaunâtre, avec les mêmes dessins moins foncés que le Mâle. Cette extrême différence qui existe dans le facies des deux sexes lui a fait donner le nom de disparate.

La Chenille (pl. IV, fig. 62) est d'un brun noirâtre, finement réticulé de gris cendré ou jaunâtre, avec quatre rangées de tubercules, dont deux dorsales et deux latérales. Les tubercules du dos des cinq premiers anneaux sont blancs et piquetés de noir; tous les autres sont d'un rouge ferrugineux; sur chacun d'eux sont implantés par verticilles des poils égaux assez raides, les uns noirs, les autres roussâtres. Les deux tubercules placés sur le bord antérieur du premier anneau sont surmontés de poils plus longs que les autres, et disposés de manière à simuler une oreille de chaque côté de la tête. Celle-ci est grosse, réticulée de gris sur un fond brun et marquée dans son milieu d'une tache jaunâtre triangulaire. Le ventre est d'un gris obscur, les pattes sont d'un fauve foncé luisant et les stigmates à peine distincts. Ces Chenilles occasionnent, lorsqu'on les touche sans précaution, des démangeaisons assez vives chez les personnes qui ont la peau délicate.

Les forestiers connaissent bien cette espèce par les dommages considérables que causent les Chenilles et l'appellent *Bombyx disparate* ou simplement le *Bombyx*.

En France, le *Liparis dispar* L. est extrêmement commun partout, en juillet et août, dans les haies, les bois, même les plus petits et les jardins où la Chenille, très grosse et très vorace chez les sujets femelles, est un fléau pour les arbres forestiers et fruitiers, elle se trouve accidentellement sur les Rosiers.

Elle est moins commune dans le Midi que dans le Nord et le Centre de la France, elle est à peine connue dans les pays de montagne.

Il y a une grande disproportion de taille entre les deux sexes, car on rencontre parmi les Femelles des individus qui équivalent en poids au moins à 5 ou 6 Mâles. Le Mâle vole rapidement à l'ardeur du soleil, venant de très loin chercher la Femelle; celle-ci, lente, très paresseuse, ne vole jamais à cause de son énorme abdomen gonflé d'Œufs, et reste appliquée sur le tronc des arbres ou les rameaux des arbustes où elle est née. Souvent on trouve les deux Insectes en accouplement, les corps sur la même ligne, têtes opposées, le Mâle en grande partie caché sous les ailes en toît de la Femelle. Celle-ci commence, ainsi que les Femelles des *Liparis auriflua* L., et *chrysorrhœa* L., par étendre une couche de mucus à laquelle se fixe la couche inférieure de l'éponge qu'elle arrache à son coussinet anal. Elle dépose par dessus simultanément ses Œufs, d'un gris luisant un peu rosé, puis une nouvelle couche de poils roux et ainsi de suite, jusqu'à ce qu'elle ait formé une masse sans forme précise, ressemblant à un tampon ovale d'amadou fixé sur les troncs des Tilleuls, des Chênes, des Ormes, des Peupliers, des arbres fruitiers, accidentellement à un mur ou à quelque objet analogue, mais toujours bien abrité.

Le Mâle meurt après l'accouplement et la Femelle tombe à terre ou demeure parfois fixée et morte sur la petite éponge, aussitôt sa ponte terminée. Ces Œufs passent l'hiver sous cet abri et la Chenille éclôt en mai, elle a atteint toute sa grosseur en juillet, alors elle ne tarde pas à se métamorphoser ; elle se retire à cet effet, soit dans une crevasse du tronc de l'arbe sur lequel elle a vécu, soit sous une corniche de mur où elle s'enveloppe d'un léger réseau grisâtre, constitué seulement par quelques fils qui souvent se rompent au moment où elle se transforme, de sorte que sa Chrysalide n'est plus retenue que par la queue.

Cette Chrysalide (pl. VI, fig. 82) est brun-noirâtre avec les incisions de l'abdomen plus claires et les anneaux garnis de petits bouquets de poils jaune-roussâtre, disposés en forme d'étoile, son extrémité postérieure finit en une pointe large, que terminent deux faisceaux de petits crochets ferrugineux.

L'Insecte parfait éclôt 15 à 20 jours après et paraît depuis la fin de juillet jusqu'à la mi-août.

Dégâts. — La Chenille du *Liparis dispar* L. vit sur presque toute espèce d'arbre, et, comme elle est aussi commune que vorace, elle cause souvent les plus grands ravages dans les plantations d'arbres fruitiers, comme dans les parcs et forêts ; en 1889, M. J. Fallou a eu une corbeille de Rosiers entièrement dépouillés de leurs feuilles par ces Chenilles.

Les Mâles et les Femelles adultes, munis d'une spiritrompe nulle, doivent se nourrir de l'air du temps, car il leur est impossible de prendre le moindre aliment.

Moyens de destruction. — On ne doit négliger aucun moyen de détruire cette Chenille. Le plus efficace est d'enlever avec soin avec un râcloir, pendant l'hiver, les paquets ou traînées d'Œufs que la Femelle a déposés contre les troncs d'arbres et quelquefois contre les murs de clôture, de les recueillir sur un papier ou sur une planchette, et de les brûler par petites masses seulement, car ils éclatent avec fracas. Ces paquets sont très faciles à découvrir, étant recouverts d'une espèce de bourre soyeuse d'un jaune roussàtre qui tranche avec la couleur du tronc de l'arbre sur lequel ils sont collés. Il convient de ne pas chercher à les écraser sur place, parce qu'ils sont durs et qu'on les enfonce dans le feutrage élastique au lieu de les écraser, il faut les enlever par le râclage. En répétant plusieurs années de suite cette opération, on parviendra à réduire singulièrement le nombre des individus d'une espèce aussi nuisible, et par conséquent à rendre ses dégâts insensibles, car en détruisant un paquet d'Œufs, on donne la mort au moins à 500 Chenilles.

Il faut tuer les Femelles et couvrir au pinceau d'une épaisse couche de goudron de houille les plaques d'Œufs, cela vaut mieux que de les recueillir par le râclage, car il en tombe qui donneront leurs Chenilles.

BOMBYCIDES

Bombyx neustria L., Fabr., Esp., Hubn., Ochsen., God., de Vill. — Le Bombyx à livrée ou neustrien. — La Livrée de Réaumur, Geoffroy, Engr. — *Gastropacha neustria* Ochsen.

Description et mœurs. — Le Papillon, de 25 à 28 millimètres d'envergure, offre ordinairement deux variétés bien tranchées, dans celle que l'on rencontre fréquemment, les ailes sont d'un roux ferrugineux, avec deux lignes blanchâtres, transversales et un peu arquées aux supérieures et une ligne peu apparente sur le milieu des inférieures. Dans l'autre variété, les ailes sont d'un fauve terne, les antérieures traversées par deux lignes brunes ; dans les deux variétés la frange est blanche et régulièrement entrecoupée de brun, le corps est de la couleur des ailes, et les antennes à tige jaunâtre et à barbes brunes.

La Femelle (pl. VII, fig. 95) est toujours plus grande que le Mâle, d'un ton plus terne, avec une bande médiane d'un brun plus ou moins rougeâtre.

Le nom de *Livrée* lui a été donné d'après les bandes diversement colorées de la Chenille, et formant comme des galons de livrée sur toute la surface de son corps.

Il éclôt vers le commencement de juillet, il est commun partout en juillet et août. La Femelle, après l'accouplement, dépose ses Œufs en spirale très serrée et régulière autour des petites branches des arbres fruitiers, des arbustes, des Rosiers, etc., par ponte de 4 ou 500, collés par une substance brunâtre, très dure et insoluble dans l'eau, formant les *bagues* ou anneaux si connus des horticulteurs et des forestiers. Ces bagues ou bracelets d'Œufs, parfois de plus de 3 centimètres de largeur, résistent aux froids les plus rigoureux, passent l'hiver et n'éclosent qu'au printemps, au moment de l'évolution des bourgeons. Les bracelets d'Œufs sont très adhérents au rameau et on ne peut les détacher qu'à l'aide d'un couteau.

Ces Œufs sont très durs, d'un blanc grisâtre; ils ont presque la forme d'une pyramide quadrangulaire tronquée à arêtes arrondies; dans le centre on aperçoit un bourrelet arrondi, circulaire, saillant, et dans le milieu duquel on distingue les micropyles d'un brun roux.

La Chenille du *Bombyx neustria* L. (pl. IV, fig. 63) a le corps noirâtre, très peu velu, garni de poils roussâtres, la tête est bleu cendré, marqué de deux points noirs ainsi que le premier anneau du corps; une raie blanche très étroite s'étend sur le milieu du dos, et sur les côtés existent trois bandes d'un roux fauve bordées de noir, dont les deux supérieures sont séparées de la troisième par une raie plus large d'un bleu cendré et marquée d'un point noir sur chaque anneau. Les stigmates sont bruns et placés immédiatement au-dessous de la troisième bande sur un fond d'un gris bleuâtre. Le onzième anneau offre une petite éminence bifide noire, partagée par la raie blanche dont il a été parlé plus haut. Toutes les pattes sont d'un gris noirâtre foncé, avec les couronnes des pattes membraneuses d'un blanc sale. Le ventre est noirâtre et offre sur chaque segment une tache plus foncée.

A l'état jeune, les Chenilles se déplacent sans cesse afin d'explorer les environs pour revenir ensuite au point de départ; jusqu'à l'âge adulte, elles vivent en sociétés nombreuses, abritées sous une toile commune de soie légère; lorsqu'elles ont épuisé toutes les provisions de feuilles enveloppées dans leurs toiles, elles passent à d'autres organes foliacés, se construisent au-dessus de nouvelles toiles et dévorent ainsi toutes les feuilles de l'arbre ou de l'arbuste. A certaines heures, elles quittent cette toile pour se réunir toutes au soleil, dans l'enfourchure des arbres. Après la dernière mue, les sociétés se dispersent sur les branches et dévorent successivement les feuilles et les fleurs qui sont sur leur passage, et, en juin, chaque Chenille se file, entre les feuilles, à l'abri des murs, par terre, dans les débris, etc., une coque molle, ovale, blanche, composée d'un double tissu, dont le premier est fort lâche et le second plus serré ; elle est enduite intérieurement d'une espèce de bouillie qui sèche promptement et forme à la surface extérieure une poussière ressemblant par sa couleur à de la fleur de soufre.

La Chrysalide (pl. VI, fig. 84) est brun noir, saupoudrée de cette même poussière jaune, les anneaux et les deux extrémités garnies de cils roussâtres, et la partie postérieure, brusquement atténuée, se termine par une pointe allongée ou obtuse.

Plusieurs Diptères déposent leurs Œufs dans le corps des Chenilles du *Bombyx neustria* et anéantissent ainsi un grand nombre de ces Insectes nuisibles.

Dégâts. — Cette Chenille polyphage est très commune, elle vit sur presque tous les arbres, mais elle préfère les arbres fruitiers qu'elle dépouille souvent de toutes leurs feuilles ; elle se trouve parfois sur les Rosiers, qu'elle prive rapidement de la presque totalité de leurs feuilles.

Moyens de destruction. — Ces Chenilles échappent à la loi de l'échenillage, car elles éclosent trop tard. Le meilleur moyen de les détruire est de bien rechercher et couper, au mois de février, les petites branches qui sont entourées de bagues ou bracelets d'Œufs et de les brûler. Cette opération est faite par les arboriculteurs à l'époque de la taille des arbres fruitiers. On doit y procéder en hiver, alors que les arbres sont dépouillés de leurs feuilles et qu'il est plus facile d'apercevoir ces dépôts d'Œufs, bien que leur couleur soit analogue à l'écorce, on peut ainsi anéantir des familles entières. Il faut aussi détruire les Chenilles sociales au printemps, avant que les feuilles ne soient développées et par un temps froid, en enlevant avec l'échenilloir les toiles qui les renferment, en sacrifiant les portions des petits rameaux qui les supportent et brûler le tout.

Dans le courant de mai, lorsque les Chenilles viennent se réunir toutes au soleil, dans l'enfourchure des branches, il est facile de les écraser. — Pour détruire l'Insecte parfait, on peut employer dans les soirées de juillet et d'août les lanternes-pièges indiquées aux moyens de destruction du *Liparis chrysorrhea* L.

BOMBYCIDES

Bombyx quercus L., Fabr., Esp., Hubn., God., de Vill. — Bombyx du chêne. — Le Minime à bande de Geoffroy et Engram. — *Gastropacha quercus*, Ochsen.

Description et mœurs. — Le Papillon mâle (pl. VII, fig. 96) a 50 à 55 millimètres d'envergure, le corps ferrugineux, la tige des antennes jaunâtre, les quatre ailes d'un brun ferrugineux avec une ligne coudée d'un jaune fauve, nettement coupée à l'intérieur, peu à peu fondue extérieurement dans l'espace terminal, qui est moins foncé que le fond des ailes, un point blanc cerclé de noirâtre sur le disque des ailes supérieures; le ventre et les pattes jaunâtres.

La Femelle beaucoup plus grande, avec le même point blanc discoïdal que le Mâle, les ailes d'un jaune paille plus foncé jusqu'à la ligne coudée, avec une bande plus claire placée au même endroit que chez le Mâle, et prenant parfois, par aberration, les couleurs du Mâle; il y a de nombreuses variétés.

Dans les deux sexes, le corps et les antennes participent de la couleur des ailes.

La Chenille (pl. IV, fig. 64) est couverte de poils d'un gris brun, dont quelques-uns sont médiocrement longs et soyeux, tandis que les autres sont courts et raides. De chaque côté du corps une bande blanche, maculaire, interrompue, disposée longitudinalement au-dessus des stigmates également blancs. Les incisions des anneaux ne sont bien visibles que lorsque la Chenille s'allonge, d'un noir de velours et marquées chacune d'un point blanc sur le milieu du dos. La tête est d'un brun ferrugineux, le devant de celle-ci offre une tache spatuliforme d'un gris jaunâtre ; les pattes écailleuses sont mordorées et luisantes, les pattes membraneuses sont brunes et tiquetées de roussâtre, enfin le ventre est noirâtre avec des poils et des traits latéraux ferrugineux ; dans son jeune âge, son dos est entièrement blanc jusqu'aux stigmates, elle est alors d'un gris blanchâtre qui ne commence à brunir qu'à la seconde ou troisième mue.

Cette Chenille passe l'hiver appliquée contre une branche, où elle supporte les froids les plus rigoureux. Au printemps, elle sort de son engourdissement, mue et commence par se nourrir aux dépens des bourgeons, en attendant le développement des feuilles. Elle vit sur les arbres fruitiers, forestiers, arbustes divers, elle n'est pas rare sur les Rosiers. Elle atteint son complet développement fin de juin, elle se Chrysalide alors dans une coque de forme cylindrique, arrondie aux deux extrémités, elle est d'un tissu très serré, très dur et très gommé, mêlé de poils résistants qui rendent son attouchement très désagréable, d'un brun noirâtre en dehors, d'un gris jaunâtre luisant en dedans. La Chrysalide est courte, d'un ferrugineux clair, assez molle, avec les stigmates noirâtres, elle a l'anus garni d'un duvet roussâtre.

La Chenille du *Bombyx quercus* L. vit sur les arbres et arbustes des bois, les Groseillers, les Lilas, les Genêts, l'Aubépine, le Prunellier, les Rosiers, etc. Elle est très commune. Elle est du nombre de celles qu'il faut manier avec précaution, car ses poils courts se détachent facilement et pénètrent dans la peau où ils causent des démangeaisons assez vives et de peu de durée.

L'Insecte parfait éclôt ordinairement en juillet, dans toute la France, le Mâle vole en plein jour avec une grande rapidité, car l'Insecte des jardins comme des bois recherche la Femelle avec une grande ardeur, et si l'on a chez soi une Femelle récemment éclose, on les voit accourir et se précipiter dans l'appartement pour chercher sa Femelle, et cela, même au centre des grandes villes.

Dégâts. — La Chenille du *Bombyx quercus* L. peut se trouver accidentellement sur les Rosiers, car elle est polyphage.

Moyens de destruction. — Suivre les indications conseillées contre l'*Orgia antiqua* L.

BOMBYCIDES

Bombyx pruni L., Latr., Fabr., Esp., Hubn., de Vill. — La Feuille morte du Prunier, d'Engram. — *Lasiocampa pruni* L., God., Bdv. — *Gastropacha pruni* Ochsen.

Description et mœurs. — Ce Bombycide (pl. VIII, fig. 98) a 45 à 50 millimètres d'envergure, le corps velu et les antennes offrent une coloration semblable aux ailes. Les quatre ailes sont très dentelées ; les ailes antérieures, d'un jaune fauve vif, avec trois lignes transverses ; la basilaire arquée, ferrugineuse, la médiane courbe et d'un brun noirâtre ; la postérieure coudée, fluxueuse et de la même couleur que la basilaire. Le disque est, en outre, orné d'un gros point blanc ; les ailes postérieures, d'un rouge briqueté clair, avec une bande arquée faisant suite à la coudée ferrugineuse, et souvent à peine indiquée. La Femelle est parée des mêmes couleurs que le Mâle, elle est beaucoup plus grosse.

Le Papillon ne vole qu'au début de la nuit, il paraît fin juin ou commencement de juillet, il est peu commun en France.

La Chenille est velue, d'un gris rougeâtre, avec deux raies blanchâtres, bordées de jaune foncé sur les côtés du dos ; elle est ornée d'un collier aurore cerné de bleu à chaque extrémité. Elle se nourrit généralement, d'avril à fin mai, des feuilles de divers arbres et arbustes, tels que : l'Orme, le Bouleau, le Chêne, le Prunier, le Pommier, le Prunellier, les Rosiers, etc., dont elle dévore les feuilles pour ne laisser que les branches complètement dénudées ; elle passe l'hiver très petite et collée intimement contre les branches, elle est ordinairement parvenue à toute sa taille en juin, elle file alors entre les feuilles de l'arbre qui l'a nourrie une Coque allongée, d'un tissu serré, d'un roux fauve.

Dégâts. — La Chenille du Bombyx du Prunier vit solitaire sur les arbres. Elle ronge complètement les feuilles du rameau sur lequel elle s'établit, elle peut se trouver accidentellement sur les Rosiers, car de même que la suivante elle est polyphage.

Moyens de destruction. — On doit procéder à la chasse directe de la Chenille, en la recherchant attentivement pour la détruire.

BOMBYCIDES

Lasiocampa quercifolia Latr., Fabr., Esp., Hubn., de Vill., God., Dup., Bdv. — Le Lasiocampe feuille-morte ou la Feuille-morte de Geoffroy et Engramelle. — Bombyx, feuille du Chêne ou le **Lasiocampe feuille de Chêne.** — *Bombyx quercifolia* L. — *Gastropacha quercifolia* Ochsen, Germar.

Description et mœurs. — Ce Papillon a été appelé la *Feuille-morte* par Geoffroy et Engramelle, à cause de sa couleur et de son attitude dans le repos, en effet, ses ailes au repos ont l'apparence d'un paquet de feuilles sèches recroquevillées de différents végétaux, les antérieures relevées en toit aigu, tandis que les postérieures ne forment qu'un toit très aplati, de sorte que les antérieures sont débordées en dessous et latéralement par les postérieures.

Le Mâle, dont l'envergure atteint environ 55 millimètres, a le corps duveteux, ferrugineux, avec les palpes velus et la tige des antennes d'un noir bleu foncé ; antennes courtes, arquées, pectinées plus fortement dans le Mâle que dans la Femelle ; spiritrompe rudimentaire ; thorax très velu, un peu globuleux ; ailes très dentelées, d'un ferrugineux plus ou moins foncé, avec glacis violet à l'extrémité, coupées transversalement par trois lignes noirâtres, ondulées ; les ailes antérieures offrent, en outre, un point noir discoïdal ; la basilaire moins longue aux ailes postérieures ; abdomen très développé, surtout chez la Femelle.

La Femelle (pl. VIII, fig. 97) a la même livrée que le Mâle, mais elle est beaucoup plus grande Les Papillons ne volent qu'au début de la nuit ; il paraît en juillet dans les vergers et les jardins, il est commun dans toute la France.

La Chenille (pl. V, fig. 65) est allongée, pubescente en dessus, très aplatie en dessous, pourvue de chaque côté d'appendices charnus pédiformes qui cachent les pattes, et qui sont hérissés de poils dirigés par en bas. Elle varie beaucoup pour le fond de la couleur : elle est tantôt d'un gris blanchâtre uni, et quelquefois jaspé de blanc ou de ferrugineux, tantôt d'un gris cendré ou rougeâtre plus ou moins foncé ; elle a la tête brune et rayée de gris, elle offre sur le onzième anneau une caroncule à base large, assez élevée, de forme conique, dirigée en arrière ; elle a, en outre, deux colliers noirs et d'un bleu sombre, ressemblant à deux espèces d'entailles s'ouvrant et se fermant à la volonté de la Chenille, placées sur les deuxième et troisième anneaux et garnies à l'intérieur de touffes de longs poils d'un beau bleu foncé ; les stigmates gris et entourés de noir ; les pattes écailleuses d'un noir luisant, les pattes membraneuses d'un brun rougeâtre, à l'exception des deux postérieures de la couleur du corps ; le ventre est d'un ferrugineux clair, tiqueté de noir.

En mai-juin, on trouve cette Chenille solitaire sur presque tous les arbres fruitiers, tels que : les Pêchers, les Amandiers, les Abricotiers, les Pruniers, les Poiriers, les Pommiers, les Cerisiers, etc., et aussi sur l'Épine-Vinette, l'Aubépine, le Prunellier, l'Alaterne, le Saule et quelquefois le Chêne et toutes espèces de Rosiers, etc. Elle ne se déplace que la nuit pour chercher sa nourriture, elle est très voraces et assez commune, c'est encore une ennemie de l'horticulture ; à l'approche de la dernière mue, elle est de grande taille, son appétit est considérable, elle ne mange que la nuit, le jour elle se tient collée à plat, dans sa longueur, contre les branches, et elle est difficile à découvrir, tant elle se confond avec la couleur et l'aspect de l'écorce. On est averti de sa présence par les feuilles rongées qu'on aperçoit sans voir l'auteur de ces dégâts, et l'on doit la chercher sur les branches et aussi par ses excréments qui sont fort gros et qui servent à trahir sa présence.

A la fin de juin ou au commencement de juillet, elle est parvenue à toute sa taille, et présente les caractères décrits précédemment, elle choisit sur l'arbre qui l'a nourrie un emplacement convenable pour y subir sa Nymphose, et elle se file, entre
les branches, une Coque de soie feutrée, molle, de forme allongée, et saupoudrée à l'intérieur d'une poudre blanchâtre, et
dont la coloration extérieure est assez analogue à celle de la
Chenille. Elle ne reste enfermée à l'état de Nymphe que pendant trois semaines, c'est-à-dire jusqu'à la fin du même mois,
ou dans les premiers jours d'août, époque de l'éclosion du Papillon.

La Chrysalide (pl. VI, fig. 84) est cylindrique, d'un noir
bleuâtre, avec les bords des anneaux de l'abdomen et de très
petits poils à l'extrémité anale d'un brun ferrugineux.

Aussitôt après l'accouplement, qui a lieu généralement le soir
même de sa naissance, la Femelle fécondée dépose ses Œufs sur
les feuilles ou sur une branche. Ces Œufs, d'un bleu d'émail,
entourés de cercles et de bandes brunes, ressemblent à de petits
barils, ils éclosent à la fin de l'été, et les jeunes Chenilles, après
leur première mue, passent l'hiver sur les branches, en plein
air, sans aucun abri, gelant et dégelant alternativement, selon
la température, sans en ressentir d'inconvénient. Au retour du
printemps, elles rongent les bourgeons et commettent des méfaits appréciables.

Dégâts. — La Chenille du Lasiocampe feuille-morte vit solitaire sur les arbres, elle dépouille la branche, sur laquelle elle
se fixe, de toutes ses feuilles, et cause ainsi des dégâts sensibles
et irréparables ; elle peut se trouver accidentellement sur les
Rosiers, car elle est essentiellement polyphage, elle les dépouille
rapidement de toutes leurs feuilles.

Moyens de destruction. — C'est au mois de mai que l'horticulteur doit inspecter ses arbres, et détruire son ennemi. Bien que les Chenilles du Bombyx feuille-morte ne soient nullement cachées, mais appliquées dans leur longueur entre les fentes des écorces, il faut la plus minutieuse attention pour les apercevoir, même dans les rameaux dépouillés de leurs feuilles, car, outre que leur coloration s'harmonise parfaitement avec l'écorce, elles ont une forme déprimée, surtout en dessous, sont munies d'appendices charnus pédiformes, qui prolongent de chaque côté la surface de leur dos, en dissimulant parfaitement leurs pattes, et sont si exactement appliquées sur l'écorce, qu'elles s'identifient, pour ainsi dire, avec elle et paraissent une protubérance fortuite de la branche. Il n'y a d'autres moyens de destruction que la recherche directe, en inspectant attentivement les arbustes et en la recueillant à l'aide de l'entonnoir *ad hoc*, pendant l'hiver et au printemps, puis les détruire. On peut aussi employer la préparation, pour la destruction des Chenilles vivant à découvert, indiquée contre les Chenilles de l'*Orgya antiqua* L.

La présence des coques est plus fréquente sur les **arbres** fruitiers. Cette coque étant facilement visible, il est facile de la détruire.

SATURNIDES

Saturnia carpini Schrank, Ochsen, God., Dup., Bdv. — Le Petit Paon de Geoffroy. — Le Petit Paon de nuit d'Engram. — Bombyx Petit Paon. — *Bombyx Pavonia minor* Fabr. — *Attacus Pavonia minor* L., Esp., Latr. — *Bombyx carpini* Hubn.

Description et mœurs. — Ce Papillon (pl. VIII, fig. 99) présente les caractères suivants : antennes très pectinées des deux côtés de la tige, d'un brun tanné dans les deux sexes, les barbes sont beaucoup plus longues dans le Mâle que dans la Femelle,

13

à spiritrompe rudimentaire, palpes courts, très velus ; corps d'un brun légèrement tanné, thorax arrondi, laineux avec un collier de la couleur de la côte des ailes antérieures ; quatre ailes larges, ornées d'une tache ocellée représentant un œil dont la pupille, diaphane, est blanchâtre en dessous, traversée par une petite nervure ; abdomen court, très gros, avec anneaux un peu plus clairs en dessus, d'un gris blanchâtre en dessous.

Les deux sexes diffèrent beaucoup l'un de l'autre par la couleur du fond des ailes, mais se ressemblent par les dessins et les taches ocellées.

Le Petit Paon de nuit a 60 millimètres d'envergure, ailes antérieures d'un brun nébuleux en dessus, sablé de rougeâtre dans son milieu, tandis que le dessous est jaunâtre, avec bordure blanchâtre intérieurement, obscurcie extérieurement, une tache cramoisie au sommet sur laquelle est un chevron blanc, convexe en dehors et embrassant un gros point noir ovale ; un œil central entouré de blanc dessus et dessous, bordé d'un cercle noir et plus en dedans d'un cercle rouge incomplet ; ailes postérieures d'un jaune fauve en dessus, d'un rouge vineux en dessous, la bordure souvent lavée de rouge, l'œil médian pareil en dessous à celui de l'aile antérieure, manquant en dessus de la tache blanche ; les deux yeux de chaque côté sont enfermés entre deux lignes obliques sinueuses.

La Femelle est beaucoup plus grande que le Mâle (70 à 80 millimètres d'envergure), d'un gris cendré plus ou moins foncé, quelquefois d'un gris rosé, quelquefois avec la bordure des ailes postérieures lavée de rouge, avec les mêmes dessins et les mêmes yeux que celles du Mâle.

La Chenille (pl. VI, fig. 66) à toute sa taille, est grosse, massive, elle a alors 5 centimètres de longueur et un centimètre de diamètre, avec la tête verte, petite, globuleuse et marquée latéralement de deux petits traits noirs, les anneaux bien séparés et très renflés, ayant des verrues ou des tubercules saillants d'où partent des poils rangés circulairement ; elle est d'un vert pomme foncé, elle offre sur chaque anneau une bande transverse noire velouté sur laquelle sont des tubercules tantôt roses, tantôt orangés, selon les sujets, et de chacun desquels émergent sept poils noirs, raides, courts, inégaux et non terminés par un bouton ; ces tubercules sont alignés sur le dos de la Chenille, deux sur la bande du premier anneau, six sur tous les autres, excepté quatre sur le dernier, de plus, ces tubercules laissent échapper, quand on les touche, des gouttelettes d'un liquide clair et fétide ; pattes écailleuses d'un brun tanné, pattes membraneuses vertes, avec une lunule noire en dessus de la couronne ; stigmates fauves et clapet anal du même vert que le fond du corps ; dans le premier âge, c'est-à-dire depuis sa sortie de l'Œuf jusqu'à sa première mue, cette Chenille est d'un noir brun, avec une ligne longitudinale orangée de chaque côté du corps. A la seconde mue, le noir diminue beaucoup et le fond vert commence à paraître, à la troisième mue, le vert domine et le noir se divise en bandes.

Les Chenilles du Petit Paon de nuit vivent en société jusqu'à la fin de la seconde mue, puis elles se dispersent et vivent isolées après la troisième mue, non loin toutefois du lieu de leur naissance. On les trouve du commencement de mai à la fin de juillet sur un grand nombre de plantes, soit arbres, arbrisseaux ou plantes herbacées, sur la Ronce, le Prunellier, rarement sur le Prunier cultivé, le Chêne, l'Orme, le Hêtre, le Charme, rarement sur la Bourdaine, le Frêne, le Bouleau, le Saule et l'Osier, enfin sur le Genêt, la Bruyère et les Rosiers, quand elles approchent du terme de leur croissance.

Bien que cette Chenille soit commune, elle n'est pas très

nuisible et vit surtout sur des arbres et des arbustes des bois et des haies ; vers la fin de juillet, elle cherche un emplacement favorable pour la construction de son Cocon qu'elle place dans les buissons ou entre les branches des arbres nourriciers ; c'est un Cocon assez dur, pyriforme et ouvert en nasse à l'extrémité la plus petite, fermée par des fils élastiques repliés et convergeant vers l'intérieur de façon à laisser sortir le Papillon et à s'opposer à l'introduction des Insectes ennemis. Ce Cocon est fabriqué avec une soie fine, peu abondante ; d'abord presque blanc, il devient ensuite roussâtre par l'incrustation d'une matière gommeuse secrétée par la Chenille pour empêcher l'humidité d'y pénétrer.

La Chrysalide (pl. VI, fig. 85) est courte, ovoïde, d'un noir brun, avec les bords des étuis des pattes, des antennes et les incisions abdominales ferrugineux, elle a l'extrémité anale garnie d'un petit faisceau de poils raides, dont les intermédiaires sont les plus longs.

Le Papillon éclôt ordinairement vers la fin.de mars ou au commencement d'avril de l'année suivante, la Chrysalide ayant passé l'hiver, parfois elle demeure deux ou trois ans avant de produire l'Insecte parfait. Ce Papillon est assez commun dans toute la France ; le Mâle vole pendant le jour à la recherche de la Femelle.

Après l'accouplement, la Femelle dépose, dans le courant d'avril, ses Œufs, au nombre de 200 et plus, sous la forme d'un amas annulaire grossier, autour d'une branche, soit de Ronce, soit d'un autre arbre, à la lisière des bois qui lui convient et qu'elle trouve à sa portée. Ce manchon n'a pas la régularité de la bague spiralée du *Bombyx neustria* L., il atteint de 15 à 20 millimètres. Les petites Chenilles éclosent une quinzaine de jours après la ponte, alors elles se réunissent sous une des feuilles les plus proches du dépôt des Œufs. Après avoir rongé rapidement ces feuilles, elles passent à d'autres et restent toujours en société jusqu'à la troisième mue, après celle-ci, elles se dispersent et vivent isolées sur les arbrisseaux nourriciers sur lesquels elles sont nées, les dépouillant complètement de leurs feuilles.

Dégâts. — Cette Chenille commune est peu nuisible, elle est polyphage et peut se trouver accidentellement sur les Rosiers cultivés dont elle ronge les feuilles.

Moyens de destruction. — On ne connaît aucun moyen de le détruire, si ce n'est de procéder à la recherche directe des Chenilles, en avril-mai. Si l'on observe une ou plusieurs feuilles rongées, il faudra examiner avec soin le dessous de ces feuilles, on trouvera, ou la famille réunie ou la Chenille isolée, suivant l'époque, et dès lors il sera facile de la détruire.

NOTODONTIDES

Bombyx bucephala L., Esp., Hubn., de Ville. — *Phalera bucephala* L., Fab., Esp., Hubn., God., Bdv., Dup. — La Lunulée de Geoffroy, d'Engram. — Le Porte écu jaune de Godart. — La Pygère bucéphale. — Le Bombyx bucéphale. — *Pygaera bucephala* Ochsen.

Description et mœurs. — Le Papillon Mâle a 55 millimètres d'envergure, il offre les caractères suivants : tête retirée sous le corselet, qui est convexe et robuste, antennes d'un brun jaunâtre, plutôt crénelées que pectinées dans le Mâle, simples ou filiformes dans la Femelle, leur article basilaire environné d'un faisceau de poils en forme d'oreille ; palpes courts, obtus, réunis, squammeux ; spiritrompe rudimentaire composée de deux filets membraneux disjoints ; thorax arrondi, épais, laineux, d'un gris argenté, avec toute la partie antérieure d'un jaune paille à **ptérygodes très rétrécies et bordées d'une double ligne ferrugi-**

neuse ; abdomen très long, cylindrique, d'un jaune d'ocre sale, avec une ligne de points noirâtres de chaque côté et terminé par un bouquet de poils ; ailes en toit dans le repos, les antérieures oblongues à écailles luisantes, d'un gris argenté, moins brillant vers la côte, avec trois lignes longitudinales noires, et au sommet une grande tache subelliptique d'un jaune d'ocre pâle maculée de brun clair, une tache centrale blanchâtre avec un peu de brun, le bord terminal longé par une double ligne ferrugineuse et liseré de blanc aux dentelures de la frange ; ailes postérieures d'un blanc jaunâtre luisant avec la partie abdominale mêlée de grisâtre ; le dessous des quatre ailes d'un jaune très pâle avec le milieu traversé par une raie ferrugineuse ondulée et le bord postérieur comme en dessus.

La Femelle (pl. IX, fig. 100) est semblable, mais plus grande.

L'Insecte parfait éclôt en mai et juin de l'année suivante, il est commun dans toute la France.

La Chenille (pl. V, fig. 67) est allongée, subcylindrique, un peu molle, demi-velue de poils fins, soyeux, peu touffus, blancs et rayée longitudinalement par des lignes ou bandes alternativement blanches et noires, piquées de blanc, qu'interrompent les bandes transverses, avec la tête forte et globuleuse, noire avec un V frontal jaune bien marqué ; chaque anneau est traversé par une bande transverse d'un jaune roussâtre sombre, finement pointillé de jaune clair ; enfin, sur les côtés, au-dessus des stigmates, on aperçoit deux lignes blanches divisées par une raie noire ; les stigmates sont noirs, gros, placés sur les bandes transverses ; le ventre est jaune piqué de roux ; les pattes écailleuses noirâtres et les pattes membraneuses d'un jaune obscur taché de noir.

Cette Chenille vit, dans son jeune âge, en société de huit à dix individus, depuis la fin de juillet jusqu'en octobre, sur plusieurs arbres, principalement sur le Chêne, le Bouleau, le Hêtre, le Tilleul, très abondante sur les Ormes dans le nord de la France, les Saules, les Aulnes, dans les bois, les prés, les jardins, sur les Rosiers, etc. Elle mange beaucoup et croît rapidement, et elle est aussi commune que facile à découvrir. Pour subir sa Nymphose, elle s'enfonce en terre et se métamorphose sans former de Coque, en une Chrysalide (pl. VI, fig. 86) d'un noir brun, luisant, chagriné, peu conique à la partie postérieure, obtuse et terminée par une saillie bifide armée de six pointes, elle hiverne pour ne donner l'Insecte parfait que l'année suivante.

Dégâts. — Elle est nuisible en faisant périr quelquefois les arbres et arbustes, en les dépouillant complètement de leurs feuilles, on la trouve accidentellement sur les Rosiers sauvages et cultivés.

Moyens de destruction. — Il n'y a d'autre moyen de destruction que la recherche directe.

NOCTUIDES

Noctua tridens Fabr., SV., Esp., Treits, Dup., Gn. — Le **Trident** d'Engr. — Noctuelle trident. — *Acronycta tridens* Ochsen., Fabr. — *Noctua psi* Hubn.

Description et mœurs. — Le Papillon (pl. IX, fig. 101) a une envergure de 34 à 35 millimètres, il ressemble extrêmement à celui de l'espèce suivante, avec des sortes de tridents noirs sur les ailes antérieures dont le fond est d'un gris vineux ou rougeâtre, et les ailes postérieures du Mâle sont beaucoup plus blanches ; tête et thorax du même gris que les ailes antérieures ; antennes assez courtes, cylindriques, filiformes dans les deux sexes ; palpes courts et velus débordant un peu le front, leur second article épais, le troisième court et obtus ; spiritrompe longue ; thorax convexe, velu, lisse, bordé latéralement de noir ; abdomen long, velu latéralement, obtus dans les deux sexes ; ailes en toit incliné dans le repos.

La Chenille (pl. V, fig. 68) a la tête noire, globuleuse, le corps cylindrique est d'un noir foncé et porte des poils peu nombreux, longs et soyeux ; elle a seize pattes égales, épaisses, cylindroïdes, les trapézoïdaux verruqueux, plus ou moins garnis de poils verticillés, avec une éminence conique sur le quatrième anneau, elle est plus courte et plus obtuse que celle de la Noctuelle psi, et une gibbosité ob-pyramidale sur le onzième anneau. Une bande dorsale rouge aurore se trouve entre les deux éminences, en avant de la première gibbosité, une tache rouge, qui fait suite à la bande dorsale, se trouve sur le deuxième et le troisième anneau. De chaque côté de la bande dorsale, la portion noire est marquée sur chaque anneau d'une tache et de deux petits points blancs, et de deux petits traits rouges ou aurore rapprochés en arrière des deux points blancs.

Les flancs sont, au-dessous de la portion noire, d'un gris jaunâtre avec une raie marginale jaune lavée de rouge sur chaque anneau. Les stigmates sont noirs ainsi que quatre tubercules portés par le onzième anneau sur la gibbosité qu'il présente et qui est gris blanchâtre.

La Chenille, très commune, se trouve dans certaines régions du Nord et du Midi de la France. Elle est presque rare aux environs de Paris. Elle vit en août et en septembre sur les arbres fruitiers, sur l'Orme, l'Aubépine, le Prunellier, le Rosier sauvage, la Ronce, etc.

La Chrysalide est lisse et comme vernissée, courte, obtuse, d'une couleur brun rougeâtre avec l'extrémité anale garnie de **soies raides ; elle est enfermée dans une coque filée entre les** branches ou entre les gerçures des écorces ; elle hiverne dans cet état et le Papillon éclôt en mai et juin.

Dégâts. — Les Noctuelles, à l'état adulte, ne commettent aucune déprédation dans les cultures. Ils voltigent autour des végétaux, se posent sur les corolles des fleurs et y puisent la sécrétion mielleuse des nectaires à l'aide de leur spiritrompe. Dans les régions où la Chenille est assez nombreuse, elle dévaste les arbres fruitiers et les Rosiers, et, bien que polyphage, cette Chenille est parfois assez nuisible à ces derniers.

Moyens de destruction. — Les Femelles de Papillons étant très friandes des matières sucrées, on peut en détruire un grand nombre en déposant de place en place sur le sol, près de la tige des Rosiers, des vases vernissés remplis au tiers de miel étendu d'eau. Les Papillons se précipitent avec avidité dans ces vases-pièges et s'y noient. On capture ainsi un grand nombre de Noctuelles, etc.

Examiner avec soin les Rosiers, d'août jusqu'à octobre, il est facile de la reconnaître : sa couleur et sa grosseur la rendent très visible, il suffit de faire la chasse à vue et de l'écraser avec des pinces pour la détruire. On peut aussi employer la préparation contre les Chenilles, dont la formule a été indiquée aux moyens de destruction de la Chenille de l'*Orgya antiqua* L. Cette préparation est appliquée à l'aide d'un pulvérisateur à jet intermittent (celui de M. Vermorel, dont le prix est de 8 fr.), il suffit d'appuyer sur le bouton qui supporte le clapet pour que le liquide se répande au moment voulu, c'est-à-dire sur les feuilles ou sur les tiges des Rosiers. Cette opération doit être pratiquée quand le soleil n'est pas très ardent, c'est-à-dire le matin et le soir.

NOCTUIDES

Noctua psi L., Fabr., SV., Esp., Borkh. — Noctuelle psi. — Le Psi de Geoffroy, d'Engram. — *Acronycta psi* Ochsen, Esp., Treits, Dup., Gn. — ? *tridens* Hubn.

Description et mœurs. — Le Papillon Mâle (pl. IX, fig. 102) a 35 à 36 millimètres d'envergure, il est d'un gris blanchâtre, luisant; ailes antérieures d'un gris plus ou moins blanchâtre marquées de plusieurs traits noirs formant une espèce de trident ou fourche à son extrémité, deux autres, placés vers le tiers inférieur du bord terminal, coupée par une ligne noire sinueuse et simulant la lettre *psi* (Ψ) des Grecs, d'où cette espèce a tiré son nom. On remarque, en outre, dans l'espace médian un petit *x* formé par la jonction de deux taches ordinaires, qui n'est visible que du côté par où elles se touchent; ailes postérieures, surtout à la base, blanchâtres dans le Mâle, plus obscures dans la Femelle. La tête et le thorax sont du même gris que les ailes antérieures, celui-ci est marqué d'un trait noir de chaque côté; palpes marqués de noir extérieurement; antennes grises en-dessus, noires en-dessous, filiformes dans les deux sexes ; l'abdomen participe du gris des ailes postérieures. — La Femelle semblable mais un peu plus grande.

La Chenille (pl. V, fig. 69) a seize pattes, elle est noirâtre, demi-velue, avec une éminence conique de même couleur, charnue et garnie de poils sur le quatrième anneau, et une gibbosité ob-pyramidale sur le onzième anneau. Une large bande citron, soufrée ou même blanchâtre existe le long du dos, interrompue par l'éminence conique, en avant de laquelle elle se continue sur le second et le troisième anneau ; une tache jaune se trouve sur le dernier anneau en arrière de la gibbosité.

Au-dessous de la bande jaune se trouvent des tubercules noirs portant des poils assez fins et des traits rouges, groupés deux par deux sur chaque anneau, séparés l'un de l'autre par un piqueté bleuâtre. Au-dessous de la partie noirâtre, les flancs sont d'un gris cendré plus ou moins clair, avec une petite teinte rose. La tête ainsi que les stigmates sont noirs. La gibbosité du onzième anneau est citron en avant et rouge jaunâtre sombre en arrière, elle porte quatre tubercules garnis de nombreux poils fins et longs.

On trouve cette Chenille parvenue à toute sa taille à la fin de l'été ou au commencement de l'automne, elle est commune dans toute la France.

La Nymphose s'effectue dans une coque filée par la Chenille, entre les gerçures des écorces ou entre des feuilles sèches, la Chrysalide ressemble beaucoup à la précédente et passe l'hiver dans cet état; l'Insecte parfait éclôt de la fin mai jusqu'au milieu d'août, il ne vole qu'au crépuscule.

Ce Papillon est très commun aux environs de Paris, il l'est beaucoup moins dans le Nord et le Midi. On le touve souvent appliqué contre le tronc des arbres.

Dégâts. — Les Chenilles de la Noctuelle psi vivent isolées et se nourrissent des feuilles d'Abricotier, de Prunier et de la plupart des arbres fruitiers et forestiers, elles rongent aussi les feuilles d'Orme. En général, elles ne causent pas de notables dégâts dans les jardins, mais lorsqu'elles s'y trouvent en grand nombre, elles y deviennent nuisibles. On les trouvent communément depuis le mois d'août jusqu'à la fin de l'automne, quelquefois réunies au nombre de huit à dix sur la même branche, sur les arbres fruitiers et sur les Rosiers, elle est souvent nuisible.

Moyens de destruction. — On ne connaît pas d'autre mode de destruction de la Chenille que de la chercher et de l'écraser, elle est très visible et très facile à reconnaître par sa coloration particulière.

NOCTUIDES

Noctua cuspis Hubn., Fabr. — Le Trident d'Engram. — *Acronycta cuspis* Ochsen, Treits, Hubn., Dup., Bdv., Gn.

Description et mœurs. — Ce Papillon (pl. IX, fig. 103) est de la taille du *Psi*, dont il est difficile de le distinguer. Il offre la partie antérieure du thorax partagée dans le milieu par un petit trait noir perpendiculaire, caractère faisant toujours défaut chez *Psi*; les ailes antérieures d'un gris clair un peu bleuâtre, légèrement teintées de jaunâtre au centre et sur la frange, avec les lignes noires du dessin et les points qui entrecoupent la frange beaucoup plus épais que chez *Psi*; les ailes postérieures ainsi que l'abdomen lavés de rougeâtre ou de jaunâtre, tandis qu'elles sont d'un blanc sale chez *Psi*; antennes blanches à la base, noirâtre dans le reste de leur longueur.

La Chenille ressemble beaucoup à celle de l'espèce précédente, le tubercule porté par le quatrième anneau est moins élevé, il est surmonté d'une touffe très épaisse de longs poils noirs, cendrés à l'extrémité. On la trouve en septembre sur l'Aulne et les Rosiers. Elle file une coque, et la Chrysalide ressemble beaucoup à celle de l'espèce précédente.

L'Insecte parfait éclôt de juin à août, il est rare en France.

Dégâts. — Ils sont forts restreints, la Chenille étant rare.

Moyens de destruction. — Il suffit simplement de surveiller avec attention les Rosiers à l'époque de l'apparition des Chenilles en septembre, et de procéder au ramassage à la main des Chenilles, soit pendant la nuit à la lueur d'une lanterne, alors que l'Insecte est sur les Rosiers, soit pendant le jour en fouillant la terre autour des tiges des plantes. Un autre procédé consiste à creuser avec des piquets trois ou quatre trous autour de la tige du Rosier : les Chenilles s'y réfugient le matin et on les y écrase.

On peut aussi empêcher les Chenilles de monter sur les tiges en entourant chacune d'elles d'une bandelette de toile cirée de 5 centimètres de hauteur, dont l'extrémité inférieure est repliée intérieurement, car sans cette précaution, les Chenilles grimpent sans trop de difficulté le long de la coupure si on la laisse à l'extérieur, on ligature en haut avec un brin de raphia. Cette toile cirée, enlevée au bout d'un mois, pourra servir plusieurs années.

NOCTUIDES

Noctua auricoma Fabr., Esp., Hubn., Borkh. — Noctuelle chevelure dorée. — La Chevelure dorée d'Engram. — *Acronycta auricoma* Ochsen, SV., Dup.

Description et mœurs. — Le Papillon (pl. IX, fig. 104) a 34 millimètres d'envergure, ailes antérieures d'un gris clair, avec l'espace terminal plus foncé, traversées par des lignes assez bien marquées en noir; l'extrabasilaire géminée; la coudée fortement dentée et éclairée de blanc intérieurement; taches ordinaires aussi cerclées de noir, enfin un trait noir rameux et horizontal part de la base de l'aile et s'étend jusqu'à l'extrabasilaire, frange grise entrecoupée de noir; ailes postérieures d'un gris roussâtre avec le bord et les nervures d'une teinte un peu plus foncée; le dessous des quatre ailes gris blanchâtre avec quelques points noirâtres; tête et thorax de la couleur des ailes antérieures; antennes grises et filiformes.

La Femelle semblable, mais avec les ailes inférieures plus foncées que le Mâle.

Le Papillon paraît en avril et mai, juillet et août, on le trouve un peu partout.

La Chenille a le corps cylindrique, peu allongé, d'un noir velouté en-dessus et d'un noir terne en-dessous, avec huit tubercules sur chaque anneau, les deux du milieu plus gros que les autres ; ceux des quatre premiers et des deux derniers rouge fauve, les autres d'un blanc roussâtre, chaque tubercule est surmonté d'un bouquet de poils d'un beau fauve doré sur le milieu du dos ainsi que sur les quatre premiers anneaux, tandis qu'ils sont d'un gris jaunâtre sur le reste du corps ; la tête et les pattes écailleuses sont d'un noir luisant, les stigmates sont blancs.

Cette Chenille dévaste en juin, juillet et septembre beaucoup d'arbres et d'arbustes, tels que le Tremble, le Bouleau, le Saule marceau, le Prunellier, le Noisetier, la Ronce, les Bruyères, les Rosiers, etc.; elle est assez commune.

La Chrysalide ressemble beaucoup à la précédente; elle est renfermée dans une coque filée entre les gerçures des écorces, elle hiverne sous cet état et le Papillon paraît au printemps suivant.

Dégâts. — Cette Chenille polyphage attaque beaucoup d'essences ; lorsqu'elle se jette sur les Rosiers, elle les dépouille rapidement de toutes leurs feuilles.

Moyens de destruction. — Les mêmes moyens de destruction que contre l'espèce précédente.

NOCTUIDES

Noctua rumicis L., Fabr., Hubn., Esp., Borkh. — Noctuelle de la Patience. — La Cendrée noirâtre d'Engram. — *Acronycta rumicis* Esp., God., Dup.

Description et mœurs. — Le Papillon a 35 millimètres d'envergure ; ailes antérieures d'un gris noirâtre, traversées par des lignes noires, les unes ondées, les autres dentées ; taches ordinaires marquées aussi en noir ; chaque aile porte en outre une petite tache blanche située vers l'extrémité inférieure de la coudée ; cette tache est caractéristique de cette espèce ; la frange est grise, festonnée et entrecoupée de noir ; ailes postérieures d'un gris enfumé, avec le bord terminal lavé de noirâtre et la frange entrecoupée de gris ; le dessous des quatre ailes gris ; tête et thorax gris noirâtre, abdomen gris jaunâtre ; antennes grises et filiformes dans les deux sexes.

La Femelle semblable au Mâle.

La Chenille (pl. V, fig. 70) est brune, avec de petits tubercules un peu plus clairs, munis chacun d'une aigrette de poils roux entremêlés de poils blanchâtres ; une bande rouge maculaire règne sur le dos. Sur chaque flanc se trouve une série de sept traits blancs obliques, et au-dessous une raie marginale blanche teintée de rouge. Tête noirâtre avec un triangle jaune ; pattes écailleuses d'un noir luisant ; pattes membraneuses et le dessous du ventre d'un brun noirâtre.

Il y a deux générations par an, de la première le Papillon éclôt fin juillet ; la deuxième génération hiverne à l'état de Chrysalide et donne le Papillon en mai.

La Nymphose s'effectue dans une coque grisâtre assez solide, fixée à une branche d'arbre, dans celle-là, elle fait entrer des brins d'écorce et de feuilles séchées. La Chrysalide est d'un brun noir, cylindro-conique, avec l'extrémité anale garnie de petites soies raides.

Dégâts. — Cette Chenille vit solitaire, en juin, juillet, août, septembre, elle est polyphage, s'attaque à toutes les plantes basses et frutescentes : le Lilas, la Persicaire, la Ronce, l'Oseille, la Patience, le Fraisier, les Mauves, les Orties, la Laitue, et en particulier aux Rosiers, etc., mais ne se trouve jamais sur eux en nombre suffisant pour être réellement dangereuse.

Moyens de destruction. — Employer ceux décrits contre les

éspèces précédentes; vivant à découvert, les Chenilles sont très faciles à voir, et par conséquent à détruire.

NOCTUIDES

Amphipyra pyramidea L., Ochsen, Esp., Hubn., Treits, God., Gn.
— Noctuelle pyramide Olivier.

Description et mœurs. — Ce Papillon (pl. IX, fig. 106) a 46 à 50 millimètres d'envergure; ailes antérieures oblongues, dentées d'un brun plus ou moins rougeâtre avec toutes les lignes d'un gris clair bordé de noirâtre; l'extrabasilaire en zig-zag, la coudée festonnée, la subterminale maculaire précédés de traits sagittés noirs, tache orbiculaire grise ou brune, pupillée de noir; ces deux taches placées sur une ombre noire, longitudinale, frange précédée d'une série de points blanchâtres; ailes postérieures d'un ferrugineux cuivré luisant, avec la côte noirâtre.

La Femelle semblable au Mâle.

La Chenille est rase, verte pointillée de noirâtre, avec trois lignes blanchâtres longitudinales dont une sur chaque côté près des pattes. La ligne dorsale aboutit à l'éminence pyramidale qu'on remarque sur le onzième anneau. Cette Chenille opère sa Nymphose vers la mi-juin dans une coque de soie ovoïde, lâche, composée de soie ou de débris de terre à la surface du sol. Le Papillon éclôt fin juillet.

La Chrysalide est lisse, rase, d'une couleur brun rougeâtre luisant, l'abdomen conique terminé par une pointe aiguë garnie de petites soies raides, courbes et crochues.

Dégâts. — Cette Chenille ravage le Prunier, l'Aubépine, le Saule et les Rosiers, dont elle ronge les feuilles et les boutons à fleurs pendant la nuit, de mai à juin.

Moyens de destruction. — Surveiller avec soin les Rosiers, de mai à juin, et faire la chasse à vue, elle est très visible et facile à détruire.

NOCTUIDES

Noctua gothica L., Engram., Borkh. — La Gothique d'Engram. — *Tœniocampa gothica* L., Dup.

Description et mœurs. — Ce Papillon (pl. IX, fig. 105) a 36 millimètres d'envergure : ailes antérieures pulvérulentes, disposées en toit très incliné dans le repos, d'un violet plus ou moins noirâtre, cendré ou rougeâtre, avec l'espace terminal plus foncé, lignes médianes géminées, faiblement ondulées ; subterminale précédée d'une grande éclaircie d'un gris violet pâle, une grande tache noire, caractéristique de l'espèce, sépare les deux taches ordinaires, puis s'étend le long de la nervure médiane et remonte derrière l'orbiculaire, qu'elle embrasse inférieurement ; sous cette tache, il y a un trait noir, court, qui s'appuie sur la ligne coudée ; trois points noirs à la côte à l'origine des lignes et plusieurs petits traits virgulaires blanchâtres ; ailes postérieures d'un gris brunâtre avec la frange rougeâtre ; antennes ordinairement pectinées dans les Mâles et garnis de cils isolés dans les Femelles ; palpes droits, courts, le deuxième article grêle, velu, le troisième très court ; spiritrompe courte. Thorax velu, arrondi ; abdomen lisse, velu, terminé carrément dans les Mâles et en pointe dans les Femelles. Pattes courtes, velues.

La Chenille est cylindrique, rase, pointillée de blanchâtre, à tête globuleuse, dépourvue d'éminences et de tubercules, avec une ligne dorsale jaune et une bande blanche de chaque côté. La bande s'amincit aux deux extrémités, elle est coupée par les stigmates qui sont cerclés de noir. Cette Chenille vit en juin, juillet et octobre sur plusieurs arbres et arbustes, principalement le Genêt, le Chèvrefeuille des buissons, le Noisetier, les

14

Rosiers et aussi sur les plantes basses, telles que la Luzerne, l'Oseille, le Caille-lait, etc., et se tenant cachée ou simplement abritée pendant le jour. Elle s'enterre en juin ou juillet pour subir sa métamorphose, et le Papillon paraît en mars ou avril de l'année suivante. Il est commun en France, il butine volontiers le soir sur les fleurs du Saule marceau, etc.

Dégâts — Ses dégâts sont assez limités sur les Rosiers, dont la Chenille ronge les feuilles la nuit.

Moyens de destruction. — Examiner avec soin les Rosiers, dans les mois d'été, et procéder à la chasse à vue, le soir, au moyen d'une lanterne, elle est très visible et facile à détruire.

NOCTUIDES

Tæniocampa cruda SV., Gn. — La Petite d'Engram. — *T. pulverulenta* Ochsen. — *T. ambigua* Hubn., Dup.

Description et mœurs. — Ce Papillon a 28 à 30 millimètres d'envergure : ailes antérieures d'un gris rougeâtre ou d'un gris testacé uniforme, avec les lignes médianes plus ou moins bien marquées et formées par des points noirs ; la subterminale souvent dessinée en clair ; tache uniforme, étroite, grise ; tache orbiculaire presque toujours nulle ; ailes postérieures noirâtres ou grisâtre, avec la frange plus claire. Antennes pectinées dans les Mâles, filiformes dans les Femelles ; corps bombyciforme ; spiritrompe courte.

Femelle semblable au Mâle pour les dessins et la couleur, et munie d'un oviscape rétractile.

Le Papillon paraît en mars et avril ; il est très commun en France.

La Chenille, noire violacée ou vertes, à lignes blanches, vit ordinairement sur le Chêne et aussi sur l'Orme et le Tilleul en juin et juillet, elle est très commune et deviendrait très nuisible, ainsi que les espèces précédentes, si leur vie à découvert ne les rendait pas la proie de nombreux ennemis ; Oiseaux et Insectes.

La Chrysalide est renfermée dans une coque de terre peu solide, elle subit sa Nymphose enterrée à quelques centimètres de la surface du sol.

Dégâts. — La Chenille vit parfois aux dépens des Rosiers qu'elle prive de la presque totalité de leurs feuilles.

Moyens de destruction. — Les mêmes contre la Chenille que pour l'espèce précédente.

NOCTUIDES

Cosmia affinis L., Ochsen., Dup., Gn. — L'Analogue d'Engram. — Noctuelle analogue Olivier. — *Calymnia affinis* Hubn.

Description et mœurs. — Ce Papillon a 28 millimètres d'envergure : ailes antérieures d'un brun marron plus ou moins foncé, plus clair et rosé aux espaces terminal et subterminal ainsi qu'au bord interne, vers sa base, avec quatre petites taches blanches, souvent nulles, à la côte, dont les deux du milieu plus larges que les deux autres ; ces taches sont situées à l'origine des lignes ordinaires, d'un blanc rosé, les deux médianes formant une espèce de trapèze ; il y a un point noirâtre à l'orbiculaire, et deux à la réniforme, le point inférieur est un peu plus gros ; ailes postérieures d'un noir prononcé, plus claires à la base, à frange jaune ; antennes filiformes dans les deux sexes ; thorax gros, lisse, globuleux ; spiritrompe courte ; abdomen court et conique.

Femelle semblable au Mâle pour les dessins et la couleur, et pourvue d'un oviducte térébriforme.

Le Papillon paraît en juillet, il vole avec vivacité au coucher du soleil.

La Chenille a seize pattes égales, allongée, atténuée antérieurement, plus ou moins aplatie en-dessous, molle, ridée, à trapézoïdaux saillants, à tête petite, globuleuse, de la même couleur que le corps, celui-ci est d'un vert cuivreux, jaunissant quelque temps avant la Nymphose; il est marqué de cinq lignes longitudinales blanchâtres, dont trois dorsales et deux latérales. Elle vit, en mai et juin, ordinairement sur l'Orme, on la trouve aussi renfermée entre les feuilles des Rosiers qu'elles relient par des fils de soie, trouvant ainsi dans cette retraite le vivre et le couvert. Elle se change en Chrysalide en juin, la Chrysalide est efflorescente et renfermée entre les feuilles ou dans une coque très légère, placée sur le sol; le Papillon paraît quelques semaines après.

Le Papillon et la Chenille sont communs.

Dégâts. — Cette Chenille vit parfois aux dépens des Rosiers qu'elle prive de la presque totalité de leurs feuilles.

Moyens de destruction. — On peut facilement anéantir le Papillon en détruisant le paquet de feuilles liées contenant la Chenille, ce qui empêche la reproduction. La chasse de la Chenille doit être faite le matin de bonne heure, et aux approches de la nuit, alors qu'elle ronge les feuilles, car, pendant la chaleur du jour, elle se tient abritée sous les feuilles ou entre les écorces.

Signalons comme hôtes très accidentels des Rosiers, les Chenilles polyphages des Noctuides suivantes, que nous ne citerons que pour mémoire : *Brotolomia meticulosa* L., Fabr., Esp., Hubn., Dup., Gn.; = *Phlogophora meticulosa* Ochsen.; *Scoliopteryx libatrix* Germ.; = *Gonoptera libatrix* L., Fabr., Esp., Hubn, Dup., Gn.; *Erastria deceptoria* Scop.; = *E. atratula* SV., Borkh., Hubn., Dup., Gn.

GÉOMÉTRIDES (GÉOMÈTRES ou PHALÈNES)

Acidalia rusticata SV., Fabr., Treits, Gn., Dup., Mill. — La Rustique
de Vill. — *Geometra rusticata* Hubn.

Description et mœurs. — Ce Papillon, de 13 à 15 millimètres
d'envergure, à corps grêle, antennes assez courtes pubescentes,
ciliées dans le Mâle, filiformes dans les Femelles, à palpes
courts, grêles, à spiritrompe distincte, à thorax un peu oblong,
et dont les quatre ailes sont entières, lisses, soyeuses, d'un joli
gris clair ou teinté de roux, traversées par des lignes parallèles,
flexueuses ou ondulées ; ailes antérieures avec l'espace médian
traversé par une bande brune, festonnée sur ses bords, étranglée
à sa base, marquée au centre d'un point cellulaire noir, espace
terminal nébuleux, traversé par la subterminale blanche et
ondulée ; ailes postérieures traversées par trois lignes grises,
nébuleuses et marquées au centre d'un point noir ; frange précédée d'une série de petits points noirs.

La Femelle semblable au Mâle.

Le Papillon paraît en juin et juillet. Il est plus ou moins
commun, selon les localités. Il vole le soir autour des haies, et
se tient pendant le jour appliqué contre le tronc des arbres, les
murs, etc.

La Chenille, à tête petite, globuleuse, est effilée, médiocrement
longue, peu carénée, rigide, chagrinée, d'un vert jaunâtre, avec
la vasculaire fine, interrompue, la sous-dorsale continue, la
stigmatale étroite, non interrompue ; toutes ces lignes d'un
vineux obscur ; le ventre d'un blanchâtre livide. Elle est polyphage et se métamorphose en Chrysalide en terre sans former
de coque.

Dégâts. — La Chenille est polyphage, elle peut se trouver
accidentellement sur les Rosiers.

Moyens de destruction. — Procéder à la chasse à vue de bonne heure et aux approches de la nuit, alors qu'elle ronge les feuilles, car, pendant le jour, elle se tient cachée sous les feuilles des plantes basses ou dans l'herbe.

GÉOMÉTRIDES

Odontoptera bidentata Clerck. — La Phalène dentelée. — *Ennomos bidentata* L., Borkh., Wd., Gn. — *E. dentaria* Hubn., Dup.

Description et mœurs. — Le Papillon a 45 millimètres d'envergure; antennes longues, effilées à lames longues et serrées dans les Mâles, dentées en scie par de courtes lames dans les Femelles; spiritrompe rudimentaire ou nulle, palpes saillants en bec aigu, à dernier article distinct; thorax épais et poitrine velus; abdomen long, grêle, dépassant les ailes et terminé par un bouquet de poils dans les Mâles, épais et ovoïde dans les Femelles; pattes grêles, à tarses sub-épineux; ailes antérieures larges, épaisses, profondément dentées, avec une dent plus saillante au milieu du bord terminal; ailes postérieures arrondies, légèrement dentées. Les quatres ailes, d'un fauve grisâtre, parsemé d'atomes bruns, beaucoup plus nombreux aux ailes antérieures, ce qui les fait paraître plus foncées, ornées d'un gros point discoïdal noir pupillé de blanc. Les antérieures sont, en outre, traversées par deux lignes brunes dentelées, bordées de blanc extérieurement, et n'ayant souvent que des points blancs dans leurs angles rentrants, ces deux lignes très divergentes. Les postérieures avec une seule ligne droite, continuant la seconde des antérieures. Dessous semblable au dessus, mais moins chargé d'atomes.

La Femelle, semblable, mais plus grande et souvent avec l'espace médian plus vif et teinté de fauve isabelle.

Le **Papillon** éclôt en avril et en mai, il n'est jamais bien commun nulle part, on le rencontre plutôt dans le nord de la France.

La **Chenille**, à tête plus large que le cou, globuleuse et aplatie en avant, est allongée, ramiforme, un peu renflée postérieurement, offrant une proéminence sur le pénultième anneau, surmontée de deux tubercules, et bordée d'une ligne noire sur les côtés, elle a quatorze pattes dont quatre rudimentaires. Sa couleur varie beaucoup, elle est tantôt grise ou brune, tantôt d'un brun rougeâtre ou noirâtre, quelquefois verte avec des taches noires irrégulières et quelques éclaircies blanches. Elle vit à découvert sur un grand nombre d'arbres ou d'arbustes : Chênes, Aulnes, Pins, Sapins, Rosiers sauvages, Genêts, etc., en mai et juin, puis en août et septembre ; parvenue à toute sa taille, elle se cache dans la mousse ou entre des feuilles sèches qu'elle lie par de légers réseaux de soie, et même en terre, pour se métamorphoser; sa Chrysalide est verdâtre, à partie postérieure conique et aiguë; l'Insecte parfait n'éclôt que l'année suivante.

Dégâts. — Cette Chenille s'attaque parfois aux Rosiers sauvages et cultivés et les dépouille de leurs feuilles ; c'est plutôt un hôte accidentel.

Moyens de destruction. — On doit surveiller les Rosiers pendant les mois de mai et juin, puis en août et septembre, et secouer les arbustes au-dessus de l'entonnoir *ad hoc*, recueillir la Chenille et l'écraser ou la brûler.

GÉOMÉTRIDES

Himera pennaria L., Esp., Hubn., Treits., Dup., Wd., Gn. —
La **Phalène** emplumée, *Encycl. méthod.*

Descriptions et mœurs. — Le **Papillon** a 42 millimètres d'envergure ; antennes de la couleur des ailes, avec la tige blanchâtre, elles sont plumeuses jusqu'au sommet et à lames délicates et très longues dans les Mâles ; spiritrompe grêle ; palpes très velus et très courts, ne dépassant pas la tête ; thorax large et très velu, abdomen soyeux, atteignant généralement l'angle anal, volumineux et ovoïde dans les Femelles ; ailes minces, peu dentées, avec la nervulation différente dans les deux sexes, les antérieures d'un jaune ocreux plus ou moins teinté de rougeâtre et pointillures d'un rouge brique dans le Mâle ; lignes médianes souvent brunes ; la première presque droite ; la seconde plus ou moins coudée à sa partie supérieure et éclairée extérieurement ; point cellulaire brun. Le sommet des ailes est, en outre, orné d'une tache blanche, cerclée de brun ; les postérieures plus claires à la base, avec une seule ligne droite et un point discoïdal ; ce point et cette ligne plus ou moins bien écrites selon les individus. La Femelle, plus pâle, quelquefois d'un gris-verdâtre, avec les lignes des supérieures plus droites et plus écartées.

Le Papillon vole en septembre, octobre et même novembre, il est commun en France.

La Chenille est allongée, cylindrique, luisante, d'un gris clair, nuancé de brun et de blanc, à tête globuleuse ; le dos orné de losanges nuancés de brun et de blanc, plus clairs que le fond et plus foncés aux incisions, le ventre bleuâtre et deux pointes rouges sur le onzième anneau. La Chrysalide, à partie postérieure conique et aiguë, est enterrée dans une coque très fragile.

La Chenille vit en mai-juin sur le Chêne, le Prunellier, le Rosier, elle est assez commune.

Dégâts. — La Chenille est un hôte accidentel des Rosiers qu'elle ravage parfois, en les dépouillant de leurs feuilles.

Moyens de destruction. — On doit procéder à la chasse manuelle de la Chenille pendant les mois de mai et de juin, la recueillir et la brûler. En mai et avril, en râclant le sol voisin, on **mettra** à nu les coques des Chrysalides qu'on écrasera, cela diminuera le nombre des Insectes futurs. Les Oiseaux et les Chauves-Souris sont de précieux auxiliaires de l'agriculteur, ils font une grande destruction des Papillons de cette espèce.

GÉOMÉTRIDES

Eurymene dolabraria L., Dup., Gn. — Eurymène doloire. — *Enno-mos dolabraria* Treits. — *Geometra dolabraria* Hubn.

Description et mœurs. — Le Papillon (pl. IX, fig. 108), de 31 millimètres d'envergure: tête, collier et extrémité de l'abdomen d'un brun violet, antennes pectinées dans les Mâles, filiformes au sommet, à lames épaisses et très ciliées ; filiformes et un peu granuleuses dans la Femelle; spiritrompe rudimentaire ; palpes épais et dépassant à peine le front, droits, à troisième article court et conique, pattes grêles, nues; ailes antérieures coupées carrément à leur sommet, échancrées à l'angle interne, à angle apical très obtus, renflées au milieu du bord externe, d'un jaune pâle, chargées de nombreuses stries transversales, fines, brunes, accumulées à la place des lignes ordinaires, angle interne teinté de violet avec deux taches brunes, vagues, souvent confondues; ailes postérieures plus claires, peu striées sur le disque, avec l'angle anal violet et orné de deux litures d'un brun noir: dessous d'un jaune plus vif, sans traits noirs aux angles interne et anal.

La Femelle semblable, mais un peu plus grande.

Le Papillon vole en avril ou mai, et en juin-juillet, on trouve presque toujours cette espèce appliquée contre le tronc des arbres, dans une grande partie de la France, mais jamais communément.

La Chenille de cette Géomètre est d'un brun rougeâtre, lisse, non aplatie, tuberculée sur le 3e anneau élargi, formant deux épaules, et avec une grosse caroncule sur le 8ᵉ anneau, marquée de deux taches noires cerclées de gris ou de blanchàtre, avec la tête aplatie, carrée et légèrement échancrée dans sa partie supérieure ; avec les palpes et la lèvre blancs. Cette Chenille vit sur différents arbres et arbustes : Chêne, Tilleul, on la trouve de temps à autre sur les Rosiers sauvages, en mai et juin, puis en août, septembre et octobre; les Chenilles de la première génération donnent leur Papillon fin juin-juillet, et celles de la seconde passent l'hiver en Chrysalides et donnent l'Insecte parfait en avril ou mai de l'année suivante.

La Chrysalide est rase, mutique, de coloration vert-noiràtre, à extrémité abdominale conique et aiguë, elle est enterrée dans une coque terreuse très fragile.

Dégâts. — Cette Chenille est un hôte accidentel des Rosiers sauvages, dont elle ronge les feuilles.

Moyens de destruction. — Suivre les conseils indiqués contre l'*Himera pennaria* L.

GÉOMÉTRIDES

Hybernia defoliaria L., Dup., Gn. — La Défeuillée de Vill. — La Phalène effeuillante, *Encycl. méth.* — *Geometra defoliaria* Esp., Hubn., Treits., Wd.

Descriptions et mœurs. — Le Papillon màle (pl. X, fig. 110) a 40 à 45 millim. d'envergure, la tête, le corps et les antennes pectinées, d'un jaune fauve; les ailes antérieures à dessins variables, d'un jaune fauve foncé pointillé de brun ou d'un brun roux uniforme avec pointillé noiràtre, deux bandes transversales ferrugineuses bordées de noir, l'une large à la base de l'aile, l'autre sinueuse externe; entre ces deux bandes est un gros point cellulaire noir; nervure médiane saillante et roussàtre; frange concolore, entrecoupée de noiràtre; la teinte peut être marron

et chez ces individus la bande basilaire n'existe plus; les ailes
postérieures, d'un blanc paille saupoudré d'atomes noirâtres,
avec un point cellulaire obscur, plus ou moins bien marqué ;
les pattes sont munies d'écailles contiguës.

La Femelle adulte est complètement dépourvue d'ailes (pl. X,
fig. 111), ressemble à une araignée allongée, a des antennes filiformes, un corps très gros relativement à l'autre sexe, une teinte
plus ou moins jaunâtre, avec trois rangées de points noirs sur le
dos; les pattes annelées de jaune et de noir. Aussitôt l'éclosion,
en sortant de terre, la Femelle, sans ailes, est obligée de grimper
au tronc des arbres, elle y demeure immobile, jusqu'à l'accouplement.

Cette espèce vole seulement en tournoyant, en novembre et
décembre, à la tombée de la nuit, à la recherche de la Femelle,
dans les bois, les parcs et les jardins fruitiers ; pendant le jour,
elle se tient appliquée sur le tronc des arbres.

L'éclosion a lieu fin octobre, ou commencement de novembre
et même en décembre, quelques individus passent l'hiver et
ne paraissent qu'au printemps suivant. L'accouplement a lieu à la
surface des arbres et les Œufs, pondus isolément ou par groupes
restreints à la base des bourgeons, ne donnent naissance, qu'au
printemps, aux petites Chenilles.

La Chenille (pl. V, fig. 71), allongée, cylindrique, un peu
carénée latéralement, à tête globuleuse, d'un brun ferrugineux
ou roux, sur la région dorsale, a une bande latérale, jaune
citron, marquée sur chaque anneau d'une tache ferrugineuse
ornée d'un petit point blanc au milieu, le ventre est d'un jaune
pâle. Elle est excessivement commune, polyphage, aussitôt
éclose, elle trouve sous les écailles des bourgeons un abri sûr et
commence de suite son œuvre de destruction ; elle se nourrit
principalement la nuit et vit à découvert, en mai et juin, sur

presque tous les arbres fruitiers et forestiers qu'elle effeuille en entier, elle attaque aussi les Rosiers qu'elle dépouille d'une grande partie de leurs feuilles, d'où le nom d'*Effeuillante*.

Elle se tient au repos, dans une attitude singulière, propre à bien des Chenilles arpenteuses, cramponnée seulement par les quatre pattes postérieures, la tête et les trois premiers anneaux dressés en l'air, la partie médiane du corps courbée en arc.

Vers la fin de mai ou au commencement de juin, cette Chenille est parvenue à son complet développement, de 25 à 30 millimètres, elle descend suspendue à un fil soyeux et se métamorphose en terre, presque à la surface du sol, dans une cellule tapissée de quelques fils de soie. — La Chrysalide est d'un brun rougeâtre, avec l'extrémité anale terminée par une pointe aiguë.

Dégâts. — C'est une espèce des plus communes, polyphage, elle est parfois un véritable fléau pour les arbres forestiers et fruitiers, elle attaque aussi fréquemment les Rosiers qu'elle effeuille presque entièrement.

Moyens de destruction. — On a conseillé d'entourer, en octobre et novembre, époque de l'éclosion, la tige des arbres ou arbustes, les tuteurs, le pied des treillages que l'on veut préserver, d'un anneau protecteur de substance gluante, par exemple du goudron liquide additionné de graisse, ou la composition indiquée pour la destruction des Papillons, due au docteur Dufour (p. 176), où vient s'empêtrer la Femelle en cherchant à grimper sur le tronc ou la tige; la destruction de chaque Femelle entraîne celle de 3 ou 400 Chenilles.

Pour préserver les Rosiers nains, on recommande de tremper une corde de paille dans la composition gluante et de l'enrouler ensuite, en cercle, sur la terre, autour du pied. Il est indispensable de renouveler l'application de la matière gluante (une fois par semaine), pendant la période d'apparition du Papillon.

GÉOMÉTRIDES

Phigalia pilosaria SV., L., Hubn., Dup., Wd., H. G., HS., Gn. — La
  Phalène velue, *Encycl. méthod.* — La Phigalie velue. — *Amphidasis
  pilosaria* Treits. — *Phigalia plumaria* Esp. — *P. pedaria* Fabr. — *Geometra pilosaria* Wien Verz.

Description et mœurs. — Le Papillon Mâle (pl. **X**, fig. 115), de
42 millim. d'envergure, a le corps bombyciforme, avec antennes
verdâtres, plumeuses, à lames fines et écartées ; palpes courts,
peu velus ; spiritrompe nulle ; à tête très velue, visible au-dessus
du thorax, celui-ci robuste, bombé, très velu, ceux-ci de la
couleur des ailes. Ailes grandes, entières, minces, d'un gris
verdâtre, les antérieures recouvertes d'atomes d'un brun olive,
côte marquée de quatre taches brun bistré, ces taches donnent
naissance à des lignes transverses nébuleuses, interrompues,
flexueuses ; les postérieures d'un gris plus clair, moins chargées
d'atomes, avec deux lignes courbes, écartées, parallèles, peu
nettes ; frange longue, ordinairement entrecoupée ; abdomen
rougeâtre, zoné de noir, mince, rétréci et terminé par une brosse
de poils. Cuisses velues.

La Femelle (pl. **X**, fig. 116) est aptère, à tête et thorax d'un
gris verdâtre, et l'abdomen rougeâtre, picoté de noir ; son corps
volumineux, ses antennes sétacées et ses pattes sont hérissées de
poils courts et divergents.

La Chenille de cette Géomètre est cylindrique, a dix pattes,
avec la tête ronde et un tubercule bifide sur le onzième anneau ;
elle est brunâtre avec des teintes ferrugineuses sur le cou et à
la base des tubercules, ceux-ci sont placés sur les quatrième,
cinquième et sixième anneaux et surmontés d'un poil raide et
noir ; la tête, les pattes sont brun ferrugineux. Elle vit à découvert, en mai et en juin, ordinairement sur le Chêne, l'Orme,

le Bouleau, le Tilleul, le Prunellier, l'Aubépine et les arbres
fruitiers, elle ne dédaigne pas les feuilles des Rosiers qu'elle
dévore comme ses congénères. On la trouve à toute sa taille à
la fin de juillet, elle est souvent très commune, elle se chrysalide en terre ; le Papillon paraît en février et en mars, parfois
en janvier de l'année suivante. On le trouve appliqué contre le
tronc des arbres des avenues, etc., il est assez rare partout.

Dégâts. — La Chenille est très commune, polyphage et nuisible aux vergers en certaines années, à la façon de *Hibernia
defoliaria* L.

Moyens de destruction. — Suivre les conseils indiqués contre
la Phalène précédemment étudiée.

GÉOMÉTRIDES

Biston hirtarius L., Dup., Gn. — La Phalène hérissée, *Encycl. méthod.*
— La Phalène à ailes velues Degeer. — *Amphidasis hirtaria* L.,
Bdv.

Description et mœurs. — Le Papillon Femelle offre des ailes
comme le Mâle, celui-ci a 40 millimètres d'envergure (pl. X,
fig. 114). Corps bombyciforme très velu. Antennes noirâtres,
plumeuses, à lames longues et minces. Thorax très développé,
hérissé de poils épais, mêlés gris et brun. Spiritrompe et palpes
rudimentaires. Ailes vigoureuses et fortement charpentées,
pulvérulentes et à demi-diaphanes, entières et arrondies, d'un
gris roussâtre fortement saupoudré de noir, à lignes confuses,
les antérieures avec deux lignes noires ondulées : la première
courbe, géminée, la seconde droite, absorbant souvent le trait
cellulaire; ensuite une large bande sinuée formée de trois lignes
très rapprochées, parallèles, cette bande souvent incertaine, les
postérieures moins chargées d'atomes, avec trois lignes noi-

râtres, confuses, souvent presque nulles, **mais toujours mieux**
marquées au bord abdominal, frange des quatre ailes entrecoupée. Abdomen court et conique, très velu et roussâtre.

La Femelle, un peu plus grande que le Mâle, à antennes filiformes, a les ailes de la même teinte que celui-ci, elles sont plus
transparentes et souvent à demi-développées et roulées sur les
bords, avec les dessins plus vagues, marqués seulement sur les
nervures.

Le Papillon paraît en mars et avril, ne vivant que peu de
jours, s'accouplant tout de suite, et pondant de petits **tas**
d'Œufs.

La Chenille est cylindrique et très allongée, d'un gris violâtre ou brunâtre, à vasculaire géminée, à sous-dorsales jaunes,
tremblées, interrompues, sans autres éminences que deux
petites pointes isolées sur le onzième anneau. Stigmates grands,
jaunâtres, accompagnés d'un gros point saillant d'un jaune
clair. Tête arrondie et sans échancrure dans sa partie supérieure, violâtre, piquée de noir. Ventre avec des lignes jaunes.
Elle vit à découvert sur plusieurs arbres et arbustes, surtout
l'Orme et le Tilleul, les arbres fruitiers, se tenant le jour entre
les rides des écorces; on la trouve ainsi appliquée dans les fentes
des plus grosses tiges des Rosiers qu'elle quitte le soir pour
aller se nourrir des feuilles; le matin, à l'aube, elle se cache de
nouveau. Parvenue à toute sa taille, elle descend au pied de la
plante nourricière, en août et septembre, et se change sur le
sol, entre les herbes, ou s'enterre à une faible profondeur, sans
cocon ni coque, en une Chrysalide courte, rugueuse, d'un brun
noir, munie d'une pointe très fine à son extrémité postérieure.

Cette Chenille ressemble souvent, comme les précédentes, à
de petites branches sèches; en cas de danger, elle se laisse glisser sur un fil de soie le long duquel elle remonte à volonté.

Dégâts. — La Chenille commune ravage les arbres forestiers, notamment l'Orme et le Tilleul, elle peut être nuisible accidentellement aux arbres fruitiers, les Poiriers, et aussi aux Rosiers, dont elle dévore les feuilles.

Moyens de destruction. — Surveiller attentivement les Rosiers, depuis le mois de mai à août, et détruire les Chenilles avec les pinces. Râcler le sol en hiver, pour mettre les Chrysalides à découvert, les Oiseaux et les intempéries suffiront pour les détruire.

GÉOMÉTRIDES

Biston stratarius Hubn. — La Printanière de Geoffroy. — *Amphidasis prodomaria* Treits., SV., Dup., Gn. — *Geometra prodomaria* Hubn.

Description et mœurs. — Le Papillon est un peu plus petit que l'*A. betularia* L. Le Mâle a une envergure de 42 millimètres (pl. X, fig. 118). Tête blanche. Antennes rousses, pectinées jusqu'au sommet. Palpes et spiritrompe très courts. Thorax robuste, large, blanc pointillé de brun, avec un collier noir. Abdomen court, conique, un peu velu, roussâtre, pointillé de noir. Ailes opaques, épaisses, les antérieures très allongées au sommet, d'un blanc sale un peu jaunâtre et finement pointillé de noir, avec deux bandes transverses d'un brun chocolat : la première entre les lignes basilaire et extrabasilaire, la seconde entre la coudée et la subterminale, ces deux bandes, bordées ultérieurement par les lignes médianes qui sont noires et très anguleuses ; on remarque, en outre, au milieu de la côte, une tache noire, vague, formée de points noirs; les postérieures de la couleur des antérieures, mais plus finement pointillées et traversées par une bande d'un brun clair, très vague, bordée supérieurement par la ligne faisant suite à la coudée des antérieures, franges entrecoupées de brun.

La Femelle plus grande, d'un blanc plus pur, le pointillé beaucoup plus gros, particulièrement aux postérieures, les lignes médianes plus épaisses, ce qui lui donne un ton plus vif que celui du Mâle.

La Chenille, longue, cylindrique, varie beaucoup de couleur, elle est d'un gris cendré ou brune ou ferrugineuse, à tête épaisse, bifide supérieurement, plus claire que le corps, ainsi que les tubercules qui ornent les quatrième, cinquième, sixième, septième, huitième et onzième anneaux ; ceux des septième et huitième plus développés que les autres, sans appendices filamenteux entre les fausses-pattes.

Elle vit à découvert sur les arbres : le Chêne, le Tilleul, l'Orme, le Bouleau, le Peuplier, etc., en juin, juillet, août et quelquefois septembre, elle ravage parfois les Rosiers sauvages et cultivés, dont elle ronge les feuilles ; elle s'enterre sans former de coque pour se changer en une Chrysalide d'un brun marron, avec une pointe à l'extrémité anale. Le Papillon se montre depuis le mois de mai. Rare dans beaucoup de localités, il est plus commun dans le centre et l'ouest de la France.

Dégâts. — La Chenille, polyphage, attaque aussi accidentellement les Rosiers sauvages et cultivés et les dépouille rapidement de toutes leurs feuilles.

Moyens de destruction. — Suivre les conseils indiqués contre l'espèce précédente.

GÉOMÉTRIDES

Amphidasis betularius (ria) L., Fabr., Esp., Hubn., Treits, Dup., Wd., Gn. — La Géomètre du Bouleau. — La Phalène du Bouleau de Vill.

Description et mœurs. — Le Papillon Mâle, de 45 millimètres d'envergure, la Femelle de 56 millimètres. Les deux

15

sexes ont la même livrée, avec la tige plumeuse des antennes entrecoupées de blanc, ces antennes pectinées et non plumeuses, mais terminées par un fil chez le Mâle, filiformes chez la Femelle, la tête blanche, les palpes et la spiritrompe visibles, courts, le thorax blanc, large et robuste, avec un collier noir, l'abdomen court et conique, un peu velu chez le Mâle et picoté de noir chez la Femelle ; les ailes blanches, épaisses, fortement pointillées et rayées de noir, triangulaires, les antérieures blanc, pointillé de noir, avec deux points plus gros sur le deuxième segment, un peu velu, très allongées au sommet, droites au bord terminal, avec les lignes médianes noires, écartées, perdues dans les atomes, épaissies à la côte, qui a, en outre, trois autres taches noires ; les postérieures un peu échancrées vers l'angle supérieur, avec une seule ligne faisant un angle prononcé dans la cellule, et une liture à l'angle anal.

La Femelle, plus grande que le Mâle et de la même couleur, mais plus fortement pointillée de noir.

La Chenille, très longue, cylindrique, à tête échancrée et aplatie antérieurement, de couleur très variée, verte, grise, rougeâtre, brune, etc., avec des boutons sur plusieurs anneaux : deuxième et troisième anneaux avec deux points dorsaux blanchâtres près de l'incision antérieure, huitième avec deux tubercules sous-dorsaux, onzième avec deux boutons blanchâtres peu saillants, et ayant des appendices filamenteux entre les fausses-pattes ; cette Chenille est une des espèces d'Arpenteuses qui ressemble le plus à une petite branche d'arbre ou à un petit rameau lorsqu'elle est dans le repos; elle vit depuis juillet jusqu'en octobre, dans les bois et jardins sur une foule d'arbres et d'arbustes. En septembre ou en octobre, elle s'enfonce peu profondément dans le sol, sans former de coque, pour se transformer en Chrysalide, d'un brun marron, avec une pointe courte à l'extrémité anale ; l'Insecte parfait n'en sort qu'au printemps suivant, en avril et mai, parfois qu'en juin et juillet.

Le Papillon est assez commun partout, mais non chaque année ; il ne vole jamais pendant le jour ; on le trouve appliqué à un tronc d'arbre avec les ailes entrebaillées.

Dégâts. — La Chenille est assez commune sur les Rosiers cultivés dans les jardins, qu'elle prive de la presque totalité de leurs feuilles.

Moyens de destruction. — La dimension de la Chenille permet de la distinguer sur un Rosier privé d'une partie de ses feuilles. Elle est facile à détruire. Le labour peu profond du sol, pendant l'hiver, au pied des Rosiers, ramène les Chrysalides enterrées à la surface du sol et les exposent à toutes les chances de destruction.

GÉOMÉTRIDES

Boarmia rhomboïdaria SV., Hubn., Treits., Dup., Frr., Gn. — Boarmie rhomboïdale. — *Boarmia gemmaria* Brahm. Ins. Kal. Schw. n. Raupk., Bkh.

Description et mœurs. — Le Papillon (pl. X, fig. 119) est de grande taille, 35 à 37 millimètres d'envergure. Antennes de la couleur des ailes, pectinées et terminées par un fil chez le Mâle, celles de la Femelle filiformes. Palpes dépassant un peu le front, velus, tronqués. Spiritrompe longue. Corps de la couleur des ailes, grêle, lisse, long, velu latéralement, terminé carrément chez le Mâle, en pointe conique chez la Femelle. Ailes d'un gris cendré, nébuleuses, à dessins communs, sablées d'atomes noirs, légèrement teintées de brunâtre, principalement à la base et dans l'espace terminal, avec une éclaircie blanchâtre à l'angle apical, les antérieures triangulaires avec trois lignes noires, à angle apical prolongé ; l'extrabasilaire formant un 7 épaissi à la côte; la coudée brisée en angle sur la première supérieure, mieux accusée sur les nervures par des points noirs. Ombre médiane en ligne droite, absorbant souvent un trait cellulaire très noir, et se rapprochant par sa base de la coudée, cette ombre parfois brisée en angle comme la coudée qu'elle suit parallèlement, excepté au bord interne où elle se confond complètement avec elle. Subterminale blanche, mal arrêtée, irrégulière, en zig-zag, vaguement ombrée de noirâtre intérieurement; cette ligne se continuant sur les postérieures, en outre, deux lignes arrondies, dentées et souvent prolongées dans le sens du corps, elles sont en outre noirâtres, la première droite ou oblique près de la base, la seconde médiane, fine, dentée, à dent saillante sur la première supérieure et surmontée d'un trait cellulaire noir. Frange entrecoupée. Abdomen avec des taches noires.

La Femelle semblable, mais souvent à dessins plus confus.

La Chenille, ramiforme, rigide, allongée, cylindrique, à dix pattes, a la tête coupée obliquement sur le devant et partagée en deux coins sur le front, à corps d'un gris brunâtre ou jaunâtre, avec les lignes ordinairement géminées, peu distinctes, interrompues, sans autres éminences qu'une petite caroncule arrondie, au-dessous de chaque stigmatale, sur le cinquième anneau. Elle ressemble à des pédoncules ou queues de fruits, dans le repos, elle est classée parmi les Chenilles dites Arpenteuses en bâton; elle vit à découvert en mai et juin, puis en août et septembre, sur le Chêne, le Prunellier, l'Aubépine, la Ronce, etc., rarement sur les plantes basses, cependant, elle ne dédaigne pas les Rosiers. La seconde génération passe l'hiver en Chenille, on la trouve à cette saison engourdie sur les rameaux, si on la touche, elle fait quelques mouvements, mais elle retombe bientôt dans son engourdissement. Elle se réveille pour

manger dès les premiers beaux jours du printemps ; elle se
nourrit alors aux dépens des bourgeons et même des écailles
qui les enveloppent. Sa métamorphose en Chrysalide a lieu en
terre, elle est luisante brun marron et aiguë à l'extrémité
anale. Le Papillon éclôt, pour la première génération, au printemps et reparaît, pour la seconde, fin juillet, août et septembre,
il est fréquent partout. Pendant le jour, on le trouve appliqué
contre le tronc des arbres ou contre les chaperons des murs,
dans les endroits les plus ombragés des bois et des jardins, mais
le moindre dérangement suffit pour le faire envoler.

Dégâts. — C'est un hôte plutôt accidentel des Rosiers, dont
il dévore les feuilles.

Moyens de destruction. — Suivre les conseils indiqués contre
l'*Amphidasis betularia* L.

GÉOMÉTRIDES

Cheimatobia brumata L., Fabr., Hubn., Treits., Dup., Wd., Gn. —
Phalène hiémale de Geer. — Larentie hiémale. — L'Hiémale de Vill.
— *Acidalia brumata* Treits.— *Geometra (Phalena) brumata* L., Fabr.,
Borkh., Fuessl., Schranck, Illig., Wien. Verz. — *Geometra brumaria*
Esp.

Description et mœurs. — Le Papillon Mâle (pl. XI, fig. 120)
a 30 millimètres d'envergure. Antennes courtes, garnies de cils
fasciculés. Palpes courts, écartés, à articles indistincts. Spiritrompe distincte. Ailes d'un brun enfumé clair, entières, lisses,
non anguleuses, minces, soyeuses, traversées par de nombreuses
lignes un peu plus foncées, les antérieures courtes, obtuses,
arrondies à l'angle apical, à lignes arquées ou ondulées, confuses, avec un point discoïdal noir sur la nervure médiane, les
postérieures oblongues, plus claires que les antérieures, avec
les deux lignes ondées brunâtres, écartées, souvent indistinctes,

dont la dernière limite quelquefois une bordure plus sombre ; le dessous des quatre ailes concolores, avec une bandelette médiane plus claire. Frange précédée, surtout aux postérieures, d'une série de points noirs, souvent nuls.

La Femelle (pl. XI, fig. 121) est d'un gris brunâtre, à corps épais et court, elle est aptère, avec deux très courts moignons d'ailes impropres au vol, ovales, obtus, grisâtres, marqués d'une petite bandelette noirâtre commune, et se distingue par ses longues pattes maculées de blanc. Elle pond en moyenne, d'après le professeur Esper, 250 Œufs environ.

Le Papillon éclôt dans la saison froide, en novembre ou décembre, et mérite le titre de *Papillon de l'hiver* donné aux Hibernides ; le Mâle vole vers le crépuscule, en grand nombre, dans les bois et les jardins.

Cette espèce a un mode d'existence presque semblable à celui de *Hibernia defolaria* L.

L'accouplement a lieu en hiver, les Œufs sont disposés par quatre ou six, à la base des bourgeons et éclosent en avril.

Au sortir de l'Œuf, la Chenille est grisâtre, elle devient d'un vert grisâtre après sa première mue, la tête et l'écusson de la nuque sont noirs ; après la seconde mue la teinte fondamentale et une ligne blanche dorsale deviennent plus nettement visibles ; après la dernière mue, elle devient d'un vert soit foncé, soit clair ou jaunâtre, avec la vasculaire d'un vert foncé, la sous-dorsale continue et d'un blanc jaunâtre, la stigmatale de même couleur, mais interrompue, le ventre d'un vert bleuâtre, avec une ligne médiane plus claire ; cette Chenille est alors courte, un peu déprimée, à tête globuleuse, brun clair luisant.

Ces Chenilles abondent en mai, elles ne vivent pas à découvert sur la plante nourricière, elles pénètrent dans les bourgeons, grossissent, elles ont toujours besoin de s'abriter, elles se cachent entre deux feuilles appliquées l'une contre l'autre ou plient une feuille en deux et les dévorent jusqu'à moitié avant d'attaquer d'autres feuilles ; elles attaquent aussi les bourgeons à fruits, et même les jeunes fruits dans lesquels elles s'introduisent par l'œil et dont elles déterminent bientôt la chute aussitôt qu'il commence à grossir. Elles causent souvent les plus grands dommages aux arbres forestiers, à nos vergers et à nos jardins.

La Chenille, à sa taille définitive, quitte les végétaux nour-riciers, fin mai et juin, en se laissant tomber de l'arbre, suspendue à un fil de soie qu'elle dévide au fur et à mesure qu'elle des-cend, et se chrysalide ensuite dans une petite coque ovale, enterrée à une profondeur de 10 centimètres. La Chrysalide est brun jaunâtre, son extrémité anale est terminée par deux crochets divergents.

Dégâts. — C'est un fléau dans certaines années, pour les arbres forestiers et fruitiers, elle attaque aussi les cultures en grand des Rosiers, Églantiers et les Rosiers sauvages, et les effeuille en entier.

Moyens de destruction. — Le meilleur moyen de détruire la Chenille est l'écrasement, qui se pratique en la serrant avec le pouce et l'index ou avec les pinces en bois, dans sa retraite, aussitôt qu'on aperçoit deux feuilles liées, sans arracher les feuilles qui ne tardent pas à se décoller sous l'action de la sève. On visite aussi les bouquets de jeunes fruits ; souvent liés ensemble et avec des feuilles par des fils de soie, afin de mé-nager une retraite à la Chenille, et on enlève les jeunes fruits attaqués qui se détachent facilement. Ce procédé de recherche directe n'est applicable que pour les pyramides, les espaliers, les arbres nains et les arbustes.

On recommande aussi contre la Femelle l'engluage, au pied des arbres et arbustes, pour empêcher les Femelles de grimper, décrit pour la destruction de la Femelle de l'*Hibernia defoliaria* L., opération à pratiquer depuis la fin d'octobre jusqu'à la mi-décembre, époque d'éclosion des Papillons.

Labourer le sol en été, au pied des Rosiers, pour ramener à la surface du sol les Chrysalides enterrées et les exposer à toutes les chances de destruction. Protéger les Oiseaux insectivores qui se nourrissent de Chenilles et en font une grande consommation pour élever leur progéniture.

GÉOMÉTRIDES

Larentia badiata Treits., Schranck.— Cidarie Baie.— *Geometra badiata* Hubn., Wien. Verz., Illig. — *Cidaria badiata* God., Dup. — *Anticlea badiata* SV., Dup., Gn. — *Scotosia badiata* SV., Frr.

Description et mœurs. — Le Papillon (pl. XI, fig. 122) a les deux sexes semblables, son envergure est de 30 à 32 millimètres. Il a les antennes jaunâtres, filiformes ou pubescentes, les palpes courts, squameux, la spiritrompe grêle et courte, la tête et le corselet d'un brun ferrugineux, l'abdomen soyeux et gris roussâtre avec son extrémité d'un blanc bleuâtre, offrant deux points noirs sur le bord de chaque segment ; les pattes courtes sans renflement ; les ailes antérieures sont larges, triangulaires, à côte arrondie à l'angle apical, qui est aigu, elles sont d'un brun marron ferrugineux et traversées au milieu par une bande d'un blanc jaunâtre, bordées latéralement par plusieurs lignes, les unes noirâtres, les autres ferrugineuses. Ces lignes, légèrement flexueuses du côté interne et fortement ondulées du côté externe, sont longées des deux côtés par une bande étroite jaune qui suit toutes les sinuosités. Le reste de la surface des ailes antérieures est traversé près de la base par une bande étroite d'un noir bleuâtre suivie de plusieurs lignes de la même teinte, mais plus claire, et vers leur extrémité par plusieurs lignes jaunâtres. Enfin, on remarque une lunule blanche au milieu du bord terminal, et un petit point cellulaire et un trait apical oblique, noirs ; les ailes postérieures sont d'un jaune roussâtre pâle et traversées par plusieurs lignes ondulées d'un brun ferrugineux; la coudée est bien visible dans toute son étendue, les autres assez bien marquées seulement au bord abdominal et à l'angle anal, à frange très dentée. Le dessous des quatre ailes ferrugineux et fortement sablé de brun, chacune montre un point discoïdal noir.

La Femelle est semblable au Mâle, par la dimension et la couleur des ailes.

La Chenille (pl. VI, fig. 73) est très variable, soit verte avec la tête d'un jaune roux, soit verte avec la stigmatale et la tête d'un rose violet vif, soit brun violet foncé avec la stigmatale d'un blanc rosé, le ventre maculé de noir. Elle est très allongée et comme filiforme, avec des points blanchâtres sur chaque anneau, se roulant comme certaines Acidalides, ou au contraire, courte et se tenant pliée en deux, à tête grosse et globuleuse, avec deux taches noires céphaliques. Elle vit à découvert en avril et en mai, puis en juillet et en août sur différentes espèces de Rosiers sauvages et sur l'Aubépine, l'Épine-Vinette, etc. ; cette Chenille est parvenue à toute sa taille à la fin de mai, et, à la fin d'août, elle se transforme en une Chrysalide d'un brun marron, avec extrémité postérieure terminée en pointe, dans une coque ovale et enterrée à quelques centimètres de profondeur.

Le Papillon éclôt en mars et en avril pour la première génération, et en juillet et en août pour la seconde génération. Il est de toute la France, mais il est toujours assez rare.

Dégâts. — La Chenille est essentiellement polyphage, ses ravages sont limités, même lorsqu'elle s'attaque aux Rosiers sauvages et cultivés.

Moyens de destruction. — Faire la chasse à vue, en avril et en mai, et aussi en juillet et en août, et l'écraser avec la pince en bois. Retourner le sol au pied des Rosiers, en juin et en septembre, pour exposer les Chrysalides à la destruction par les oiseaux ou la sécheresse.

GÉOMÉTRIDES

Cidaria fulvata Treits., Forst., Dup., Gn. — Cidarie fauve — Géomètre fauve. — *Geometra fulvata* Wien. Verz., Illig., Borkh., Gotze, Hubn. — *Phalaena sociata* Fabr.

Description et mœurs. — Le Papillon (pl. XI, fig. 123) a les deux sexes semblables, son envergure est de 23 à 25 millimètres. Il a la tète et le corps participant de la couleur des ailes, les ailes antérieures aiguës à l'angle apical, un peu falquées au bord externe, d'un jaune plus ou moins vif, avec bande médiane variant d'un brun fauve jusqu'au brun noirâtre ou bleuâtre; cette bande est bordée par deux lignes noires, l'interne très sinuée et offrant souvent un angle rentrant, plus ou moins prononcé dans son milieu, l'externe a aussi, au milieu, une dent très saillante et bifide à son sommet.

L'espace basilaire est bordé par deux lignes d'un fauve orangé, et l'angle apical par une tache d'un jaune citron, bordée inférieurement par une liture subapicale, oblique et noire, à frange jaune et entrecoupée de brun; des ailes postérieures d'un jaune très pâle, ne participant pas aux dessins des antérieures, à frange d'un jaune plus foncé.

La Femelle est semblable au Mâle, par sa taille et la couleur des ailes. La Chenille (pl. VI, fig. 74) est vert clair sur le dos, plus foncé sur les flancs, avec une vasculaire d'un vert sombre, une sous-dorsale blanche et une stigmatale jaunâtre; la tête est aussi d'un vert foncé et légèrement bifide; cette Chenille vit sur la Ronce et sur toutes les espèces de Rosiers dont elle ronge les feuilles, au mois de mai et juin, elle préfère aussi aux feuilles des Rosiers les jeunes boutons à fleurs qu'elle dévore, pour ne laisser parfois que le pédoncule, d'après M. J. Fallou. Elle se métamorphose en juin, en une Chrysalide verte, avec l'enveloppe des ailes blanche, entre deux feuilles réunies par des fils de soie.

L'éclosion du Papillon a lieu en juin et juillet, il vole sans s'écarter guère du Rosier où a vécu la Chenille.

Dégâts. — La Chenille du *Cidaria fulvata* Treits., ronge les feuilles et aussi les boutons à fleurs des Rosiers, elle est commune et cause des dégâts assez considérables dans les cultures de Rosiers.

Moyens de destruction. — On détruit cette Chenille, parasite des Rosiers, en surveillant ceux-ci en mai et en juin, et à l'état de Chrysalide, en juillet, et en l'écrasant avec des pinces en bois et par l'écrasement des feuilles liées, sans les arracher, elles ne tardent pas à se décoller sous l'action de la sève.

Il existe encore d'autres Géomètres qu'on rencontre comme hôtes plus accidentels sur les Rosiers et les arbres fruitiers, et qui ont la même manière de vivre aux dépens des Rosiers, nous ne les citerons que pour mémoire, sans les décrire :

Ce sont : *Cidaria rubiginata* SV., Fabr., Hubn., Treits., Dup.,Wd., Frr , Gn., syn. *C. bicolorata* Hufn., syn. *Melanthia rubiginata* Fab., Dup , Gn. ; *Cidaria siterata* Hufn (pl. XI, fig. 124), syn. *C. psittacata* SV., Dup., Wd., Gn , Frr., syn. *Larentia psittacata* Treits , syn. *Phalaena (Geometra) psitta-*

cata Fabr., Borkh., Wien. Verz., Illig., de Vill.; *Cidaria rivata* Treits. (pl. XI, fig. 125), syn. *Geometra rivata* Hubn. syn. *Cidaria sylvatica* Hw., Wd., syn. *Melanippe rivata* Hubn., Treits., Frr., Dup., Gn.

GÉOMÉTRIDES

Cidaria truncata Hufn. — Cidarie roussâtre. — *C. russata* SV., Hubn., Treits., Dup., Gn., etc. — *Phalaena (Geometra) russata* Wien. Verz., Borkh., Illig. — *Geometra centumnotata* de Vill. — *C. commonata* Hw., Wd.

Description et mœurs. — Le Papillon (pl. XI, fig. 127) a les deux sexes semblables, son envergure est de 32 à 35 mill. Il a la tête et le thorax noirâtres avec collier et antennes ferrugineux; l'abdomen gris, des ailes antérieures à angle apical un peu obtus, d'un brun varié de blanc et de ferrugineux, avec l'espace médian d'un blanc sale, sauf une ombre noire sous le sinus de la coudée et quelques atomes noirâtres le long de l'extrabasilaire; la coudée est assez variable pour la forme, mais elle est toujours fortement coudée extérieurement et présente plusieurs dents saillantes, mais arrondies; elle est suivie d'une bande rousse complète, bordée par une subterminale blanche, lunulée, interrompue avec un trait subapical noir et oblique; la bande extrabasilaire est ferrugineuse, mais fondue dans la teinte noirâtre de l'espace basilaire; toutes les autres lignes sont confuses et en partie remplacées par des atomes : à frange rousse, entrecoupée de brun; des ailes postérieures grises, ainsi que la frange avec deux lignes claires peu distinctes; le dessous des quatre ailes d'un blanc jaunâtre avec plusieurs lignes grises, correspondant au dessin du dessus.

La Femelle est semblable au Mâle, par la dimension et la couleur des ailes.

C'est une espèce qui varie beaucoup, elle a de nombreuses aberrations.

La Chenille est d'un vert pré uniforme ou d'un vert jaunâtre uni, avec la vasculaire fine, d'un vert foncé sur les premiers anneaux, le dos est marqué de petites stries et sur les flancs courent des lignes longitudinales d'un vert obscur ; elle est, en outre, ornée de deux pointes anales vertes, à extrémité rosée ; elle est allongée et atténuée antérieurement ; elle ressemble beaucoup à celle de *Cidaria rubiginata* SV., et de *C. site-rata* Hufn., syn. *C. psittacata* SV. Cette Chenille vit en avril et en août sur les Églantiers, la Ronce, le Chèvrefeuille, le Fraisier, etc. On la trouve sur le dessous des feuilles qu'elle ronge sur le bord et le milieu ; à la fin de mai, elle est parvenue à toute sa taille, elle se renferme dans une feuille repliée au moyen de quelques fils de soie pour se métamorphoser en une Chrysalide d'un vert jaunâtre luisant.

Le Papillon éclôt vers le milieu de juin, puis en juillet et août, il est commun partout, mais plus particulièrement dans les régions montagneuses.

Dégâts. — Cette Chenille est essentiellement polyphage, elle attaque de temps à autre les Rosiers sauvages et cultivés.

Moyens de destruction. — Employer ceux indiqués contre *Cidaria fulvata* Treits.

GÉOMÉTRIDES

Cidaria derivata Treits., SV., Borkh., Dup., Gn. — La Violette de Vill. — La Phalène lilas à raies noires de Geer. — *Phalaena (Geometra) derivata* Hubn. — *G. violacea nigrostrigata* de Vill. — *Geometra nigrofasciara* Gotze.

Description et mœurs. — Le Papillon (pl. XI, fig. 126) a les deux sexes semblables, son envergure est de 25 millimètres. Il a la tête et la partie antérieure du thorax d'un brun violâtre, le reste et l'abdomen d'un gris blanchâtre pointillé de brun ; les ailes antérieures arrondies à la côte et à l'angle apical, d'un brun violet, clair, plus clair et blanchâtre dans l'espace médian avec la bande traversée par deux raies brunes ; la basilaire courbe et géminée ; l'extrabasilaire noire, épaisse, sinueuse, bordée de chaque côté par une bandelette brune, la coudée a une forme spéciale, elle part de la côte sous la forme d'une ligne ondulée, très noire, et se dirige obliquement vers le milieu du bord externe, qu'elle n'atteint pas ; puis, revient sur elle-même en décrivant un angle très allongé et descend jusqu'au bord interne en une ligne fine et ponctuée sur les nervures ; cette même ligne est accompagnée intérieurement d'une autre ligne fine, plus noire à la côte, où elle forme, avec le commencement de la coudée et un trait intermédiaire, une espèce de tache brune suivie d'une autre tache costale blanche ; les ailes postérieures d'un gris violet, avec une médiane fine, ponctuée sur les nervures et brisée en angle dans son milieu ; le dessous des quatre ailes est du même gris que le dessus des ailes postérieures avec point discoïdal noir sur chacune d'elles ; on y remarque, en outre, quelques lignes, mais seulement indiquées par des points.

La Femelle est semblable au Mâle, par sa taille et la couleur des ailes.

La Chenille (pl. VI, fig. 75) est d'un vert clair, tirant un peu sur le jaune avec les incisions des anneaux d'un jaune clair, avec une longue tache triangulaire, d'un rouge cramoisi, qui s'étend sur les trois premiers anneaux, et dont la base touche à la tête ; celle-ci est du même rouge ainsi que les pattes postérieures et l'opercule anal. Cette Chenille vit, en juin et juillet, sur plusieurs espèces de Rosiers sauvages et les Chèvrefeuilles ; on la trouve parvenue à toute sa taille à la fin de juillet ; elle file alors une coque légère dans une feuille pliée pour se transformer en Chrysalide. Elle passe l'hiver sous cet état et le Papillon éclôt en mars et avril de l'année suivante.

L'Insecte parfait est commun dans toute la France, notamment dans le nord, mais rarement abondamment; il habite les bois et les jardins.

Dégâts. — La Chenille de *Cidaria derivata* Treits. est essentiellement polyphage, elle attaque souvent les Rosiers sauvages et cultivés et les prive de leurs feuilles.

Moyens de destruction. — Employer ceux décrits contre *Cidaria fulvata* Treits.

MICROLÉPIDOPTÈRES

Les Microlépidoptères ou petits Papillons sont représentés par des Insectes presque microscopiques, au moins pour les dimensions du corps. Il y a certaines espèces qui ont une taille un peu plus développée; la plupart sont agiles et brillants, beaucoup d'entre eux volent en plein soleil, sur les fleurs ou les feuilles des végétaux qui les ont nourris, d'autres ne volent que le soir ou pendant la nuit; au repos, ils se tiennent appliqués sous les feuilles ou sur la tige des végétaux. Ils sont, en général, difficiles à capturer à cause de l'exiguité de leur taille.

Ces Microlépidoptères adultes ont pour caractère particulier : des ailes supérieures croisées sur le dos, arquées à leur base d'insertion, d'un aspect tout particulier qui leur a valu la dénomination ancienne de *porte-chapes*.

Les Chenilles des Microlépidoptères sont, pour la plupart, pourvues de seize pattes normales, elles ont une teinte unie, peu brillante, brune, jaunâtre, verdâtre, grise ou terreuse, elles

vivent généralement cachées ; elles roulent, plient et lient en
paquet terminal, à l'extrémité des jeunes rameaux, les feuilles des
arbres ou des plantes, à l'aide de quelques fils de soie, elles en
font des cornets, des rouleaux ou un paquet terminal à l'extrémité des jeunes rameaux ; elles rongent les parties vertes dans
lesquelles elles se tiennent cachées depuis la sortie de l'Œuf
jusqu'à leur dernière métamorphose, qu'elles subissent sur
place. Lorsqu'on les inquiète, ces Chenilles marchent rapidement en arrière et se laissent choir sans choc sur le sol ou sur
les rameaux inférieurs, suspendues à un fil soyeux qui sort de
leur bouche et qu'elles dévident au fur et à mesure qu'elles
descendent, comme celles des Géomètres, la tête en haut ; elles
se servent de ce fil conducteur pour remonter sur la plante nourricière. Quand on touche ces Chenilles, elles se roulent comme
de petits serpents.

Il en est qui ont l'instinct de se construire des abris ou fourreaux, imitant d'une façon si parfaite différentes parties des
végétaux sur lesquels elles vivent, qu'elles peuvent y séjourner
en toute sécurité, rendues invisibles à l'égard de l'Homme, qui
ne parvient à les apercevoir qu'après un minutieux examen.
Cette protection n'existe pas vis-à-vis des Hyménoptères entomophages : Ichneumonides, Braconides, Chalcidites et Procto-
trupides, qui parviennent à les découvrir dans leurs retraites et
à leur inoculer une ponte meurtrière.

Il est de ces Chenilles, dites *mineuses de feuilles*, si microscopiques et si délicates, que toute leur existence s'écoule entre
les deux épidermes d'une feuille, soit dans des galeries plus ou
moins sinueuses, soit dans des *mines* ou larges plaques diffuses,
tranchant par leur couleur jaunâtre, blanchâtre ou brune, avec
le vert habituel des feuilles.

Les espèces que nous avons à signaler dans les Microlépidoptères sont celles qui, par leur manière de vivre, occasionnent aux Rosiers des dégâts plus ou moins appréciables, elles appartiennent aux tribus des Tortricides ou Tordeuses, des Tinéïdes ou Teignes et des Ptérophorides ou Ptérophores.

TORTRICIDES ou TORDEUSES

C'est dans ce groupe de Lépidoptères que nous trouvons les petits Papillons qui composent le grand genre *Tortrix* L. ou *Pyralis* Fabr., Tordeuses ou Pyrales, qui produisent les plus grands ravages sur la plupart des végétaux et plus fréquemment sur les Rosiers.

Malgré leur taille microscopique, les Tortricides ou Tordeuses ne manquent pas d'élégance, il y en a de toutes couleurs et à dessins très variés.

Les Chenilles des Tordeuses ont seize pattes normales, d'égale longueur et toutes propres à la marche, ayant le corps ras ou garni de poils courts et isolés, portés sur des points verruqueux.

La plupart de ces Chenilles sont essentiellement des rouleuses ou des tordeuses des feuilles des arbres ou des arbrisseaux ; aussi vives que craintives, au moindre ébranlement causé à la plante qu'elles habitent, on les voit s'échapper de leur rouleau avec la plus grande agilité, et se laissant pendre aux rameaux à l'aide d'un fil de soie qui sort de leur bouche et s'allonge à mesure qu'elles s'éloignent de leur demeure et qui leur sert à y remonter quand elles supposent le danger passé, ou à descendre, sans choc, sur le sol ou sur les rameaux inférieurs à la recherche de nourriture.

La Chenille des Tordeuses commence par ronger le parenchyme de la partie qui a été contournée la première et elle attaque successivement les autres tours, à l'exception du

16

dernier qu'elles laissent intact ; cette espèce de tuyau étant ouvert par les deux bouts, c'est par l'un d'eux, qu'elle rejette ses excréments, qui sont de petits grains noirs à peu près sphériques. Comme une portion de feuille et même une feuille entière ne peuvent pas suffire pour la nourriture d'une Chenille pendant toute sa vie, elle se fabrique de nouveaux rouleaux, à mesure que son appétit augmente avec sa taille. Le dernier diffère habituellement un peu des autres ; les tours en sont moins serrés, parce que la Chenille, devenue grosse, a besoin d'un logement plus ample. Cette Chenille se métamorphose en Chrysalide dans le rouleau même de la feuille où elle a passé toute la dernière période de sa vie ; elle ne se file pas de véritable cocon et se contente de tapisser l'intérieur de sa demeure, d'une légère couche de soie, pour garantir la jeune Chrysalide du contact un peu rude de la feuille qui l'entoure. La Chrysalide lisse, en forme de poire allongée, d'abord verte ou jaunâtre, puis devenant d'un brun noir, le dessous de chaque anneau armé de deux rangs de pointes courtes dirigées en arrière ; l'abdomen se terminant ordinairement par une longue pointe mousse garnie de petits crochets ; les épines et crochets de la Chrysalide la maintiennent solidement fixée à l'enduit soyeux.

Les Chenilles des Tordeuses vivent dans des feuilles pliées, tordues, roulées ou réunies en paquet terminal à l'extrémité des jeunes rameaux, elles rongent ainsi les parties vertes sous cet abri qui les défend du soleil et les cache à leurs ennemis. Elles subissent leur Nymphose, ordinairement à la place où elles trouvent nourriture et abri, leur Chrysalide est conique, lisse, presque toujours nue, en forme de massue ou de poire allongée, parfois entourée d'un tissu soyeux plus ou moins serré, mais qui n'a pas, en général, l'apparence d'une coque proprement dite ; quelques-unes, au contraire, abandonnent leur retraite pour aller s'installer soit dans la terre, soit dans tout autre lieu où elles puissent se croire en sûreté.

Les Papillons des Tordeuses ont presque tous le vol vif, mais court, nocturne ou crépusculaire, et se tiennent au repos pendant le jour, appliqués sous les feuilles ou sur les tiges des végétaux, mais il faut peu de chose pour les déranger et les faire voler en plein jour. Ils sont généralement d'assez petite taille, beaucoup d'entre eux sont ornés de brillantes couleurs et de taches métalliques. Ils ont pour caractère particulier : la côte des ailes antérieures plus ou moins arquée à la base d'insertion, d'où il résulte qu'ils ont une physionomie toute particulière, qui leur a fait donner le nom de *Papillon aux larges épaules* par Réaumur, *l'halènes-chapes* par Geoffroy.

Les antennes, rarement plus longues que le corps, sont filiformes dans les deux sexes, les palpes labiaux ou inférieurs sont seuls visibles; la spiritrompe est membraneuse, très courte, souvent nulle ou invisible; le thorax est ovale, lisse, quelquefois crêté à la base ; les ailes sont entières ou sans fissures, en toit plus ou moins aplati hors du repos, les supérieures cachant alors les inférieures, moins larges qu'elles et qui sont plissées en éventail sous les premières, celles-ci plus ou moins arquées à la base, le plus souvent coupées carrément à leur extrémité, ayant leur sommet quelquefois recourbé en faucille ; les pattes courtes, surtout les antérieures, avec les cuisses aplaties, les intermédiaires et les postérieures munies chacune de quatre épines courtes et obtuses ; l'abdomen ne dépassant pas les ailes dans l'état du repos, cylindro-conique, terminé par une houppe de poils chez le Mâle, en pointe chez la Femelle.

On trouve ces Papillons depuis le commencement du printemps jusqu'à la fin de l'automne, mais, c'est en été qu'ils sont les plus communs.

Il est difficile de lutter contre ces espèces nuisibles à beaucoup de végétaux, dont les Chenilles rongent le parenchyme des feuilles liées ou roulées, de sorte que les végétaux sont parfois, sinon tués, du moins retardés dans leur accroissement, surtout lorsque les Chenilles sont très nombreuses et que, partout, leurs ravages s'exercent sur un nombre élevé de feuilles.

On ne peut songer à un échenillage que dans les petites et moyennes cultures; ces espèces nuisibles sont habituellement limitées dans leur nombre, dans certaines années, par les intempéries atmosphériques et par leurs parasites naturels. Parmi les auxiliaires précieux, on doit citer les Oiseaux insectivores, si rares aujourd'hui, en raison de captures insensées et par la tolérance avec laquelle on agit à l'égard du dénichage; les Oiseaux, surtout lors de leurs couvées, rendent de grands services, en saisissant dans leur bec les Chenilles pendues à leur fil et les portant aux petits de la nichée.

TORTRICIDES

Teras variegana SV., syn. : *Teras abildgaardana* Fabr.

Nous ne citerons que pour mémoire ce parasite polyphage, qui s'attaque parfois aux Rosiers et dont la Chenille vit en mai-juin, entre deux folioles liées ensemble par quelques fils soyeux. Le Papillon, assez rare, vole fin juillet ou commencement d'août.

TORTRICIDES

Teras Forskaleana L., Gotze, Muller., Froel., Treits. — Pyrale de Forskael. — *Tortrix Forskaliana* Wien. Verz. — *Tortrix Forskaleana* L., Hubn. — *T. Forskaelana* Hubn., Froel., Treits., Dup.

Description et mœurs. — Le Papillon (pl. XI, fig. 129),

de 14 millim. d'envergure ; ailes supérieures jaune soufre, finement réticulées de brun rougeâtre ; une raie transversale brune, très élargie sur le milieu du bord interne, y forme une sorte de tache qui remonte jusqu'à la côte et s'amincit peu à peu, et finalement devient à peine perceptible dans la réticulation ; le bord frangé est jaunâtre, précédé d'une petite bande brune ; ailes inférieures blanc plus ou moins jaunâtre. La tête, les antennes, le corps et les pattes jaune soufre.

Le Papillon éclôt pour la première fois fin juin, et parfois, d'une seconde génération en septembre.

La Chenille est polyphage, elle vit à la même époque que celle de la *Pyrale de Bergmann* et d'une façon identique, elle se confond avec elle très facilement, elle est, cependant, un peu plus petite, plus verte ; comme cette espèce, elle attaque diverses variétés de Rosiers, rarement les Rosiers Bengale, R. Thé et les R. Banks.

Dégâts. — La Pyrale de Forskael a les mêmes habitudes et est presque aussi commune que la Pyrale de Bergmann.

Moyens de destruction. — On doit la détruire avec soin, il suffit d'enlever les feuilles roulées et de les brûler, ou encore, d'entr'ouvrir les feuilles, d'en extraire la Chenille et de l'écraser. On peut aussi les détruire au moyen de pulvérisations pratiquées le soir, avec la préparation pour la destruction des Chenilles, dont la formule et le mode d'emploi sont indiqués page 166.

Les Femelles des Tordeuses étant très friandes des matières sucrées, on peut en détruire un grand nombre en disposant de place en place, au pied des Rosiers, des vases vernissés remplis au tiers de miel étendu d'eau. Les Microlépidoptères se précipitent avec avidité dans ces vases et s'y noient. On capture ainsi un grand nombre de Tordeuses.

TORTRICIDES

Teras holmiana L. — Tordeuse de Holm. — Pyrale holmoise. — La Holm de Vill. — *Tortrix holmiana* L., Wien. Verz., Illig., Schrank., Muller, Hubn., Treits.

Description et mœurs. — Le Papillon (pl. XI, fig. 130), de 15 millim. d'envergure ; ailes supérieures d'un roux ferrugineux, teinté de brun le long de la côte et vers l'extrémité, marquées d'une tache triangulaire blanche sur le milieu de la côte, entre cette tache et le bord terminal sont quelques petites stries argen-tées, souvent à peine perceptibles, près de l'extrémité, dont une longe la frange qui est jaune orangé, une tache jaune mal limitée vers le bord inférieur de la base ; ailes inférieures gri-sâtres, le bord frangé est ferrugineux ; antennes, tête et corselet d'un roux ferrugineux ; abdomen de la couleur des ailes infé-rieures.

Le Papillon paraît en juillet ou au commencement d'août, il est assez commun dans les vergers et les jardins.

La Chenille, très petite, est d'un vert jaunâtre, parfois d'un jaune uni, avec la tête rougeâtre, l'écusson du premier anneau noir, les pattes écailleuses d'un brun roussâtre et des éminences mamelonnées sur le huitième anneau ; elle est très vive, dès qu'on touche aux feuilles où elle se tient abritée elle marche rapidement en arrière et se laisse choir suspendue à un fil soyeux. Elle vit en mai, entre les feuilles attachées par les bords et sur presque toutes les variétés de Rosiers et d'autres Rosacées fructifères : Poirier, Pommier sur paradis, Aubépine, Prunellier, etc. ; elle se métamorphose en juin, sa Chrysalide est rouge fauve.

Dégâts. — Cette Chenille est très répandue et ses dégâts sont assez appréciables.

Moyens de destruction. — On doit la détruire comme l'espèce précédente.

TORTRICIDES

Teras contaminana Hubn., Hw., Froel., Treits., Wd., Dup.
Pyrale contaminée.

Description et mœurs. — Le Papillon (pl. XI, fig. 128), de 16 à 18 millim. d'envergure; ailes supérieures légèrement arrondies à la côte, très aigües à l'angle apical, un peu pointues au sommet, fond jaune pâle, très réticulées de brun foncé, et présentant dans leur milieu une tache brune, assez grande, qui s'élargit et se bifurque avant d'atteindre la côte; la partie intérieure de la bifurcation est de couleur jaune pâle; ailes inférieures blanc grisâtre, faiblement réticulées de brun; antennes, tête, corselet et pattes de la couleur des ailes supérieures : abdomen grisâtre avec extrémité jaune clair. Le Papillon vole en juin et juillet, il est moins commun que sa Chenille qui très souvent est dévorée par les moineaux.

La Femelle est semblable quant à la livrée, mais un peu plus grande.

La Chenille de cette Tordeuse a le corps d'un vert obscur, couvert de très petits points noirs surmontés chacun d'un poil court; le dessous du ventre est d'un vert pâle; avec la tête, le dessus du premier anneau et les pattes écailleuses d'un brun roussâtre. Cette Chenille éclôt en avril et mai, elle est polyphage, elle vit sur les Rosiers et d'autres Rosacées fructifères : Prunier, Abricotier, Poirier et Pommier surtout; se tenant à l'extrémité des jeunes pousses, au milieu des feuilles pliées et liées à l'aide de quelques fils de soie; ainsi abritée, elle ronge les folioles et après avoir plusieurs fois changé de peau, elle atteint toute sa croissance dans cette retraite et s'y change en une Chrysalide brune avec chaque anneau muni sur le bord de petites épines. Cette Chenille est très commune en mai dans toute la France; il y a une seconde génération de Chenilles en septembre et octobre.

Dégâts. — Cette Chenille est commune, elle ronge les jeunes feuilles des Rosiers et des Arbres fruitiers.

Moyens de destruction. — La destruction n'exige que de la surveillance; il suffit d'entr'ouvrir les feuilles réunies avec des fils de soie et d'en extraire la Chenille, ou encore de l'écraser en pressant légèrement, entre les doigts, les feuilles liées et pliées.

TORTRICIDES

Tortrix podana Sc. Ent. Carn. — Pyrale des Roses. — Tordeuse des Roses. — *T. americana* Treits., F. R., Dup., H. S. — *T. rosana* Steph. — *T. fulvana* Wien. Verz.

Description et mœurs. — Le Papillon (pl. XI, fig. 132), de 17-18 millim. d'envergure; ailes supérieures dont l'angle du sommet est faiblement courbé, d'un fauve ferrugineux, finement réticulées de brun, avec une tache d'un brun violâtre partant de la base et s'étendant en se courbant jusqu'au milieu de l'aile, où elle forme une bande transversale; une autre bande étroite d'un brun rougeâtre est placée contre le bord extérieur; ailes inférieures gris cendré avec le sommet fauve et réticulé de brun; antennes, tête et corselet d'un brun violâtre en dessus et fauve en dessous; abdomen gris cendré et a l'extrémité garnie d'une touffe de poils. La Femelle avec ailes supérieures d'un gris testacé et réticulé de brun avec une bande brune au milieu. L'éclosion du Papillon a lieu en juin et juillet, il est commun.

La Chenille petite, verte, se nourrit des feuilles des Rosiers sauvages et cultivés et autres Rosacées fructifères; elle vit en mai entre deux feuilles recroquevillées et liées par quelques fils soyeux, et, son accroissement terminé, elle se chrysalide dans sa retraite.

Dégâts. — Cette Chenille est assez commune et ses dégâts sont assez appréciables.

Moyens de destruction. — On doit détruire la Chenille dans sa demeure formée de feuilles réunies en paquet. Il suffit de presser légèrement entre les doigts les feuilles liées ou d'entr'ouvrir celles-ci, d'en extraire la Chenille, puis de l'écraser.

TORTRICIDES

Tortrix rosana L., Hubn., Hw., Wlk., Stett. Man., Hein. — **Pyrale des roses.** — *Tortrix ameriana* L., F. S. E. — *T. lœvigana* SV., Fabr., Treits., Steph., Illig., Wd. — *T. oxyacantha* **Hubn.**, Dup. — *T. acerana* Hubn., Dup.

Description et mœurs. — Cette Pyrale, de taille variable (pl. XI, fig. 134), a 20 millim. d'envergure environ ; ailes supérieures un peu tronquées au sommet, d'un brun grisâtre plus ou moins pâle, faiblement réticulé de brun, traversées transversalement par de petites raies parallèles, courbes, très légèrement sinuées, d'un brun obscur, avec frange gris cendre ; ailes inférieures jaune d'ocre pâle, avec le bord abdominal largement noirâtre.

Le Papillon est commun, il vole vers la fin juin ou commencement de juillet.

La Chenille est de couleur variable, d'un blanc sale ou d'un vert pâle, ou parfois d'un vert jaunâtre avec la tête d'un vert sombre, l'ecusson du premier anneau et les pattes écailleuses d'un fauve brunâtre ; son corps possède des petits mamelons surmontés chacun de poils courts, blanchâtres. Dans son jeune âge, elle vit en société sous une toile en forme de tente, au milieu de plusieurs feuilles réunies confusément en paquet, quand elle est parvenue à une certaine taille, elle se renferme dans une feuille roulée en cornet et y vit isolée jusqu'au moment de la Nymphose. Elle est très commune dans le centre de la France, en mai-juin, elle attaque les Rosiers et d'autres plantes, en liant leurs feuilles, rarement les Rosiers Bengale, les R. Thé, les R. Banks ; elle se métamorphose en juin dans sa retraite, après avoir subi plusieurs mues, en une Chrysalide verte dans sa partie antérieure, d'un vert jaunâtre sur le ventre et brune sur le dos, deux cercles de dentelures entourent chacun de ses anneaux.

Dégâts. — Elle vit cachée entre les feuilles liées des Rosiers et autres Rosacées fructifères dont elle ronge le parenchyme.

Moyens de destruction. — Il faut détruire les paquets de feuilles, les brûler pour anéantir la Chenille, ou presser les feuilles liées entre les doigts.

TORTRICIDES

Tortrix heparana Wien. Verz., Illig., Schrank, Gotze, Treits. — Tordeuse hépatique. — La Chape brune de Geoffroy. — Phalène Chape brune du Lilas de Geer. — *T. podana* Schrank. — *T. carpiniana* Hubn. — *T. pasquayana* Wien. Verz.

Description et mœurs. — Le Papillon (pl. XI, fig. 131), dont les deux sexes sont de la même taille, offre une coloration très variable, a 20 millim. d'envergure ; ailes supérieures à angle supérieur légèrement falqué, d'un rouge brun, finement réticulées de brun plus sombre et traversées au milieu par une bande oblique de la même couleur, elles sont, en outre, marquées de deux taches brun foncé, l'une à la base et l'autre à la côte près du sommet ; ailes inférieures gris obscur, la frange plus claire ; antennes, tête, corselet et pattes de la même couleur des ailes supérieures et l'abdomen participe de celle des ailes inférieures.

La Chenille est d'un vert pâle, quelquefois terne, avec une raie dorsale obscure, la tête d'un brun marron, l'écusson du premier anneau brun noir, pattes écailleuses noires et pattes membraneuses vertes, corps offrant quelques poils très fins émergeant d'autant de petits points bruns.

On trouve cette Chenille en mai, sur plusieurs arbres fruitiers et aussi sur différentes variétés de Rosiers, elle se transforme en Chrysalide vers la mi-juin et l'Insecte parfait éclôt fin juin. Il n'est pas très commun en France

Dégâts. — La Chenille de cette Tordeuse vit à la même époque que celle de la Pyrale des Roses et d'une façon identique, elle est moins commune que l'espèce précédente.

Moyens de destruction. — On doit détruire cette Chenille comme celle des espèces précédentes.

TORTRICIDES

Tortrix Lecheana L., Wien. Verz., Illig., Schrank, Hubn., Hw., Gotze, Müller, Froël., Treits., Dup., — Tordeuse de Lèche. — La Lèche de Vill. — Pyralis Lecheana Fabr. — Ptycholoma Lecheana Steph., Wd.

Description et mœurs. — Le Papillon (pl. XI, fig. 136), qui se montre tout l'été, a une envergure de 18 millim. ; ailes supérieures brun foncé saupoudrées de jaune d'or avec deux lignes blanc bleuâtre brillant qui les traversent obliquement, au milieu la ligne extérieure se bifurque un peu avant d'arriver à la côte, l'autre est légèrement arquée, avec une frange jaune orangé ; ailes inférieures entièrement brun foncé avec frange blanchâtre. Antennes, tête et corselet de la couleur des ailes supérieures et abdomen de celle des inférieures.

Les deux sexes ne diffèrent que par la taille, la Femelle étant plus grande que le Mâle.

La Chenille est polyphage, elle vit en mai sur différents arbres forestiers et sur diverses variétés de Rosiers.

Deux variétés de *Tortrix Lecheana*, la première : var. *Obsoletana* Wood, toute noire ; la seconde : var. *Klugianoïdes* Sand, de dimension plus petite que le type, ailes noires à base vert pomme séparée par une ligne plombée avec demi-ligne ensuite et un point également plombé.

Ces deux variétés ont été signalées par M. Maurice Sand ; leurs Chenilles maltraitent les Rosiers en avril-mai dans le centre de la France.

Les Chenilles vivent entre les feuilles attachées par des fils soyeux et se transforment après plusieurs mues en Chrysalide dans leur retraite. Le Papillon vole en mai.

Dégâts. — Les Chenilles de ces Tordeuses sont peu communes et leurs ravages sont assez limités.

Moyens de destruction. — On doit les détruire comme celles des espèces précédentes.

TORTRICIDES

Tortrix diversana Hubn., Treits., Dup. — Tordeuse diverse. — *Tortrix viduana* Froel. — *T. acerana* Hw., Wd.

Description et mœurs. — Le Papillon (pl. XI, fig. 135) a les ailes supérieures de 16-18 millim. d'envergure, fauve pâle réticulé de brun rouge, traversées obliquement du milieu de la côte à l'angle anal, par une bande brun rouge, plus étroite dans la partie supérieure et interrompue au milieu ; vers l'extrémité, on remarque le commencement d'une seconde bande, qui part de la còte et s'oblitère avant d'arriver à l'aile, à frange fauve ; les ailes inférieures sont grises, à frange plus claire; tête, corselet et antennes de la couleur des ailes supérieures ; abdomen et pattes de celle des ailes inférieures.

Le Papillon, assez rare, paraît en mai-juin; après l'accouplement la Femelle dépose ses Œufs qui passent l'hiver, et les petites Chenilles éclosent aux premiers beaux jours du printemps.

La Chenille cylindrique est d'un vert brun foncé, avec la tête et l'écusson brunâtre, le corps paraît ras, mais, à la loupe, on aperçoit quelques poils très fins partant de points brunâtres. On trouve cette Chenille polyphage sur divers arbustes et aussi sur différentes variétés de Rosiers. Sa transformation en Chrysalide a lieu vers la fin avril, et le Papillon éclòt trois semaines plus tard.

Dégâts. — La Chenille lie en paquets les feuilles des Rosiers, la parenchyme des feuilles liées est rongé, de sorte que les végétaux seront parfois très retardés dans leur accroissement. Elle s'y métamorphose.

Moyens de destruction. — La destruction de cette Tordeuse n'exige que du soin, il suffit d'entr'ouvrir les feuilles, réunies avec des fils de soie, et d'en extraire la Chenille, ou encore de l'écraser en pressant les feuilles entre les doigts.

TORTRICIDES

Tortrix convayana Fabr., Hw., Froel., Wd., Wlk., Hein.— Pyrale ou Tordeuse de Hoffmansegg. — *Tortrix Hoffmanseggana* Hubn., Treits., Dup., H. S. — *T. Hoffmanseggiana* Hw., Steph.

Description et mœurs. — Le Papillon de cette espèce (pl. XI, fig. 138) a les ailes supérieures de 14 millim. d'envergure, jaune fauve, à première moitié un peu dorée et l'autre moitié jaune presque ferrugineux, avec quatre séries transversales de points noirs un peu plombés ou argentés, dont une précède immédiatement la frange, celle-ci jaune vif; les ailes inférieures sont noirâtres, plus claires dans le haut, à frange grise; tête, antennes, corselet et pattes, jaune doré, abdomen brun noirâtre.

Le Papillon éclôt en juillet.

La Chenille adulte est d'un vert clair, la tête, l'écusson du premier anneau, les pattes écailleuses, couleur brune de poix; de petits points saillants, épars à la surface du corps, portent, chacun, un petit poil raide.

Après avoir subi plusieurs mues, elle se tranforme en dehors de sa demeure, sous une toile blanche, en une Chrysalide allongée, brun noirâtre, garnie de petites épines, sur le bord des anneaux, comme dans une foule d'autres espèces; l'éclosion à lieu en juillet.

Cette petite Pyrale est aussi commune et aussi nuisible, dans certaines régions, que la Pyrale de Bergmann et celle de Forskael; la Chenille roule et plie, de même, en avril et mai, les folioles des Rosiers, elle est polyphage, elle s'attaque aussi aux feuilles des Poiriers qu'elle roule également, et à la surface desquelles elle subit sa Nymphose.

Dégâts. — Ses ravages sont, dans certaines années, relativement étendus sur plusieurs espèces de variétés de Rosiers.

Moyens de destruction. — Employer ceux indiqués pour détruire les espèces précédentes.

TORTRICIDES

Tortrix Bergmanniana L. Wien. Verz., Illig., Hubn., Schrank, Froel., Treits., Wd., Dup., H. S., Wlk., Hein. — Pyrale ou Tordeuse de Bergmann. — La Bergmann de Vill. — *Tortrix rosana* Hubn. — *Pyralis Bergmanniana* Fabr.

Description et mœurs. — Cette Pyrale (pl. XI, fig. 137) est un ennemi très redoutable pour les Rosiers. Le Papillon a 15 millim. d'envergure, des ailes supérieures d'un jaune soufre, finement réticulées de brun rougeâtre, avec trois raies transversales, métalliques, plombées ou argentées, dont l'une très près de la base, l'intermédiaire cintrée, la troisième coupant obliquement l'extrémité de l'aile et aboutissant à l'angle supérieur, avec frange de la teinte de l'aile et précédée d'une raie argentée rejoignant la côte, celle-ci étant brun rougeâtre; des ailes inférieures d'un gris noirâtre; tête, antennes, corselet et pattes jaune soufre, abdomen de la teinte des ailes inférieures.

Le Papillon, répandu dans toute l'Europe, se trouve, à la fin de juin, ou commencement de juillet, dans les jardins, et voltige le soir après le coucher du soleil autour des Rosiers.

La Femelle pond ses Œufs isolés, au mois de juin ou de juillet, à la base des rameaux des Rosiers; le plus souvent ils hivernent et l'éclosion n'a lieu qu'au printemps suivant; dans une année très chaude, il y a deux générations, la seconde paraît en septembre.

La Chenille, allongée, d'abord d'un vert pâle, elle est à toute sa taille d'un jaune clair, avec quelques taches vertes sur le dos, a des pattes écailleuses et la tête d'un noir brillant; les pattes membraneuses de la couleur du corps, et l'anus brun. La face dorsale du premier anneau porte deux petites plaques cornées, noires et contiguës ; on remarque des poils épars sur toute la surface du corps.

A la fin d'avril, la Chenille (pl. VI, fig. 76) vit sur presque toutes les races et variétés de Rosiers, mais attaque rarement les Rosiers Thé, R. Banks, R. Bengale ; elle cause de très grands dommages et nuit beaucoup à la floraison des Roses. Elle se tient d'abord cachée, à l'extrémité des rameaux, dans l'intérieur des jeunes pousses qu'elle ronge, puis réunit les feuilles en paquets, en les entourant de fils de soie à mesure qu'elles se développent ; ainsi abritée, cette Chenille ronge les jeunes feuilles et les boutons en voie de formation ; elle n'attaque souvent qu'une portion du bouton, laissant le pédoncule intact ; la fleur, ainsi mutilée, n'en continue pas moins à s'épanouir et ne donne que la moitié ou le tiers d'une Rose.

Après plusieurs mues, la Chenille, arrivée à sa taille définitive, vers la fin de mai, tapisse alors de soie l'intérieur de la foliole qu'elle a enroulée, et s'y change en Chrysalide d'abord jaune, puis d'un jaune brunâtre, enfin tout à fait brune au bout de quatre ou cinq jours, avec chaque anneau muni, sur le bord, de deux rangées de petites épines, la pointe anale étant hérissée de plusieurs petits crochets divergents servant à la suspension de la Chrysalide ; les petites épines lui servent, comme aux espèces voisines, lors de l'éclosion, à s'approcher de l'extrémité ouverte de son habitation.

Le Papillon éclôt, fin juin ou commencement de juillet, et, à partir de cette époque, on voit souvent les Chrysalides vides sortir à moitié, ou même pendre entre deux feuilles.

Dégâts. — La Chenille de cette Tordeuse cause, souvent, de très grands ravages à la végétation des Rosiers des jardins, et nuit beaucoup à la floraison des Roses.

Moyens de destruction. — La destruction de cette Pyrale

n'exige qu'un peu de soin, il suffit d'entr'ouvrir les feuilles, réunies avec des fils de soie et d'en extraire la Chenille, ou encore de l'écraser en pressant les feuilles entre les doigts ou entre les pinces en bois ; on peut aussi couper les paquets de feuilles pliées et les brûler.

TORTRICIDES

Penthina variegana Hubn., Treits., Dup., H. S. — Penthine variée. — La Teigne bedeaude à tête brune de Geoffroy. — *Penthina cynosbatella* L., Wlk., Hein. — *P. poecilana* Froël.

Description et mœurs. — Le Papillon (pl. XI, fig. 139) a 20 millim. d'envergure, des ailes supérieures peu larges, dont les deux tiers de leur surface, à partir de la base, d'un brun noirâtre, varié de roux et de bleuâtre, et le reste de leur surface d'un blanc sale, avec la frange gris bleuâtre et précédée de plusieurs petites taches gris luisant. Le bord interne de la partie brune maillé de roux, de blanc et de noir ; et l'on voit, au milieu de son bord extérieur, deux ou trois petits points noirs isolés, enfin la côte est finement ponctuée de noir ; des ailes inférieures d'un gris foncé, avec la frange blanchâtre ; tête brune, corselet brun avec épaulettes rousses, poitrine et pattes blanchâtres, abdomen gris foncé.

Le Papillon paraît en juin et juillet ; après l'accouplement la Femelle pond ses Œufs, elle ne dépose qu'un Œuf sur un bourgeon à feuille ou à fruit. Sortie de l'Œuf, la petite Chenille creuse et ronge l'intérieur du bourgeon avant que celui-ci soit développé, elle lie ensemble les sommets de l'enveloppe des feuilles ou des fleurs, et dévore, ainsi protégée contre les ardeurs du soleil ou contre la pluie, un bouton, puis un autre, de sorte qu'aucune fleur n'éclôt et qu'aucun fruit ne vient à bien, lorsqu'elle s'attaque aux arbres fruitiers.

La Chenille de cette Tordeuse est commune dans toute la France, elle est vert foncé avec la tête, l'écusson et la jointure des anneaux brun noirâtre ; on remarque une double rangée de points noirs sur les anneaux intermédiaires et une unique rangée sur les autres. Cette Chenille polyphage, vit, en mai, sur les arbres fruitiers, sur le Prunellier, sur le Chêne, sur les diverses variétés de Rosiers sauvages. Elle établit sa demeure au centre de plusieurs feuilles qu'elle lie ensemble par des fils de soie et se transforme en Chrysalide dans cette enveloppe protectrice ; la Chrysalide est d'un brun foncé et possède la même forme que celle des espèces voisines, elle est épaisse dans sa partie antérieure avec les anneaux du ventre hérissés de pointes fines.

Dégâts. — Cette Chenille fait beaucoup de dégâts, elle ronge les jeunes pousses et les boutons dès qu'ils ont commencé à se développer et les arbres ou arbustes ne peuvent produire de floraison.

Moyens de destruction. — Employer ceux déjà signalés pour enrayer l'extension des espèces voisines ou couper les paquets de feuilles liées au moyen d'un sécateur et les brûler.

TORTRICIDES

Penthina pruniana Hubn., Hw., Froël., Treïts., Wd., Dup., H. S., Wlk., Hein. — Teigne bedeaude à tête brune de Geoffroy. — Penthine du Prunier. — *Tortrix pruniana* Hubn.

Description et mœurs. — Le Papillon (pl. XI, fig. 140) a 14 millim. d'envergure, des ailes supérieures dont les deux tiers de leur surface, à partir de la base, d'un brun noirâtre, l'extrémité de la même couleur, la partie intermédiaire blanche ; le bord extérieur de la partie brune est arqué et son intérieur est strié de noir et de bleuâtre sans aucune tache blanche. La partie blanche est marquée vers le sommet d'une tache grise de forme ronde, souvent accompagnée de petits atomes gris ou noirâtres ; la côte est ponctuée de noir, avec frange presque entièrement de cette couleur ; des ailes inférieures entièrement gris foncé, avec frange plus claire.

Dans les deux sexes, la tête et le corselet sont brun noir en dessus ainsi que les pattes, l'abdomen participant de la couleur des ailes inférieures.

La Chenille est vert sale dans son jeune âge, elle devient grisâtre et quelquefois noirâtre à mesure qu'elle grandit, la ligne vasculaire formant une raie d'un vert plus foncé ; les petites verrues, dont son corps est chargé, sont noir luisant et surmontées chacune d'un petit poil brun clair ; la tête, l'écusson du prothorax et le chaperon de l'anus sont également d'un noir luisant ainsi que les pattes écailleuses ; enfin, le ventre et les pattes membraneuses sont d'un vert sale.

Les Chenilles se trouvent en avril et en mai sur les Cerisiers, les Pruniers, les Prunelliers, d'abord dans les bouquets de fleurs en corymbes, puis entre les feuilles liées en paquet et tapissées de soie où elles se changent en Chrysalide, celle-ci d'un brun noirâtre, épaisse dans sa partie antérieure avec les anneaux du ventre hérissés de pointes fines. Les Adultes paraissent en juin et juillet et donnent une seconde génération de Chenilles en août, se tenant entre les feuilles qu'elles retiennent ensemble par des fils de soie et subissent leurs métamorphoses en terre, sous la mousse ou quelques brins d'herbes ; les Chrysalides hivernent et leurs Adultes éclosent au printemps, lors des bourgeons à feuilles et à fruits sur lesquels les Femelles déposent leurs Œufs.

Dégâts. — Cette Chenille est très répandue dans toute la France et ses ravages sont sérieux.

Moyens de destruction. — Il faut couper les paquets de feuilles liées, au moyen d'un sécateur et les brûler.

TORTRICIDES

Penthina ochroleucana Hubn., Froël., Treits., Dup., H. S., Walk., Hein. — Penthine blanc jaunâtre.

Description et mœurs. — Le Papillon de cette Pyrale a une envergure de 18 millim., des ailes supérieures dont les deux tiers de leur longueur, à partir de la base, d'un brun noir et le reste de leur surface d'un blanc jaunâtre avec la frange et leur sommet gris ; la partie brune est marbrée de noir, et traversée au milieu par une bande grise striée de brun, et son bord extérieur, qui coupe l'aile obliquement, forme trois angles obtus ; sur la partie blanche et vers le sommet, on remarque une tache grise, arrondie, avec frange gris noirâtre ; des ailes inférieures d'un gris noirâtre, avec frange plus claire. La tête et le corselet d'un brun noir en dessus et d'un gris roussâtre en dessous, ainsi que les pattes ; antennes noirâtres ; abdomen gris noirâtre.

Le Papillon commun paraît deux fois, en juin et en août.

La Chenille d'un vert clair dans son jeune âge, devenant vert grisâtre à mesure qu'elle grandit, la ligne vasculaire d'un vert plus foncé, les verrues sont d'un brun noirâtre et surmontées chacune d'un poil d'un brun clair ; l'écusson du corselet est d'un noir luisant ainsi que les pattes écailleuses, enfin, le ventre et les pattes membraneuses sont d'un vert sale. On la trouve en mai et en juillet, elle lie, en paquet, les jeunes feuilles des Rosiers, particulièrement celles du Rosier Cent-Feuilles, entre lesquelles elle subit ses métamorphoses

Dégâts. — Cette Chenille est commune, elle ronge les jeunes feuilles des Rosiers et ses dégâts sont assez notables.

Moyens de destruction. — On doit détruire cette Tordeuse et sa Chenille comme celle des espèces précédentes.

TORTRICIDES

Penthina gentiana Treits. — Penthine de la Gentiane. — *Tortrix gentianeana* Hubn. — *Tortrix gentianana* Froël. — *Antithesia gentianana* Steph.

Description et mœurs. — Le Papillon a une envergure de 16-18 millim., des ailes supérieures, dont les deux tiers de leur longueur, à partir de la base, sont d'un brun noir et le reste de leur surface, y compris la frange, blanc roussâtre ou jaune nankin, avec quelques atomes gris vers leur sommet ; la partie brune est plus ou moins striée de noir et de bleuâtre, et son bord antérieur décrit une ligne droite qui coupe l'aile obliquement ; enfin la côte est très légèrement ponctuée de gris ; des ailes inférieures entièrement gris roussâtre, avec frange plus claire. La tête et le corselet brun noir en dessus et d'un gris roussâtre en dessous ainsi que les pattes, abdomen gris roussâtre.

L'Insecte parfait paraît en juillet.

La Chenille est d'un blanc sale ou roussâtre avec tête et écusson du premier anneau brun noirâtre et des raies longitudinales brunes accompagnées de petits points noirs ; en juin, elle lie en paquets les feuilles, et en ronge l'épiderme ; parvenue à toute sa croissance, elle se transforme, dans sa demeure, en une Chrysalide allongée, brun rougeâtre.

Dégâts. — Cette Chenille est polyphage, on la trouve sur différentes plantes et sur les Rosiers cultivés, auxquels elle cause un certain dommage.

Moyens de destruction. — On doit employer les moyens indiqués contre les espèces précédentes.

TORTRICIDES

Penthina rufana Sc. Ent. Carn., Hein. — Pyrale rosette. — Tordeuse rosette. — *Penthina rosetana* Hubn., Froël., Treits., Dup., H. S.

Description et mœurs. — Le Papillon (pl. XI, fig. 141) a 18 millim. d'envergure, des ailes supérieures rougeâtre pâle, à stries fines, transversales, grises, avec frange couleur chair ; des ailes inférieures grises, lavées de rougeâtre, avec frange blanchâtre. La tête, les antennes et le corselet de la couleur des ailes supérieures, abdomen de celle des inférieures, pattes blanchâtres.

La Chenille, vert olive, nue, rare dans le centre de la France, vit sur différentes variétés de Rosiers cultivés ; elle s'y transforme en Chrysalide brun rougeâtre, avec deux rangées de petits poils sur chaque segment postérieur.

Dégâts. — Cette Pyrale ronge l'épiderme des feuilles tendres des Rosiers, qu'elle lie ensemble, elle cause des dommages limités.

Moyens de destruction. — On doit détruire cette Tordeuse et sa Chenille comme celles des espèces précédentes.

TORTRICIDES

Aspis Uddmanniana L., Froël. — *Aspis Uddmanianana* Hubn., Hw., F. R., H. S., Wlk., Hein. — *Aspis (Phalena) rubiana* Sc. Ent. Carn. — La Salander de Vill. — *Tortrix Solandriana* L., Gotze, Froël. — *Pyralis Solandriana* Fabr. — *Aspis Solandriana* Fabr., Treits., Froël., Frr., Dup. — *Tortrix Uddmanianana* Wien. Verz., Illig.

Description et mœurs. — Le Papillon a des ailes supérieures de 18 millim. d'envergure, très larges, à côte très arquée dans toute sa longueur, d'un gris marbré, avec une tache dorsale brune cernée de blanchâtre, à l'angle apical, une tache gris foncé, coupée obliquement par une ligne d'un gris plus clair, le reste de la surface est traversée par un grand nombre de lignes blanchâtres, flexueuses ou ondulées et aboutissant toutes à la côte, où elles sont séparées par une série de points bruns; des ailes inférieures gris cendré. La tête, les antennes et le corps sont d'un gris brun, l'abdomen et les pattes grisâtres.

L'Insecte parfait vole en juin ou au commencement de juillet.

La Chenille courte, cylindrique, atténuée à ses extrémités; jeune, elle est d'un brun presque noir, en grandissant, elle devient d'un brun terreux et l'on distingue tous les points verruqueux dont son corps est garni; ces points sont brun plus foncé que le fond et surmontés chacun d'un poil de la même couleur; la tête, l'écusson du premier anneau et le chaperon de l'anus sont d'un noir brillant.

Cette Chenille polyphage a une allure lente, elle vit en société à l'extrémité des rameaux, dans les feuilles liées en paquets, sur diverses plantes : Rosier, Framboisier, Ronce, Ortie; de façon que chaque individu a sa demeure séparée; on la trouve pendant la fin mai et le commencement de juin. Dans le courant de juin, elle se métamorphose dans un tissu blanc recouvert de feuilles sèches et de mousse et s'y change en Chrysalide. Celle-ci est brune, avec l'abdomen un peu plus clair, elle a plusieurs crochets à l'extrémité anale.

Dégâts. — Cette Chenille attaque les Rosiers sauvages et cultivés, et, dans certaines contrées, ses ravages sont considérables.

Moyens de destruction. — On doit la détruire dans sa demeure formée de feuilles réunies en paquet comme celle des espèces précédentes, soit en coupant les feuilles liées et les brûlant, soit enfin en entr'ouvrant, au soleil, les feuilles réunies pour extraire la Chenille et l'écraser.

Citons encore, mais sans nous y arrêter, une autre Tordeuse qui vit à la fois sur les Rosiers et d'autres plantes : *Grapholitha suffusana* Zell., Dup., H. S., Hein. — Aspidie répandue. — *Penthina suffusana* Pareyss. — *Grapholitha trimaculana* Hw., Wd., dont la ressemblance est très grande avec *Grapholitha cynosbana* Fab. La Chenille vit à la même époque que celle de l'espèce suivante, et d'une façon identique, elle se confond avec elle très facilement, elle est, cependant, un peu plus petite, elle ronge, en mai et juin, les feuilles des Rosiers, d'Aubépine, etc.

TORTRICIDES

Grapholitha tripunctana S. V., Fabr., Froël., Hw., H. S., Wlk., Hein. — Penthine triponctuée. — *Tortrix tripunctana* Hubn. — *Grapholitha ocellana* Hubn., Dup. — *Paramesia tripunctana* Stephs. — *Grapholitha Cynosbana* Hw., Treits. — *Grapholitha cynosbatella* Steph., Wd. — ? *Cynosbatella* L. F. S. E.

Description et mœurs. — Le Papillon (pl. XII, fig. 144) a des ailes supérieures de 15 millim. d'envergure, tachetées de panachures blanc laiteux et parsemé de petits points brunâtres avec trois taches brunes placées triangulairement au milieu, dont deux contiguës à la côte, avec frange gris noir ; des ailes inférieures d'un gris brun, avec frange plus claire. La tête, les antennes et le corselet sont de la couleur des ailes supérieures, l'abdomen de celle des ailes inférieures. L'éclosion a lieu en juin.

La Femelle de la même teinte, mais plus grande.

La Chenille courte, gris brunâtre sale, a une ligne dorsale

obscure, de petits poils clairsemés à peine visibles ; une tête et des pattes écailleuses brun foncé, l'écusson du premier anneau noir.

La métamorphose a lieu dans les feuilles roulées des Rosiers, la Chrysalide allongée, brun noirâtre, est garnie, sur le bord des anneaux, de petites épines ; et l'extrémité anale porte de petits crochets.

Dégâts. — Cette Chenille attaque les Églantiers, en avril et mai, et dans certaines localités ses ravages sont considérables.

Moyens de destruction. — On doit détruire cette Tordeuse dans sa demeure formée de feuilles réunies en paquet, comme celle des espèces précédentes.

TORTRICIDES

Grapholitha cynosbana Fabr., Froël., Dup., Gn. — Aspidie ou **Pyrale de l'Églantier.** — *Tortrix aquana* Hubn., Hw., Wd. — *Tortrix roborana* SV., Illig., Götze., Treits., H. S., Wlk. — ? *Cynosbatella* L.

Description et mœurs. — Le Papillon a des ailes supérieures de 20 millim. d'envergure tachetées de panachures noir bleuâtre et de blanc laiteux, mais la couleur blanche domine et est un peu surchargée de points d'un brun plus foncé ; la partie noirâtre paraît un peu plombée ; trois taches, noirâtres, plombées, dont une à la base, une autre au milieu et une troisième linéaire au bord externe ; enfin la côte, d'un gris bleuâtre, est entrecoupée, dans toute sa longueur, de lignes blanches ou de points noirs, avec frange brun foncé ; des ailes inférieures d'un gris pâle brillant, avec frange plus claire, luisante.

La tête, les antennes et le corselet sont gris brun, l'abdomen et les pattes de la couleur des ailes supérieures.

La Femelle est semblable quant à la teinte, mais plus grande.

Le Papillon (pl. XI, fig. 133), vole en juin et juillet.

La Chenille est courte, d'un brun terreux, avec la ligne dorsale plus obscure, la peau paraît plissée et les points verruqueux sont surmontés chacun d'un poil brun, peu visible ; la tête jaune fauve, les pattes écailleuses, noirâtres, l'écusson du premier anneau est noir brillant et divisé en deux parties par une ligne pâle ; le chaperon de l'anus noir brillant; les pattes membraneuses et le ventre sont d'un brun plus clair que la partie dorsale.

On la trouve, en mai et juin, sur les Églantiers, qu'elle attaque plus souvent que les Rosiers cultivés, elle roule et lie les feuilles en paquet et ronge l'épiderme des folioles; elle se métamorphose dans une coque blanche recouverte de feuilles sèches ou de mousse ; sa Chrysalide est brune, avec l'abdomen un peu plus clair, avec des crochets à l'extrémité anale.

Dégâts. — La Chenille attaque les Rosiers sauvages, et, dans certaines localités, ses ravages sont considérables.

Moyens de destruction. — On doit la détruire, dans sa demeure, formée de feuilles réunies en paquet comme celle des espèces précédentes, en coupant les paquets de feuilles roulées et en les brûlant ou en pressant légèrement, entre les doigts, les feuilles repliées contenant chacune une Chenille.

Il existe plusieurs autres Pyrales polyphages, que l'on rencontre accidentellement sur les Rosiers et d'autres Rosacées fructifères, Pommiers et Poiriers surtout. La Chenille de *Grapholitha rosaecolona* Dald. Zool., vit à la même époque et a les mêmes mœurs que celle de *G. suffusana* Zell., à laquelle elle ressemble. L'Insecte parfait ressemble à *G. suffusana* Zell. On doit détruire cette Chenille comme celle de l'espèce précédente.

Nous insisterons plus particulièrement sur *Grapholitha (Tortrix) roseticolana* Zell., dont la Chenille vit, en été, dans les fruits des Rosiers sauvages, dont elle ronge la chair peu à peu ; on trouve la Chenille fin septembre et octobre, dans les fruits mûrs des Églantiers, elle abandonne sa demeure avant l'hiver et se métamorphose sur terre, sous des brindilles sèches, pour donner l'Insecte parfait au printemps suivant.

Sa présence est décelée par la trace d'un point noir près de la couronne des sépales ou œil des fruits, et de plus, les pétales sont persistants, repliés en arrière et serrés contre le fruit. On doit couper les boutons attaqués et les brûler.

Enfin, *Steganoptycha pauperana* Dup., syn. : *Teras pauperana* Zell., cause accidentellement certains dommages aux Églantiers.

TORTRICIDES

Tmetocera ocellana Fabr., Treits., H. S., Wlk., Stt. Man., Hein. — Pyrale ou Penthine ocellée. — *T. luscana* Fabr., Froël., Dup. — *T. comitana* Hubn., Hw,, Wd. — *Grapholitha (Tortrix) ocellana* Hubn. — *G. tripunctana* SV.

Description et mœurs — Le Papillon (pl. XII, fig. 145) a l'aspect et la taille de l'*Aspidia cynosbana* Fabr., il a les ailes supérieures de 18 à 20 millim. d'envergure, la moitié de leur surface, à partir de la base, d'un brun noir, avec l'extrémité de la même couleur et la partie intermédiaire blanche; sur cette zone blanche, on remarque trois petites taches gris bleuâtre et une série de trois points placés transversalement près de l'angle anal, avec frange gris foncé, les ailes inférieures sont gris cendré, ainsi que la frange; la tête est noirâtre avec les palpes jaune fauve, le corselet noirâtre, l'abdomen gris et les pattes blanchâtres.

L'éclosion a lieu à la fin de juin, on voit alors le Papillon voltiger le soir, avec les autres Pyrales, autour des Rosiers.

La Chenille est roux sale, marquée de petites lignes longitudinales noirâtres sur le dos et sur les côtès, et des lignes transversales de la même couleur sur la séparation des anneaux, la base du huitième anneau porte une tache brune, la tête, les pattes écailleuses et l'écusson sont d'un brun noirâtre. Cette Chenille ne roule pas les feuilles, elle n'attaque que les boutons des Rosiers, et se loge dans leur intérieur pour les dévorer sans être inquiétée. Le plus ordinairement, c'est dans le bouton même que s'accomplit la Nymphose, celui-ci cesse de s'accroître, jaunit et se fane ainsi que le pédoncule; mais s'il vient à se détacher de l'arbuste, pour une cause ou une autre, la Chenille réunit autour d'elle quelques débris végétaux, les agglutine par quelques fils de soie et se métamorphose ainsi en terre ; la Chrysalide est vert noirâtre dans la partie antérieure et jaune sale dans la partie postérieure avec les articulations noires.

Dégâts. — Les Rosiers ont souvent à souffrir de ses ravages, la floraison est compromise, et elle cause un préjudice aux gains nouveaux des Rosiéristes.

Moyens de destruction. — Si l'on voit, fin mai ou commencement de juin, les boutons de Rosiers jaunir, on doit les enlever et les brûler pour empêcher la multiplication de cette espèce si préjudiciable aux Rosiers.

TINÉIDES ou TINÉINIENS

Les Tinéïdes, vulgairement les Teignes, offrent une variété considérable de forme et les mœurs les plus diverses, aussi est-il fort difficile d'établir des caractères généraux, précis, pour une tribu aussi étendue. Les caractères généraux de l'Insecte parfait sont : tête souvent munie d'une sorte de toupet entre les deux yeux; antennes presque toujours filiformes dans les deux sexes, palpes labiaux seuls bien développés, généralement relevés jusqu'au dessus de la tête, spiritrompe très rudimentaire ou nulle ; corselet lisse, thorax lisse, abdomen plus ou moins court, généralement cylindroïde et débordé par les ailes dans l'état de repos; ailes entières et sans fissures, les ailes supérieures ordinairement longues et étroites, de couleur vive avec marques métalliques et une large frange ; ailes inférieures plus étroites encore, souvent grises, à large frange ; pattes postérieures très longues, munies de longs éperons, et plus ou moins velues selon les genres.

Chenilles vermiformes, quelquefois fusiformes, glabres ou à peu près glabres, avec seize pattes, certaines ont les pattes membraneuses, très courtes et même rudimentaires, surtout quand elles vivent renfermées dans des fourreaux, elles ont toujours une plaque écailleuse à la face dorsale du premier anneau et quelquefois une seconde sur le dernier anneau ; marchant vivement à reculons, comme celle des Pyralides, lorsqu'elles sont inquiétées et vivant toujours abritées, elles sont très variées dans la manière de vivre et de se métamorphoser.

Celles qui nous intéressent, parmi les Chenilles mineuses, sillonnent le parenchyme des feuilles de galeries ou mines placées entre les deux épidermes. Les deux catégories où les Chenilles ne sont pas entourées de fourreaux individuels appartiennent aux *Fausses-Teignes* de Réaumur; enfin, les Chenilles de quelques Tinéïniens se rapprochant beaucoup de celles des Tortriciens, vivent dans les fruits ou même dans les feuilles qu'ils enveloppent de fils de soie. En général, les Chenilles des Tinéïniens se chrysalident dans le fourreau où elles ont vécu ou sous les toiles sociales; les mineuses sortent des mines pour se métamorphoser au dehors, ou subissent leur Nymphose dans leurs galeries.

Les Chenilles des Tinéïdes se nourrissent ordinairement de substances végétales comme les Pyralides ; leurs Papillons ne prennent pas de nourriture et volent habituellement le soir, au crépuscule ; certains, cependant, ornés dans leur taille microscopique des plus splendides colorations, volent en plein jour et même à l'ardeur du soleil.

Nous examinerons successivement, parmi ces Microlépidoptères, les espèces qui s'attaquent le plus fréquemment aux Rosiers sauvages et cultivés.

TINÉIDES

Lampronia morosa Zeller., H. S. — Lampronie morose. — *L. quadripunctella* Steph., Wd., Stett., Hein. — *L. quadripuncta* Wd. — *? bipunctella* Dup.

Description et mœurs. — Le Papillon a 12 millim. d'envergure ; des ailes supérieures brun terne avec une tache distincte triangulaire, d'un jaune pâle sur le bord interne vers l'angle anal ; souvent on voit une tache semblable, mais plus petite, entre celle-ci et la base de l'aile : au-delà du milieu, sur la côte, on remarque deux petits points jaunâtres, souvent plus distincts, avec frange plus pâle ; des ailes inférieures brun grisâtre, avec frange plus claire. La Femelle est de la même couleur, un peu plus grande.

Le Papillon vole fin avril ou commencement mai, en essaims nombreux, le matin au soleil, autour des Rosiers.

La Chenille vit, au printemps, dans les bourgeons non développés des Rosiers ; lorsque les bourgeons commencent à paraître, on peut déjà remarquer la petite Chenille, abritée dans la gaîne formée par la stipule de la feuille, et rongeant les jeunes pousses, celles-ci se flétrissent ainsi que les boutons en voie de formation. Les bourgeons attaqués se reconnaissent par le petit tas d'excréments noirâtres qui s'accumule au milieu, et les feuilles sont aussi plus ou moins fanées. Vers le milieu d'avril, la Chenille a atteint toute sa taille; adulte, elle est cylindrique, atténuée aux extrémités, d'un jaune terne; elle se Chrysalide en terre, entourée d'un petit cocon de soie blanchâtre.

Dégâts. — La Chenille, par sa présence, arrête souvent le développement des bourgeons des Rosiers et compromet l'épanouissement des fleurs.

Moyens de destruction. — Pour empêcher la multiplication de cette espèce nuisible aux Rosiers, il suffit d'enlever les pousses fanées dans le courant d'avril et de les brûler.

Nous citerons, également, le *Lampronia rubiella* Bjerk., Hein., Stt. I. B.; syn. : *L. variella* Fabr., Treits., H. S.; syn : *L. corticella* Hw., Steph., Illig., Wd.; syn. : *L. multipunctella* Dup., assez semblable à l'espèce précédente, et dont la Chenille attaque, en mai, d'une façon identique, la pousse terminale des Rosiers sauvages et cultivés. Employer les mêmes moyens de destruction que pour l'espèce précédente.

TINÉIDES

Incurvaria muscalella Fabr., Stt. I. B., Hein. — Incurvarie courageuse.
I. masculella Hubn., Treits., Wd., Dup., Frey.

Description et mœurs. — Le Papillon (pl. XII, fig. 146) a une envergure de 12-13 millim., des ailes supérieures d'un brun luisant et comme bronzé, y compris la frange, avec deux taches triangulaires blanches, l'une au milieu du bord interne, et l'autre à l'angle postérieur; des ailes inférieures de la même couleur, mais d'une nuance un peu plus claire. La tête est garnie de poils roux, ferrugineux, les antennes sont pectinées dans le Mâle, filiformes dans la Femelle, noires, ainsi que les palpes; le corselet est brun luisant, l'abdomen de la couleur des secondes ailes et les pattes sont d'un gris plombé.

Le Papillon paraît fin avril, on le rencontre jusqu'à fin mai.

La Chenille est cylindrique, jaune grisâtre; dans sa jeunesse, elle mine les feuilles de diverses espèces d'arbres, on la trouve sur l'Aubépine, les Rosiers, etc., plus tard, elle se confectionne un fourreau court et ovale, avec lequel elle se laisse tomber à terre et se tient sous des petits débris de feuilles sèches pour se métamorphoser.

Dégâts. — Lorsque cette Chenille est en grand nombre sur une plante, la végétation en souffre et la floraison est compromise.

Moyens de destruction. — Surveiller, avec soin, les feuilles et enlever celles sur lesquelles on aperçoit une mine (car la Chenille laisse intacts les deux épidermes), et les brûler.

TINÉIDES

Chimabacche fagella SV., Fabr., Hubn., Treits., Stephs., Wd., Dup., H. S., Stt. I. B., Frey., Hein. — *Tinea disparella* Schrank. — *Tinea fagella* Fabr. — *Diurnea fagella* Curtis.

Description et mœurs. — Le Papillon Mâle (pl. XII, fig. 147) a une envergure de 23 millim.; des ailes supérieures gris clair ou blanchâtre finement sablé de brun, avec deux lignes transverses d'un brun plus foncé, dont une près de la base, celle-ci. en venant du corselet, forme un angle externe dans son milieu, et l'autre longeant le bord terminal, est flexeuse et dentelée;

dans l'intervalle qui sépare ces deux lignes, on remarque plusieurs points noirs, dont trois placés triangulairement et deux plus gros très rapprochés et placés l'un au dessus de l'autre, avec frange de la couleur du fond finement entrecoupée par des lignes brunes, qui se terminent par des points au bord terminal ; des ailes inférieures gris clair uni, avec frange de la même couleur. La tête, les palpes et le corselet de la couleur des ailes supérieures, les antennes brunes, l'abdomen gris roussâtre et terminé par une touffe de poils de la même couleur, les tibias et les tarses gris clair annelés de brun.

La Femelle est très différente (pl. XII, fig. 148), elle a 27 millimètres d'envergure, les ailes très courtes, les supérieures gris roussâtre ou gris clair, en écailles larges et bombées au milieu et se terminant en pointe aiguë ; elles offrent, en raccourci, le même dessin que celles du Mâle ; les inférieures gris uniforme, très étroites et se terminant également en pointe aiguë.

Le Papillon est commun et vole au printemps, la Femelle est moins commune.

La Chenille est de forme aplatie, blanc mat avec une ligne dorsale, tantôt grise, tantôt vert pâle, et deux rangées de points verruqueux blanc mat, à peu près invisibles, et surmonté chacun d'un poil ; tête plate brun clair avec de petites taches et de petites raies brun foncé et sur les côtés des mandibules un point noir brun ; l'écusson du premier anneau est brun luisant, le ventre et les pattes de la couleur du dos, la troisième paire de pattes écailleuses est allongée en forme de palette.

La Chenille de cette Teigne apparaît en août et septembre sur différents arbres forestiers : Hêtre, Bouleau, Tremble, sur les Saules, Sorbiers, Rosiers sauvages, etc., elle vit entre les feuilles réunies par des fils de soie et s'y tient ordinairement courbée, et, si la feuille est trop grande, elle la replie. Arrivée

au terme de sa croissance, elle se métamorphose, après l'hiver-
nage, sur la plante nourricière, dans un double tissu, mince
entre les feuilles mêmes où elle a vécu ; sa Chrysalide est grêle,
brun clair, avec l'enveloppe des ailes d'un brun foncé et sa
partie postérieure est terminée par une pointe brun obscur,
hérissée de petits crochets.

Dégâts. — Les Rosiers cultivés ont peu à souffrir de ses
ravages, il n'en est pas de même des Églantiers.

Moyens de destruction. — On doit la détruire dans sa demeure
formée de feuilles liées ; il faut couper et brûler les feuilles
enroulées et liées par des fils soyeux.

TINÉIDES

Carposina scirrhosella H. S., Stt. Syrr. et As. Min., Hein.

La Larve de cette Tinéïde vit dans les fruits du Rosier, en
août et septembre, au moment de leur maturité, elle les abandonne et descend sur le sol pour hiverner sans changement, elle
y supporte les rigueurs de la saison et, le printemps passé, elle
se métamorphose dans une coque tissée ; l'Insecte parfait paraît
en juin-juillet.

TINÉIDES

Coleophora binderella Kollar., Zeller., Dup., H. S., Frey. — Gracilaire
plume de Rossignol. — *Ornix lusciniaepennella* Treits.

Description et mœurs. — Le Papillon (pl. XII, fig. 149) a
9-10 millim. d'envergure ; ailes supérieures brun doré, longues
et lancéolées, avec une très longue frange grise ; ailes inférieures brun noirâtre, linéaires, avec une large frange un peu
plus claire et simulant un peu les ailes d'Oiseaux ; tête allongée,
étroite, et corselet brun doré, antennes brunes, simples dans les
deux sexes, aussi longues que le corps, abdomen brun noirâtre,

pattes gris argenté. Le Papillon vole en plein jour, aux rayons du soleil.

La Chenille vit quelquefois sur les Rosiers, en mai et en août, et confectionne, avec les débris des feuilles de la plante nourricière, un fourreau dans lequel elle passe sa vie jusqu'à l'état parfait ; l'infiniment petite Chenille (4 millim. 5) ne sort jamais de son fourreau ; elle le traîne partout avec elle dans sa pérégrination. Ce fourreau a une certaine ressemblance avec une partie quelconque, vivante ou desséchée, de la plante sur laquelle elle vit. Lorsqu'elle veut prendre sa nourriture, la Chenille dégage seulement de son fourreau la tête et les trois premiers anneaux portant les pattes écailleuses, elle le fixé perpendiculairement à la surface d'une feuille, le plus souvent en dessous, elle y découpe une ouverture de la grosseur de son corps, mais qui n'entame que la membrane sur laquelle la Chenille est attachée, sans jamais percer la feuille de part en part, puis elle commence à dévorer autour d'elle, le parenchyme entre les deux épidermes ; à mesure qu'elle consomme, elle allonge le corps en le dégageant du fourreau, mais sans le quitter entièrement, traçant ainsi un vide à peu près circulaire dont l'ouverture primitive est le centre ; quand elle a rongé tout ce qui est à sa portée, elle rentre à reculons dans sa gaîne, la détache et va la fixer sur un autre point de la feuille, pour recommencer la même opération. Au moment de la métamorphose, la Chenille attache définitivement son fourreau, à l'aide d'un tissu, à quelque partie de la plante ou à un corps voisin, se retourne en sens inverse, pour avoir la tête dirigée vers l'extrémité postérieure, afin que le Papillon puisse sortir librement, et, ainsi établie, elle attend l'époque de la Nymphose ; au bout de deux à trois semaines, le Papillon sort de l'extrémité postérieure du fourreau, sans entamer le Cocon.

Dégâts. — Cette espèce, assez rare, fait peu de tort aux Rosiers sauvages et cultivés.

Moyens de destruction. — On peut se débarrasser de ces Insectes en enlevant et brûlant, en mai et en septembre, toutes les feuilles où l'on aperçoit de petits tuyaux grisâtres ou noirâtres, redressés perpendiculairement à la surface et paraissant immobiles.

TINÉIDES

Coleophora gryphipennella Bouché., Stt. I. B. — *C. rhodofagella* Kollar. *C. lusciniæpennella* Zell., H. S., Frey.

Description et mœurs. — Le Papillon, qui se rencontre tout l'été, a une envergure de 9-11 millim. ; des ailes supérieures brun doré avec une tache blanche centrale et une grande frange grise ; des ailes inférieures brun noirâtre, avec frange très développée, un peu plus claire ; tête et corselet brun doré, antennes brunes et annelées de blanc, abdomen brun noirâtre, pattes gris argenté.

La Chenille, à peine éclose, pénètre dans l'épaisseur d'une feuille, ronge le parenchyme, en respectant l'épiderme ; elle attaque, de mai en octobre, les Églantiers et les Rosiers ; elle vit dans un fourreau ovoïde, jaune verdâtre, qu'elle confectionne avec le bord dentelé d'une foliole roulée sous la face inférieure de celle-ci. Les folioles où cette petite Chenille s'est établie, se couvrent de grandes taches jaunâtres ou blanchâtres, l'épiderme supérieur se boursoufle, se dessèche, et s'exfolie facilement, ce qui entrave l'équilibre des fonctions de végétation. Puis elle hiverne sur la partie basse d'une tige de Rosier qu'elle abandonne en avril ou mai. A cette époque, elle perce les bourgeons, et plus tard, la surface inférieure des folioles pliées, dans lesquelles elle creuse des mines.

Dégâts. — Cette espèce rhodophage ne cause qu'un tort limité aux cultures d'Églantiers et de Rosiers.

Moyens de destruction. — On doit la détruire comme l'espèce précédente.

TINÉIDES

Coleophora paripennella Zell., H. S., L.

Description et mœurs. — Le Papillon a une envergure de 9 millim. 5, des ailes supérieures brunes légèrement dorées, avec frange développée, gris brun ; des ailes inférieures brun noirâtre, plombé, avec frange très large et plus claire ; tête, corselet brun roussâtre, pattes et antennes brunes, abdomen brun noirâtre. Le Papillon vole en juin.

La Chenille vit à la même époque que celle de l'espèce précédente et d'une façon presque identique : elle s'enferme dans un fourreau, brun roussâtre, aplati, sur la surface supérieure de la foliole. La Chenille décèle sa présence par de petites taches rondes sur la face supérieure de la foliole.

Dégâts. — Cette espèce polyphage fait peu de tort aux variétés de Rosiers, elle attaque aussi le Pommier, le Prunellier, l'Aubépine, la Ronce, etc.

Moyens de destruction. — Suivre les indications conseillées contre les espèces précédentes.

TINÉIDES

Tischeria marginea Hw., Stephs., Illig., Wd., Stt. I. B., Frey. — *T. emyella* Dup., Zeller., H. S.

Description et mœurs. — Le Papillon a une envergure de 8 millim., des ailes supérieures jaune luisant, dorées avec une bande brune, avec frange jaune doré ; des ailes inférieures jaune grisâtre avec frange très développée et plus claire. Le Papillon vole depuis avril jusqu'en juillet.

La Chenille, de 5 à 6 millim. de longueur, nue, plate, amincie en arrière avec des segments arrondis sur les côtés ; jaunâtre, avec le tube digestif transparent et vert, la tête noire, l'écusson du cou brun et beaucoup plus large que la tête, pattes non apparentes ; elle mine en août et en septembre les folioles des Rosiers et des Ronces ; sa présence est décelée par la formation, sur le limbe supérieur, de taches blanchâtres enroulées en spirale, souvent dans le voisinage de la nervure médiane, et plus rarement sur le bord d'une foliole, celle-ci se recroqueville dans le sens de la longueur et vers l'extrémité. Elle se métamorphose en terre au printemps.

Dégâts. — Cette espèce polyphage est peu nuisible aux Rosiers.

Moyens de destruction. — On doit recueillir et brûler les feuilles attaquées par ces Teignes, c'est le seul moyen efficace de destruction.

TINÉIDES

Tischeria angusticolella Zell., L., Frey., H. S. Stt. Nat. Hist.
Elachista angusticolella Dup.

Description et mœurs. — Le Papillon a une envergure de 6 à 7 mill., des ailes supérieures d'un brun roussâtre doré uniforme, avec deux bandes brunes, les divisant en trois parties égales ; ces deux bandes placées diagonalement, très étroites, et la première, en venant de la base, n'atteint pas jusqu'à la côte, mais s'arrête à une ligne brune qui la lie à la seconde ; la côte est finement bordée de brun et l'on voit une tache brune à l'origine de chaque aile, avec frange noirâtre ; des ailes inférieures noirâtres, avec frange gris plus clair. La tête, les antennes, le corselet et les pattes jaunâtres, l'abdomen noirâtre.

La Chenille est vermiforme, blanchâtre, de 6 millim. de longueur avec la tête noire, et l'écusson du premier anneau corné et noir est divisé par une ligne blanche au milieu ; chaque portion de l'écusson est marqué d'une tache blanche.

La Chenille mine, surtout en octobre, les folioles de divers Rosiers ; et détermine sur la face supérieure une grande plaque brune, un peu blanchâtre, qui embrasse ensuite presque toute la surface de la foliole, celle-ci, sous l'influence de cette désorganisation, se recroqueville dans le sens de la longueur et vers l'extrémité. Elle se métamorphose au printemps.

Dégâts. — Les folioles attaquées se couvrent de taches vésiculeuses, l'épiderme supérieur se dessèche et s'exfolie facilement ; néanmoins, cet Insecte destructeur fait peu de tort aux Rosiers.

Moyens de destruction. — Pour se débarrasser de cette Teigne, il faut enlever toutes les feuilles minées et tachées, et les brûler ; on peut aussi écraser la Chenille dans les mines, dès le début, en froissant entre les doigts les feuilles infestées, mais cela n'est guère possible que pour les très petits jardins.

TINÉIDES

Bucculatrix nigricomella Zell., L., Frey., Stt. Nat. Hist.

Description et mœurs. — Le Papillon a, dans cette espèce, 6 millim. d'envergure, des ailes supérieures d'un bronzé foncé avec frange large, bronzée ; des ailes inférieures très étroites, de la même nuance que les supérieures, avec frange, très large, bronzée. Il paraît avoir deux générations par an, en avril et en juillet.

La Chenille, polyphage, mine les folioles des Rosiers, d'abord le dessous et ensuite le dessus, de manière que la partie opposée reste intacte, la partie minée est vésiculeuse et l'épiderme s'exfolie.

Dégâts. — Cette espèce, polyphage, n'attaque qu'un nombre restreint de folioles, aussi les Rosiers n'ont pas trop à souffrir de ses ravages.

Moyens de destruction. — On doit la détruire comme l'espèce précédente.

TINÉIDES

Nepticula anomalella Zell., Stt. I. B., H. S. Frey., L. — *Tinea rosella* Schrank.

Description et mœurs. — Le Papillon (pl. XII, fig. 150) a 5 millim. d'envergure, des ailes supérieures d'un bronzé très clair, l'extrémité se terminant subitement en un violet foncé, avec frange grisâtre ; des ailes inférieures grises, avec frange grise ; tête et front jaune vif, palpes blanchâtres, antennes brunes avec l'article basal blanchâtre, abdomen gris foncé. Le Papillon vole en mai et en juillet-août.

La Femelle pond ses Œufs à la face inférieure des folioles des Rosiers, tout près de la nervure principale.

La Chenille (pl. VI, fig. 77) très petite, blanchâtre, mine, en juillet ou octobre, les folioles des Rosiers et se nourrit du parenchyme, en laissant intacts les deux épidermes ; on s'aperçoit de sa présence par les sentiers tortueux de couleur pâle extérieurement, et, au milieu de chacun, on remarque une ligne noire d'excréments ; ces sentiers, qu'elle a tracés dans l'épaisseur de la foliole, sont bien visibles. On trouve parfois deux ou trois Chenilles dans une foliole. La Chenille passe l'hiver dans un Cocon ovale, gris jaunâtre ou brun roussâtre.

La galerie creusée est toujours sur la face supérieure de la foliole, et, si on examine les folioles minées en mai-juin, on peut en trouver encore habitées par la Chenille, car, passé cette époque, la galerie est déserte de son habitant et ne devient bien visible que par le dépérissement de la partie attaquée qu'après que l'auteur du dégât l'a déjà abandonnée.

La Chenille vit en mineuse, et la galerie est représentée, non en plaque ou tache comme dans les espèces précédentes, mais en une ligne brunâtre, sinueuse en tous sens (pl. VI, fig. 78) et dont la largeur égale à peu près le diamètre de la Chenille. Celle-ci ne met que très peu de jours pour atteindre toute sa taille, elle quitte alors sa galerie pour aller fixer son imperceptible Cocon sur une autre partie du Rosier, généralement le creux du pétiole de la foliole. Le Cocon est soyeux, de forme ovoïde et d'un brun roussâtre. L'Insecte parfait en sort en mai.

Dégâts. — Les dégâts sont limités et ont été observés surtout sur les Églantiers.

Moyens de destruction. — On doit surveiller attentivement les Rosiers en mai-juin, et recueillir et brûler toutes les folioles attaquées par ces Teignes, c'est le seul moyen d'arrêter leur extension l'année suivante.

TINÉIDES

Nepticula centifoliella Zell., H. S., Frey.

Description et mœurs. — Le Papillon, qui se rencontre au printemps, a une envergure de 4 millim. ; des ailes supérieures brunes, dorées, d'une teinte pourpre passé au milieu ; en arrière du milieu, on voit une bande oblique d'un blanc argenté ; l'extrémité de l'aile est d'un pourpre foncé ; des ailes inférieures linéaires, gris soyeux ; la tête du Mâle est noire, celle de la Femelle d'un jaune rougeâtre ; les antennes gris brun avec l'article basal blanchâtre, le corselet de la même couleur que la base des supérieures, l'abdomen gris foncé, la touffe anale du Mâle d'un jaune d'ocre.

Le Papillon a deux générations par an, il paraît en avril et mai, puis en août.

La Chenille a les mêmes mœurs que l'espèce précédente, elle mine les feuilles des Rosiers cultivés et notamment celle de *Rosa Centifolia* L. Sa galerie est contournée, et les excréments n'occupent pas toute la largeur comme dans celle creusée par l'espèce précédente. La Chenille est d'une couleur ambrée ; se chrysalide, en octobre, dans un abri fait avec les bords deux fois roulés d'une foliole.

Dégâts. — Les dégâts sont restreints, cette Chenille est peu nuisible.

Moyens de destruction. — Employer les procédés décrits contre l'espèce précédente.

TINÉIDES

Neptícula angulifasciella Stt. I. B., H. S., Frey., L.

Description et mœurs. — Le Papillon a, dans cette espèce, 7 millim. d'envergure ; des ailes supérieures noires, avec tache d'un blanc d'argent vers le milieu de la côte et une seconde tache semblable au milieu du bord interne ; les taches se réunissent et forment une bande angulée, avec frange large, blanchâtre ; des ailes inférieures grises, avec frange développée gris soyeux ; la tête et le front jaune foncé, les antennes brun obscur, le corselet noir, l'abdomen gris foncé.

Le Papillon paraît en mai, mais il est plus commun en juin. Sa Femelle pond ses Œufs sur la face inférieure des folioles du Rosier, tout près de la nervure principale. Il y a deux générations par an.

La Chenille, blanc verdâtre, assez semblable à celle de l'espèce précédente, creuse, en septembre, octobre et novembre, une galerie fine, régulière, puis très entortillée, avec la ligne noire centrale remplie d'excréments et dont les tours sont très rapprochés les uns contre les autres, puis elle s'élargit enfin en une véritable plaque, grande, irrégulière, à la fin de la croissance de la Chenille, alors celle-ci quitte la foliole, choisit un endroit propre à y subir sa Métamorphose, ordinairement le creux du pétiole de la foliole; et file un Cocon ovale, vert foncé, elle y passe l'hiver et donne l'Insecte parfait en mai et juin.

Dégâts. — Ses ravages se font particulièrement remarquer sur le Rosier sauvage : *R. Canina* L.

Moyens de destruction. — Employer les procédés décrits contre les espèces précédentes.

PTÉROPHORIDES ou PTÉROPHORIENS

Les Insectes parfaits ont des formes assez gracieuses, tête sphéroïde, corps grêle, antennes courtes, spiritrompe longue, ailes partagées, suivant la longueur, en cinq divisions : les supérieures divisées en deux parties et les inférieures en trois parties, réduites à l'état de nervures garnies de chaque côté d'une longue frange de la plus incroyable délicatesse, qui leur donne la plus grande analogie avec une plume d'Oiseau réduite aux plus mignonnes proportions; pattes postérieures très longues et munies d'éperons très distincts ; abdomen plus long que chez les Tinéïdes.

Les Chenilles à seize pattes vivent souvent à découvert, elles sont courtes, renflées, lentes à se mouvoir et garnies de poils et d'épines. Leur Nymphose s'opère d'une façon toute particulière : la Chenille, parvenue à toute sa croissance, se fixe avec un faisceau de soie par la région anale et s'entoure de quelques fils soyeux qui la soutiennent par le milieu du corps, à la façon de certains Diurnes (Piérides, Papilionides).

Les Ptérophorides sont nocturnes ; cependant, ils volent aussi en plein jour, leur vol est paresseux, de haut en bas et de bas en haut, et peu soutenu, ils vont toujours se reposer à peu de distance de l'endroit qu'ils ont quitté.

PTÉROPHORIDES

Pterophorus rhododactylus Fabr., de Vill., Treits., Hw., Dup., Stephs., Wd., Zell, L., H. S., Frey. — La Rhododactyle. — Le Ptérophore **Rhododactyle de Latreille.** — *Cnaemidophorus (Platyptilus) rhodo-dactylus* S.-V. — *Alucita rhododactyla* Wien. Verz., Illig., Hubn.

Description et mœurs. — Le Papillon a 21 millim. d'enver-gure, des ailes supérieures légèrement falquées et divisées à leur extrémité en deux parties par une fente très visible qui s'étend jusqu'au tiers de leur longueur ; les deux premiers tiers de leur surface, en venant du corselet, d'un brun ferrugineux et le dernier tiers roux vif ; ces deux nuances sont séparées par une raie blanche qui coupe l'aile obliquement, et la partie ferru-gineuse est marquée triangulairement de trois taches linéaires blanches dont deux reposent sur le bord interne. On remarque aussi une petite ligne blanche vers l'angle apical, enfin, la frange blanche, est séparée du bord terminal par un liseré brun, avec une tache brune à l'angle interne; des ailes inférieures avec leurs divisions en forme de spatules, roux ferrugineux, avec frange de même couleur; en outre, la troisième division avec bordure blanche intérieurement et une tache brune à son extrémité; tête et corps roux ferrugineux, antennes avec articles alternativement blancs et bruns, abdomen long, linéaire, dans le Mâle, et légèrement renflé au milieu dans la Femelle, pattes blanc pur, entrecoupées de brun ferrugineux avec éperons blancs.

La Chenille, en forme de Cloporte, garnie de poils courts, très serrés, parmi lesquels il s'en élève quelques-uns beaucoup plus longs, à tête rougeâtre, avec cinq raies longitudinales dont une médiane ou dorsale, d'un vert plus foncé qui passe au rouge brun aux extrémités, deux vertes et deux jaunes d'ocre clair, ces dernières sont placées latéralement. Elle se tient en mai, au-dessous de la fleur de divers Rosiers : *Rosa centifolia* L., *Rosa canina* L., le long du pédoncule, et entoure la base du bouton qu'elle entame circulairement, et qu'elle perce d'un trou, ce qui souvent empêche le développement de la fleur; au mois de juin, elle se suspend pour se métamorphoser; la Chrysalide est allongée, plus ou moins velue, vert pâle, avec les fourreaux des ailes parfois marqués de deux lignes noires. Le Papillon paraît à la fin de juin et au commencement de juillet, il est assez commun en France.

Dégâts. — Ceux-ci sont limités à l'avortement d'un certain nombre de boutons de Rosiers attaqués par la Chenille de cette espèce, elle compromet, parfois, la floraison de gains nouveaux.

Moyens de destruction. — Surveiller les Rosiers en mai et juin et procéder à l'enlèvement des boutons attaqués et les brûler.

PTÉROPHORIDES

Pterophorus pentadactylus Fabr., Walk., Stephs. — Ptérophore pentadactyle de Latreille. — La Pendactyle de de Vill. — Le Ptérophore blanc de Geoffroy.— *Aciptalia pentadactyla* L., Fabr., Treist., Hubn., Haw., Wd., Dup., Zell. — *Phalœna tridactyla* Sc. Ent. Carn. — *Pterophorus albus* Geoffroy. — *Alucita pentadactyla* L., Wien. Verz., Illig., Schrank., Gotze., Muller., Schwarz., Hubn.

Description et mœurs. — Le Papillon a 30 millim. d'envergure environ ; il est d'un beau blanc soyeux et les ailes sont toujours bien étalées au repos, sans recouvrement de leurs divisions, de sorte que la blancheur de son corps et des ailes se dessine sur la teinte verte des feuilles et fait qu'on la découvre facilement ; on trouve parfois des individus chez lesquels le blanc est sali à certaines places par des atomes gris ; les divisions des ailes sont très distinctes et commencent presque à partir du corselet, leurs tiges, en côtes linéaires leur donnent une très grande ressemblance avec des plumes blanches. On le trouve de mai à août dans les champs et les jardins, les prairies et les bois, il vole autant le jour que le soir.

La Chenille est un peu plus grande que celle de l'espèce précédente ; elle est vert pâle avec cinq ou six raies longitudinales dont une médiane ou dorsale blanche, deux vertes et deux jaunes d'ocre clair, ces deux dernières latérales ; en outre, chaque anneau porte une petite élévation surmontée de petits points saillants donnant chacun naissance à autant de faisceaux de poils bruns ; la tête jaunâtre et le dernier anneau vert, l'un et l'autre légèrement velus. Cette Chenille est polyphage, elle attaque les Chèvrefeuilles, les Liserons et les Rosiers sauvages : *Rosa canina* L.; plus commune que celle de l'espèce précédente, elle vit à la même époque et a les mêmes mœurs.

La Chrysalide est très allongée avec la partie postérieure de l'abdomen très arquée.

Dégâts. — Ceux-ci sont plus limités, la Chenille étant polyphage, elle s'attaque, notamment, aux Rosiers sauvages.

Moyens de destruction. — On doit la détruire comme l'espèce précédente.

HÉMIPTÈRES

Les Hémiptères sont des Insectes à quatre ailes à l'état adulte, auxquels Fabricius avait donné le nom de *Rhynchotes*, à cause de leur bec ou rostre de succion ; leur appellation d'Hémiptères est due à la conformation des ailes supérieures, qui sont généralement composées de deux parties : l'une, plus ou moins coriace dans leur partie antérieure; l'autre membraneuse postérieurement, elles sont presque toujours croisées sur le corps ; mais ce caractère fait souvent défaut dans beaucoup d'Insectes de cet ordre qui sont Aptères.

La tête est ordinairement triangulaire, plus ou moins enclavée dans le thorax; elle porte généralement des yeux composés, et, en outre, des ocelles, au nombre de deux ou trois; les antennes, le plus souvent bien apparentes, parfois très petites et comme cachées dans certains Homoptères, elles sont insérées en avant de la tête et au-dessous des yeux ; elles sont généralement grêles, parfois renflées ou épaissies vers l'extrémité ou terminées, au contraire, par une soie très fine.

Les Hémiptères sont des Insectes suceurs, dépourvus de palpes, la lèvre inférieure est transformée en un bec au rostre de succion articulé, composé de trois ou quatre articles au plus, reposant l'un dans l'autre par leur extrémité postérieure ; elle ressemble à un demi-tube profondément creusé et filiforme ou conique, parfois court et arqué, le plus souvent presque droit, partagé en deux parties égales, à l'extrémité, par un sillon longitudinal, et étendu le long de la poitrine. Ce bec ou rostre est fermé en avant, à la base et en dessus par le labre triangulaire, formant une sorte de gaîne abritant quatre longues soies ou stylets grêles, raides et pointus, dont les deux extérieurs représentent les mandibules des broyeurs, engaînant deux soies plus internes, analogues aux mâchoires ; celles-ci sont plus intimement réunies que les deux précédentes.

C'est à l'aide de ce rostre puissant, plus ou moins développé, toujours étendu sous la tête et le thorax, dans l'état de repos, et non enroulé, de façon à laisser l'Insecte libre de ses mouvements, qu'il perce les tissus des animaux ou des végétaux, et y puise les liquides propres à sa nutrition ; ceux-ci montent entre les stylets perforants, bien plus par capillarité que par une véritable succion.

Le thorax se compose de trois pièces distinctes, propres à tous les Insectes : le prothorax est généralement le plus développé, de forme hexagonale ou trapézoïdale, parfois il est réduit à un anneau antérieur, le mésothorax acquiert alors un développement tel qu'il recouvre complètement l'abdomen, comme dans les Aphrophores, les Pucerons, etc.; le mésothorax ou écusson est presque toujours assez petit.

Les ailes sont au nombre de quatre, dans un groupe les Mâles n'en ont que deux et les Femelles sont aptères. Les deux ailes supérieures sont d'une consistance plus solide que les inférieures; on les désigne sous le nom d'Hémélytres. Dans les Hétéroptères, la partie basiliaire étant généralement coriace, opaque, prend le nom de *corie*, et elle est séparée d'une manière tranchée de la partie apicale ou *membrane*, c'est par une exception assez rare que la membrane devienne aussi épaisse que la corie ou que cette dernière est presque aussi claire que la membrane.

La corie offre généralement quelques nervures longitudinales et une pièce en forme de trapèze, ou en triangle allongé, nommée *clavus*, touchant à la suture et tendant à former un pli avec le champ de la corie.

L'abdomen est composé de six, huit ou neuf segments chitineux, dont, excepté le dernier, chacun présente deux stigmates s'ouvrant sur la face ventrale. A l'extrémité du dernier segment abdominal et en dessous se trouvent les organes sexuels externes. Le Mâle présente une pièce unique apelée *plaque anale*, non fendue longitudinalement et presque toujours bombée. La Femelle montre deux plaques vulvaires et quelquefois quatre, cinq ou sept; elle possède quelquefois une *tarière* ou *oviscapte*, sortant entre les deux plaques vulvaires par la fente longitudinale qu'on aperçoit entre elles. Cet appareil sert à l'Insecte à percer le parenchyme des plantes ou même la surface du sol, afin d'y déposer ses Œufs.

Les pattes sont ordinairement assez grêles, et ont une conformation appropriée au point de vue de l'habitat; dans ceux qui vivent à l'air, elles sont disposées généralement pour la marche, ou elles sont propres pour la préhension ou encore pour le saut, et dans ceux qui habitent sous l'eau, les pattes postérieures sont appropriées à la natation. Les articles des tarses, généralement au nombre de deux ou trois, sont quelquefois réduits à deux ou à un seul; le dernier article du tarse est terminé par deux crochets aigus, plus ou moins recourbés; entre eux, on remarque quelquefois la présence d'une petite pelote arrondie, membraneuse, servant à l'Insecte à se fixer aux objets lisses.

Les Œufs des Hémiptères sont de diverses formes, cannelés ou

19

ciselés, selon les espèces; ils ressemblent à de petits barillets avec un couvercle; dans les espèces phytophages, la Femelle les dépose par plaques sur les végétaux.

Les Hémiptères ont des métamorphoses incomplètes; à leur naissance, ils ont la même forme qu'à l'état Adulte, sauf la présence des ailes, lorsqu'il en existe ; les antennes sont plus grêles et possèdent un moindre nombre d'articles. Après deux, trois ou quatre mues, l'Insecte possède de court fourreaux ou moignons, dans lesquels sont renfermées les ailes repliées. Après une dernière mue, la Nymphe devient Adulte et acquiert le développement graduel des ailes et du corps.

Ces Insectes sont désignés sous les noms vulgaires de Punaises, à cause de la mauvaise odeur que répandent les espèces de certains genres de Cochenilles, de Pucerons, etc. Presque tous les Insectes appartenant à cet Ordre sont nuisibles, rares sont ceux qui sont utiles, tels que ceux auxquels on est redevable de la Cochenille, de la laque, etc.

D'après la considération des ailes, les Hémiptères ont été divisés par Latreille en deux tribus bien distinctes :

Les *Hémiptères hétéroptères* ou à ailes semblables, ainsi désignés parce que les ailes supérieures ou *hémélytres* sont composées de deux parties de consistance différente, l'antérieure ou basilaire crustacée, opaque, et la postérieure ou apicale ou terminale membraneuse. Les ailes inférieures, qui manquent quelquefois, sont entièrement membraneuses. Leur rostre ou bec paraît naître de la tête ou du front. Le prothorax ou corselet est de beaucoup plus grand que les deux autres segments du thorax.

Les *Hémiptères homoptères* ou à ailes semblables, dont les deux ailes supérieures sont plus grandes et un peu plus solides que les inférieures, elles n'offrent ni corie ni membrane ; les quatre ailes sont membraneuses. Leur rostre naît de la partie la plus inférieure de la tête, au-dessous des yeux, entre les deux pattes antérieures.

HÉMIPTÈRES HÉTÉROPTÈRES

Les Hémiptères hétéroptères se divisent en deux sections : les *Géocorises* ou Punaises terrestres, dont les antennes sont plus longues que la tête et non cachées sous les yeux, et les *Hydrocorises* ou Punaises aquatiques, chez lesquelles les antennes sont plus courtes que la tête et cachées sous les yeux.

Dans les Géocorises ou Punaises terrestres, nous trouvons les espèces nuisibles des genres *Lygaeus*, *Capsus* et *Pilophorus* qui méritent particulièrement d'attirer notre attention.

Les Hémiptères hétéroptères ont seuls la faculté d'exhaler une odeur désagréable, parfois même répugnante, qui est indiquée par le nom même de Punaise ; parfois cette odeur est assez agréable, ainsi dans le *Capsus tricolor* Fabr., dont l'exhalaison rappelle l'odeur des feuilles du groseiller noir, d'autres espèces sont complètement inodores, bien que l'appareil producteur existe à sa place accoutumée. L'organe odorifique, étudié par M. J. Künckel d'Herculaïs (1), a son siège depuis la naissance jusqu'au moment de la dernière transformation, c'est-à-dire dans les Larves et dans les Nymphes, à la partie supérieure de l'abdomen, au dessous du tégument; il consiste en deux glandes présentant les mêmes caractères et possédant la même fonction que la glande inférieure dans les Insectes adultes. L'écusson, les élytres et les ailes venant couvrir les arceaux de l'abdomen mettraient obstacle à l'accomplissement

(1) J. Künckel, *Recherches sur les Organes de sécrétion des Hémiptères*. Compte-rendu Acad. des Sc., 1867.

du rôle de cet organe, c'est-à-dire à donner à l'animal qui en est pourvu un moyen de défense.

Dans l'Hémiptère Adulte, l'organe odorifique consiste en une bourse assez développée, située à l'intérieur et à la base de l'abdomen ; sa forme est ovalaire ou arrondie, d'une texture chitineuse et d'une coloration rouge orangé généralement. Les deux orifices qui dégagent le fluide odoriférant ou ostioles odorifiques, oblongues, un peu en saillie, bien distincts des stigmates, sont situées de chaque côté de la paroi externe du métasternum, en dessous du thorax, entre l'insertion des pattes intermédiaires et celle des pattes postérieures ; on ne les retrouve pas dans les dernières familles des Hémiptères hétéroptères, ni dans les Homoptères.

La sécrétion de l'organe odorifique est volontaire, et n'a lieu **que** lorsque l'Insecte est irrité.

HÉMIPTÈRES HÉTÉROPTÈRES

Lygaeus nassatus Bouché.

Description et mœurs. — Cet Insecte est de petite taille, 6 à 8 millimètres de longueur, d'une coloration jaune verdâtre foncé. Corps elliptique, oblong, aplati en dessus, extrêmement convexe en dessous, légèrement velu. Tête triangulaire, s'avançant en pointe mousse entre les antennes ; yeux assez petits, globuleux et saillants, mais non pédiculés ; ocelles gros, éloignés l'un de l'autre, rapprochés des yeux. Antennes assez longues, de quatre articles, le premier court et épais, le second plus long que les autres, le dernier légèrement fusiforme. Rostre allongé, de quatre articles, dépasse les pattes intermédiaires. Prothorax trapézoïdal, avec une double et faible impression près du bord

antérieur. Écusson triangulaire et peu développé. Les hémélytres, de la largeur de l'abdomen, offrent une corée, un clavus
et une membrane, celle-ci présentant cinq nervures longitudinales assez saillantes, les deux internes réunies par une nervure transverse. Pattes assez grandes, les postérieures un peu
plus longues que les autres, toutes les cuisses de grosseur égale.
Tarses de trois articles, le dernier est pourvu d'une plaque ou
ambulacre, à côté des griffes. L'abdomen est de la longueur et
de la largeur des hémélytres.

Ces Hémiptères n'ont pas d'odeur appréciable, on les rencontre en colonies nombreuses sur certaines espèces de végétaux, à la recherche des liquides séveux qui forment leur
nourriture.

Dégâts.— Des Œufs, pondus en mai, sortent en juin de petites
Larves qui enfoncent leur rostre dans les jeunes tiges et rameaux
dont elles sucent la sève. Elles affaiblissent ainsi les fonctions
physiologiques de l'arbuste par leur nombre. Dans ces trois états :
Larve, Nymphe et Insecte parfait, cette Lygée perce les jeunes
tiges et rameaux des Rosiers sauvages et cultivés et les crible
de trous, pour y puiser la sève à l'aide de son rostre. Bientôt,
sous l'action des nombreuses piqûres et de l'aspiration de la sève,
la partie endommagée subit une déformation plus ou moins
prononcée, puis chez l'arbuste survient un état languissant, le
développement s'arrête, et cela peut compromettre quelquefois
la floraison ; si la piqûre a lieu dans le jeune bouton ou à sa
base, la fleur est compromise.

Moyens de destruction.— Pour se débarrasser de cet Insecte,
il convient de surveiller avec soin, à la fin du printemps et en
été, les arbustes, de lui faire une chasse active, de grand matin,
avant que le soleil ne lui ait rendu toute sa vivacité, et capturer
l'Insecte ou sa Larve à l'aide de l'entonnoir *ad hoc*; la Larve

se laisse facilement tomber quand on frappe la tige des Rosiers, et la brûler.

On peut aussi secouer les tiges des Rosiers sur un plateau de bois enduit d'un mélange agglutinatif dans lequel les Insectes et les Larves s'engluent facilement et périssent. Il convient de recommencer cette opération plusieurs jours de suite, jusqu'à la destruction complète. Comme cet Insecte hiverne sur les Rosiers, on devra aussi enlever les écorces crevassées de ces derniers après la taille, et brûler les débris recueillis, et brosser les tiges et rameaux avec la préparation pour la destruction du Kermès du Rosier.

On fera bien de surveiller aussi les liens en osier qui servent à maintenir les sujets aux tuteurs, car, beaucoup d'Œufs se trouvent dans la moelle ou sur ces liens. Il suffit de couper ceux-ci et de les brûler pour se débarrasser de la génération future.

HÉMIPTÈRES HÉTÉROPTÈRES

Capsus laniarius L.; syn. : *C. capillaris* Fabr.; syn. : *C. tricolor* Fabr.

Description et mœurs.—Cet Insecte, 6 millimètres, d'un rougeâtre clair, assez brillant, densément, mais finement ponctué. Corps peu consistant, oblong, ovalaire. Tête triangulaire, petite, rougeâtre, Absence d'ocelles. Yeux globuleux et saillants. Écusson triangulaire, médiocre, souvent plus clair. Antennes de quatre articles d'un brun noir, les deux premiers assez épais. Rostre de quatre articles, ne dépassant pas le thorax, et grêle à la base. Extrémité de la corée un peu rougeâtre avec la pointe noire. Membrane très enfumée avec une tache claire à la base en dehors. Pattes grêles, assez longues, d'un brun rougeâtre, assez uniforme dans les deux sexes, les postérieures plus grandes que les autres. **Tarses** très petits, de trois articles et **des pelotes** extrêmement petites entre les griffes.

La Femelle est munie d'une tarière analogue à celle des Hémiptères homoptères.

Le *Capsus laniarius* L. est commun au printemps et pendant l'été, il vit en familles nombreuses sur diverses plantes dans les jardins, sur les Rosiers et aussi sur les Orties ; il exhale un parfum assez agréable, rappelant l'odeur des feuilles du **Gro-seiller noir.**

Une autre espèce du genre Capsus, le *C. nassatus* **Fabr.,** Latr., a les mêmes mœurs, il est moins commun.

Dégâts. — Cet Insecte perce l'écorce des jeunes pousses **des** Rosiers avec son rostre et aspire la sève, les tissus endommagés se durcissent et la sève y circule difficilement ; il cause un **arrêt** de la végétation surtout aux jeunes pousses des Rosiers en serre. Il fait aussi la chasse à d'autres Insectes plus petits les Pucerons, ainsi que le font diverses espèces de Fourmis. Aussi, sous l'action des nombreuses piqûres produites par ces deux espèces, l'arbuste languit et la partie endommagée cesse de se développer.

Il convient donc de combattre ces deux Insectes du genre *Capsus.*

Moyens de destruction. — Pour la destruction de l'Insecte sous ses trois états, projeter, à l'aide d'un pulvérisateur, la préparation pour la destruction du Kermès du Rosier, étendue de parties égales de son volume d'eau simple. Il est assez difficile de capturer l'Insecte, qui est très agile et s'envole rapidement et sans bruit dès qu'on l'approche. On peut aussi employer le **plateau agglutinatif.**

HÉMIPTÈRES HÉTÉROPTÈRES

Pilophorus perplexus Scott.

Description et mœurs. — Le *Pilophorus perplexus*, long de 3 millimètres et de couleur brun roussâtre. Corps oblong, assez épais et un peu convexe. Tête triangulaire, large. Yeux saillants, débordant le corselet. Antennes fines à deuxième article un peu épaissi. Rostre ne dépassant pas les hanches postérieures. Corselet trapézoïdal convexe, plus ou moins rétréci antérieurement. Élytres faiblement élargies en arrière, la membrane obliquement inclinée en arrière présente une nervure en crochet. Pattes postérieures assez grandes et assez grêles.

Cet Insecte est assez commun, il commence à paraître avec les beaux jours et finit avec eux vers le milieu de l'automne. Il paraît vivre, à l'instar du *Capsus*, en suçant les Pucerons, dont il surexcite les piqûres, ce qui ca se aux jeunes pousses des Rosiers une altération plus ou moins considérable, suivie de déformation, et affaiblit les fonctions physiologiques de l'arbuste.

Dégâts et moyens de destruction. — Son action nuisible aux végétaux est limitée, toutefois, s'il devenait très commun, il serait nuisible; il compromet le développement normal des jeunes pousses des Rosiers en plein air. Employer les mêmes moyens de destruction que pour les *Capsus*.

HÉMIPTÈRES HOMOPTÈRES

Dans les Hémiptères homoptères, les quatre ailes, à certaines exceptions près sont semblables et membraneuses; lorsque les antérieures sont subcoriaces, elles offrent la même constitution dans toute leur étendue, elles ne présentent ni corie ni membrane. Le rostre est épais, de trois articles apparents, dont le premier est ordinairement caché sous le chaperon, naît de la partie la plus inférieure de la tête, au-dessous des yeux, entre les pattes antérieures. Les antennes sont généralement courtes et terminées par une soie fine, terminale, composée de six ou sept articles difficiles à distinguer. La tête porte sur deux ou trois ocelles, indépendamment des yeux composés. L'abdomen est formé de six ou sept segments; les Femelles sont pourvues d'une tarière ou oviscapte, qui leur sert, au moment de la ponte, pour déposer leurs Œufs sous des abris sûrs, les Mâles présentent une plaque ovale simple et entière. Pattes postérieures avec jambes allongées disposées pour le saut.

Ces Insectes ont une alimentation exclusivement végétale, composée de sucs végétaux vivants, et ils déversent dans la petite plaie occasionnée par leur piqûre une certaine quantité de la sécrétion de leurs volumineuses glandes salivaires, ce qui détermine une irritation locale provoquant un afflux de sève.

Dans le type élevé, dans les Cicadellides, les Insectes s'établissent rarement en colonies, et ne se fixent jamais pour leur succion en siège unique et définitif, mais enfoncent çà et là leur rostre en diverses places dans le végétal qu'ils affectionnent. Au contraire, dans les types dégradés, ils vivent généralement en colonies de très nombreux sujets, peu mobiles ou même entièrement sédentaires, fixés par le rostre à une partie unique pour chacune du végétal, tels sont : les Aphidiens ou Pucerons, les Coccides, etc.

Les Hémiptères homoptères ont été divisés en plusieurs familles, parmi lesquelles plusieurs retiendront notre attention, telles que les Cicadellides, les Cercopiens, etc.

HÉMIPTÈRES HOMOPTÈRES

Typhlocyba rosae L. — La Cicadelle des Roses ou la Cigale
des charmilles de Geoffroy.

Description et mœurs. — La Cicadelle des Roses (pl. XII,
fig. 154), 3 ou 4 millimètres, d'un jaune pâle, verdâtre ou blanchâtre, toujours sans taches. Corps parfois très petit, linéaire,
un peu cylindrique, rétréci d'avant en arrière en forme de coin.
Tête obtusément prolongée en avant, assez grosse, aussi large
que le corselet. Corselet dont le bord postérieur est presque droit.
Vertex à base parallèle au corps, déclive en avant. Ocelles
placés sur la partie de la tête tournée en avant et difficile à
observer (d'où le nom de *Typhlocybe*, tête aveugle), la face
longuement prolongée en dessous. Élytres en ovale allongé se
rétrécissant en arrière, presque transparentes et irisées à l'extrémité, avec nervures longitudinales d'un gris légèrement
brunâtre. Ailes antérieures frêles avec nervures longitudinales
simples, sans nervures transversales. Pattes jaunes. Jambes
postérieures avec série de fortes épines au côté interne et nervures au côté externe, plus longues que les autres, disposées
pour le saut. Les Femelles ont, ainsi que les autres Cicadelles,
une tarière ou oviscapte, visible à l'extrémité de l'abdomen, leur
servant à perforer les rameaux tendres pour y introduire leurs
Œufs, ce qui amène une tuméfaction graduelle sur les parties
végétales lésées.

Cette Cicadelle des Roses est des plus élégantes par sa forme
et sa coloration; sa petite taille, sa fragilité et son extrême
agilité, à ses trois états : de Larve, de Nymphe et d'Adulte, la
rend très difficile à saisir, elle passe généralement du saut au
vol.

Cette espèce se montre en colonies sur les feuilles des Rosiers, des Prunelliers, des Pruniers et aussi sur les Roses trémières pendant tout l'été, c'est en septembre-octobre qu'on trouve les adultes en plus grand nombre, et, d'après notre propre observation, quelquefois en novembre, suivant la rigueur de la saison.

Dégâts. — Ces petits et délicats Insectes, de juillet à septembre, et même plus tard, percent en dessous les feuilles des Rosiers (pl. XII, fig. 155), et autres végétaux, d'une foule de petits trous, ce qui occasionne souvent le flétrissement des feuilles piquées dont la teinte marbrée annonce l'état de souffrance. Dès qu'on vient à secouer les Rosiers, les Typhlocybes descendent en toute hâte, voltigent quelque temps autour de la plante délaissée et ne tardent pas à s'y abattre de nouveau. Sous les rayons du soleil, ils effectuent de courtes excursions autour des plantes qu'ils affectionnent, ils prennent leur essor en sautant avec force et continuent leur trajectoire en volant avec une extrême agilité.

La piqûre faite par la Femelle aux jeunes rameaux pour y déposer ses Œufs détermine une tuméfaction assez sensible sur la partie piquée ; bientôt les petites Larves éclosent, y demeurent cachées et se nourrisent des sucs de la plante, puis acquièrent, après plusieurs mues, des fourreaux d'ailes et deviennent Adultes et ailées.

Moyens de destruction. — Pour la détruire, on peut employer pendant dix minutes environ la fumigation de tabac. Pour les Rosiers-tiges ou demi-tiges, il faut recouvrir la tête de l'arbuste avec une toile gommée ou huilée et l'attacher à la tige ; on a soin de ménager une petite ouverture pour y faire pénétrer la fumée froide. On peut employer le soufflet fumigateur auquel on ajuste un tube de 50 ou 60 centimètres, destiné à refroidir la fumée, et à éviter l'action nuisible que celle-ci, chaude, produirait sur la plante ; à défaut de fumigateur, on peut se servir

d'un vase quelconque, assiette en terre ou pot à fleur, dans
laquelle on dispose une couche de cendres, puis de la braise
allumée et enfin des feuilles de tabac incisées et légèrement
humides; on recouvre le vase avec une sorte d'entonnoir, et on
dirige la fumée à l'aide d'un tube de 50 ou 60 centimètres.
Pour les Rosiers greffés rez-de-terre ou nains, plantés en corbeille, on recouvre celle-ci avec une bâche, soutenue par des
cerceaux en fil de fer ou en bois, disposés de telle façon que la
corbeille soit entièrement protégée par la toile, et on procède
comme il est décrit plus haut.

On peut aussi employer un plateau ou disque englué de goudron de houille ou d'un mélange agglutinatif (1), on secoue les
arbustes, les Insectes tombent ou s'envolent, et se collent sur
le plateau et périssent; il faut recommencer cette opération
plusieurs jours de suite jusqu'à la destruction complète.

HÉMIPTÈRES HOMOPTÈRES

Philaenus spumarius L.—Cicadelle écumante ou Aphrophore écumeuse.
— Cigale bedeaude de Geoffroy. — *Cicada spumaria* L. — *Aphrophora
spumaria* Fabr.

Description et mœurs. — La Cicadelle écumeuse (pl. XII,
fig. 153), 5 à 10 millimètres, a le corps allongé, d'une coloration
gris cendré, souvent avec deux bandes obliques blanchâtres,
externes, courtes, vaguement délimitées sur les pseudélytres,

(1) Mélange agglutinatif :

      Poix blanche de Bourgogne ou colophane.... 120 grammes.
      Huile à brûler (huile de moutarde)........... 80   —

Faites liquéfier d'abord dans un poêlon placé sur un feu doux la poix
blanche ou la colophane, préalablement concassée, remuez continuellement
avec une spatule de bois, dès que la substance est liquéfiée, ajoutez l'huile,
remuez suffisamment pour obtenir un mélange homogène, puis retirez du feu.
Cette préparation reste liquide, elle est adhésive et revient à un prix minime.

qui firent donner à l'Insecte le nom de *Cigale bedeaude* par Geoffroy, par allusion à la robe de deux couleurs des bedeaux d'église. Tête triangulaire aussi large que le prothorax ou corselet, celui-ci transversal, en angle arrondi ou obtus au bord antérieur, légèrement caréné au milieu ; le bord postérieur coupé obliquement et un peu obtusément échancré sur l'écusson. Écusson triangulaire roussâtre, ainsi que deux macules peu distinctes sur la tête ou le corselet. Le vertex à trois faces, non caréné au dessus, séparé du front, modérément convexe par une crête aiguë. Deux ocelles très apparents, aussi distants entre eux qu'ils le sont des yeux. Yeux petits, arrondis, peu saillants. Antennes insérées en avant des yeux et entre eux sous un rebord, de trois articles, le dernier portant une longue soie fine. Élytres ou pseudélytres tectiformes, arrondies sur le côté, un peu dilatées après le milieu, rétrécies et arrondies vers le sommet, assez coriaces et presque opaques, à nervures assez saillantes, le rostre atteignant l'extrémité postérieure des hanches. Ailes hyalines, avec une grande tache brune à la base, mal déterminée, la poitrine marquée au milieu d'une tache noire brillante. Jambes prismatiques, les hanches postérieures coniques et les jambes postérieures cylindriques, plus longues que les autres, avec deux épines puissantes, l'une au milieu, l'autre à l'extrémité. Tarses noirâtres de trois articles, les deux basilaires denticulée au sommet, le dernier muni d'une petite pelotte distincte entre les deux crochets.

Ces Insectes se font remarquer par les mœurs de leurs Larves, qui s'enveloppent de nombreuses bulles d'air, formant des petits amas d'écumes très blanches qu'elles secrètent, ressemblant à de la mousse de savon ou à de la salive crachée.

Au mois de juin et de juillet et aussi en septembre, en parcourant la campagne, on voit sur beaucoup d'arbustes et d'arbres, une sorte d'écume blanche, qui s'étale en petites couches sur les feuilles et les rameaux, et aussi dans les prairies, sur diverses plantes, sur les pelouses et même dans les jardins sur la tige ou à l'aisselle des feuilles de nombreuses plantes.

On remarque pendre aux feuilles des Saules notamment, des Aulnes, des Peupliers et de diverses plantes, ces amas d'écumes, désignés par les paysans sous le nom de *crachats de coucou* ou *de grenouille, écume printanière, larmes des saules*, etc., car, ces écumes dégouttent parfois comme de la pluie.

La Larve de la Cicadelle écumeuse est logée sous cet amas d'écume, elle y vit et ne le quitte qu'après sa métamorphose en Nymphe, lorsqu'elle est devenue Insecte parfait. On trouve parfois jusqu'à quatre ou cinq Larves ou Nymphes.

De la ponte d'automne, éclosent au printemps des Larves vertes, à six pattes, effilées en arrière et aplaties au niveau du ventre, de couleur jaunâtre ; elles se nourrissent exclusivement de la sève de la plante nourricière, sous la succion de son rostre, et elle excrète les matières non assimilées par l'anus, sous la forme de bulles gazeuses que la Larve fait glisser sous elle, en recourbant en dessous la pointe de l'abdomen ; les bulles successivement produites et retenant des gaz enfermés dans leur viscosité forment l'amas écumeux. La Larve et la Nymphe se tiennent au milieu de celui-ci et sont ainsi protégées contre les ardeurs du soleil et la dessiccation par l'air et dissimulées aux yeux des Oiseaux et des Insectes carnassiers et des Araignées ; cependant certains Hyménoptères saisissent les Larves ou les Nymphes au milieu de l'écume. Il est facile de vérifier que si la Larve de la Cicadelle écumeuse est retirée de l'écume ou placée sous une plante desséchée, l'écume s'évapore peu à peu, il ne s'en forme plus de nouvelle, la Larve s'amaigrit rapidement et ne tarde pas à mourir.

Après avoir subi plusieurs mues, la Larve ne sort pas de l'enveloppe écumeuse où elle a vécu jusqu'alors, elle y effectue son dernier changement de peau.

Elle a l'art de faire évaporer et dessécher l'écume qui la couvre, de sorte qu'il se forme un grand vide au dedans de la masse dans lequel son corps devient entièrement libre, l'écume superficielle séchée formant une voûte close de toutes parts. Dans cette cellule voûtée, la Nymphe se débarrasse peu à peu de sa peau, qui se fend d'abord sur la tête, puis sur le thorax, puis elle abandonne son enveloppe, sort et étend ses ailes.

L'Insecte parfait est très commun partout, les Adultes se montrent nombreux en septembre notamment.

Après l'accouplement, les Femelles fécondées ont l'abdomen tellement rempli d'Œufs, qu'elles peuvent à peine sauter ou voler, tant elles sont grosses et pesantes; les Mâles, au contraire, sont très agiles et sautent avec force, quelquefois à la distance de deux mètres.

Ces Insectes sont très difficiles à surprendre et encore plus difficiles à retrouver quand on les a laissés s'échapper. Aussi Swammerdam les désigne-t-il sous le nom de *sauterelles-puces*, parce que ces Insectes sautent à la manière des Puces.

Les Œufs ont une forme oblongue et allongée, avec une des extrémités plus pointue que l'autre, leur surface est polie et luisante. Les Femelles opèrent leur ponte avant l'hiver, et font avec leur tarière des entailles dans l'écorce des branches ou sur les plantes pour y déposer plusieurs Œufs dans la même entaille, ceux-ci n'écloront qu'au printemps suivant.

Dégâts. — La Cicadelle écumeuse nuit beaucoup à la végétation, lorsque les Larves sont abondantes, car elles vivent aux dépens de la sève des végétaux qu'elles absorbent sur la tige ou les feuilles; souvent les jeunes tiges chargées de cette écume, souffrent et dépérissent.

Moyens de destruction. — On doit enlever le matin tous les amas d'écumes et faire périr les Larves ou les Nymphes en les jetant dans l'eau bouillante.

HÉMIPTÈRES STERNORHYNQUES
APHIDES OU PUCERONS

Aphis rosae L. — Le Puceron du Rosier. — *Siphonophora rosae* Koch.

Description et mœurs. — Ce Puceron vert, long de 2 à 3 millimètres, à corps allongé, ovalaire et gonflé, d'une consistance molle et délicate; à tête élargie, à antennes noires, filiformes, souvent plus longues que le corps, de sept articles, les deux premiers courts et épais, le troisième le plus long, très voisines à la base; yeux composés, proéminents, globuleux, ocelles souvent nuls, les individus ailés montrent souvent 3 ocelles : 2 sur le vertex près des yeux et l'autre sur le front entre les antennes ; ces mêmes individus montrent aussi des taches d'un noir brillant sur le thorax ainsi que sur l'écusson et sur les côtés de l'abdomen ; rostre de 3 articles, plus ou moins perpendiculaire ou incliné sur le sternum et inséré au-dessous du bord postérieur de la tête, il est aussi long que le corps, il renferme 3 soies, la soie centrale formée de 2 gouttières accolées; ces soies sont introduites sous l'épiderme des plantes pour en aspirer la sève. Dans les Pucerons aptères, le prothorax, court, transversal, est plus large que la tête, et chez les ailés est moins large que la tête. Dans les sujets sexués, soit Mâles, soit Femelles de migration, les ailes des deux paires, très minces, à nervures vertes, offrent des couleurs irisées, des quatre ailes toujours nues et jamais velues les antérieures sont beaucoup plus longues que les postérieures et, dans le repos, recouvrent le corps en forme de toit et dépassent son extrémité ; ailes postérieures beaucoup plus petites que les antérieures ; l'abdomen consiste dans 9 anneaux ou segments à peine distincts dans les sujets aptères dont le ventre est gonflé, il présente 2 cornicules longues, cylindriques et noires, qui naissent sur le 6ᵉ segment, elles offrent au milieu une petite ouverture ronde, d'où sort une liqueur visqueuse et roussâtre, due à une glande placée à la base de la cornicule. Enfin, le dernier segment abdominal se termine par un appendice caudal conique et allongé en forme de sabre, inséré au bord supérieur de l'anus. Cet appendice n'apparaît qu'après la dernière mue et permet de distinguer le Puceron complètement développé de sa Larve ; pattes verdâtres, relativement longues et grêles, à articulations blanches, les postérieures plus longues que les autres ; chaque tarse formé de deux articles seulement et muni de deux griffes. Après la mort, les Pucerons se rétrécissent, perdent leurs formes et deviennent méconnaissables.

La sécrétion de la cornicule est tout à fait différente, d'une abondante éjaculation d'un miellat sucré et incolore s'opérant par l'anus avec trémoussement du corps comme par une sorte de ruade et qui poisse les parties du végétal où sont fixés les Pucerons. Ce miellat forme sur les végétaux un enduit sur lequel se développe des microscopiques champignons noirs produisant la *Morfée* ou *Fumagine* qui arrête la respiration des parties des plantes recouvertes de miellat et peut nuire gravement au végétal. Cette Fumagine n'est nullement implantée dans le tissu superficiel de la plante qui reste sain en dessous, comme on le reconnaît quand on enlève à la brosse l'enduit noir de Fumagine sur les feuilles ou les jeunes pousses des Rosiers. C'est cette eau mielleuse qui attire un si grand nombre de Fourmis sur les plantes garnies de Pucerons, ce que les anciens Naturalistes avaient attribué à une certaine amitié et sympathie que la Fourmi aurait pour le Puceron ; elles ne leur font aucun mal, elles les titillent seulement avec leurs antennes pour déterminer la sécrétion de cette matière sucrée (pl. XII, fig. 157).

La prodigieuse quantité de ces Insectes s'explique par la manière dont ils se propagent : la double reproduction, asexuée et sexuée des Pucerons est un des phénomènes les plus curieux de leur histoire. Au printemps, à une époque plus ou moins avancée selon la température, les Œufs des Pucerons pondus à l'arrière-saison, en général sur les tiges ou sur les bourgeons, donnent naissance à des Pucerons aptères ; ceux-ci en 10 ou 12 jours, si le temps est chaud, et, après avoir subi plusieurs mues, mettent au monde des petites Larves vivantes, sans l'intermédiaire d'aucun Mâle ; ces petites Larves, à leur tour, parvenues à une certaine grosseur, pondent encore de nouvelles Larves vivantes, de sorte qu'en quelques mois on peut compter ainsi de 8 à 9 générations vivipares et agames ou parthenogénésiques (sans accouplement), pendant la belle saison ; les jeunes Larves sortent du cloaque maternel leur région postérieure en avant, elles étendent vivement leurs pattes pour prendre pied avant même que leur tête soit dégagée ; les Mères ne paraissent nullement souffrir de cet accouchement et ne retirent pas leur rostre de la plante nourricière. Les Larves nouvellement nées se trouvent immédiatement dans le même état que la première Mère quand elle sortait de l'Œuf ; elles se fixent par le rostre pour sucer la sève ; s'accroissent très rapidement en subissant ordinairement 4 mues, et une fois bien développées ces nourrices ou Femelles parthénogénésiques mettent à leur tour au monde des petits vivants sans l'intervention de Mâle.

Cette gemmation interne paraît être surtout une question de

température, car Kyber, en 1815, obtint sans Mâle et en serre chaude, 4 ans de reproductions des Pucerons vivipares du Rosier; Kaltenbach observa 15 à 16 reproductions successives et vivipares.

Les Pucerons uniquement aptères et sédentaires finissent par disparaître d'eux-mêmes en raison de l'épuisement des plantes qui les nourrissent. Un fait se produit qui rappelle l'essaimage des Abeilles et des Fourmis; dès la 3e génération apparaissent des Femelles ailées, transformation de Femelles aptères montrant de courts bâtonnets adhérents à la face dorsale qui deviennent bientôt des ailes, et ces Femelles de migration (pl. XII, fig. 156) vont fonder au loin des colonies sur d'autres Rosiers, ces migrateurs sont aussi des Femelles vierges parthénogénésiques.

En pressant entre les doigts une de ces Femelles ailées, par exemple du Puceron vert du Rosier, qu'on commence à trouver dès la fin de mai, on voit sortir de son abdomen une matière verdâtre dans laquelle la loupe permet de voir des points noirs qui sont les yeux des embryons dans un état plus ou moins avancé de gestation. Ils sont ordinairement au nombre d'une dizaine, faciles à séparer et à compter, et certains ont déjà leurs pattes et leurs antennes complètement développés. On fait également sortir des petits, dans cet état, du ventre de la Femelle aptère qui est, en général, en plus grand nombre que la Femelle ailée. Quand la température s'abaisse à l'arrière-saison le nombre des Femelles vivipares qui naissent va en diminuant, et il naît aussi par générations vivipares, des Femelles aptères plus grandes et des Mâles plus petits et plus nombreux, généralement pourvus d'ailes. C'est la phase normale sexuée et ovipare qui n'apparaît qu'après un nombre variable de générations asexuées et sous la dépendance de la température, puisque dans les serres chaudes cette procréation sexuelle peut manquer.

En automne, les Femelles sexuées fécondées pondent leurs Œufs jaunâtres, noirâtres après quelques jours, de la grosseur d'une graine de Navette, enduits d'une matière gommeuse, sur les tiges ou contre les bourgeons ; ils passent l'hiver dans cet état sans éprouver la moindre atteinte des froids rigoureux, et de ces Œufs sortent, la tête dirigée du même côté, en familles, au printemps, ces Insectes à l'état larvaire dont nous venons de décrire les évolutions, c'est-à-dire des Femelles aptères et vivipares.

On rencontre souvent parmi les Pucerons verts du Rosier des sujets d'un jaune opaque, ou roussâtres ou noirâtres, ce sont ou des Femelles ayant fini leur ponte ovipare ou des Femelles recélant des Larves d'*Aphidius* ou d'autres Larves entomophages.

Les Pucerons du Rosier ne vivent que de la sève qu'il puisent au végétal, ils se tiennent très serrés, en familles ordinairement nombreuses, à l'extrémité des pousses tendres et à la base des boutons. Si minuscule que soit le rostre des Pucerons, dès qu'il existe des milliers de ces Insectes fixés aux jeunes pousses du Rosier, il est évident que l'arbuste doit en souffrir, ils sont très nuisibles, déterminant la crispation des feuilles, atrophiant les jeunes branches, empêchant les boutons de fleurir.

Ces Insectes ont la démarche lente et assez pénible, bien que leurs pattes soient longues et grêles ; ils se remuent peu et se tiennent en masse, immobiles sur les Rosiers dont ils suçent la sève.

Ils se tiennent notamment dans les endroits abrités du vent, exposés au midi ou au levant, où les plantes offrent un tissu plus tendre, aussi les rencontre-t-on dans les endroits cultivés et les jardins, les châssis et les serres tempérées ou chaudes, qui sont favorables à leur multiplication, ainsi que la chaleur, en général, et l'abondance du suc des plantes ; c'est surtout cette dernière cause qui fait que ces Insectes se trouvent dans les terrains bien cultivés, comme les jardins, plus l'on s'éloigne des habitations humaines et moins on en trouve. Les arbustes ont souvent plusieurs espèces différentes, le Rosier en compte deux espèces qui lui sont spéciales et non polyphages. Combien de fois n'hésite-t-on pas à cueillir une Rose de peur de toucher à l'hôte, si peu attrayant, de cette charmante fleur au parfum si délicat.

Beaucoup d'auteurs ont écrit que les Aphidiens et pareillement les Cocciens, recherchent de préférence les végétaux affaiblis et malades, C'est une erreur qu'il faut rectifier. Tous les Aphidiens et Cocciens attaquent les végétaux les plus jeunes et les plus vigoureux ; leur prédominance sur les plantes de serre ou abritées dans les jardins, plutôt que sur les sujets de plein air, des champs et des bois, tient non pas à ce qu'ils choisissent des sujets affaiblis, mais à ce qu'ils sont bien moins diminués dans ces conditions par les influences atmosphériques et les entomophages internes.

Les Pucerons seraient encore bien plus nombreux s'ils n'étaient la proie d'un nombre considérable d'ennemis naturels qui les dévorent par centaines, comme les Larves des Coccinelles (Coléoptères), les Larves des Chrysops ou Lions des Pucerons de Réaumur (Névroptères), les Larves des Anthocoris (Hémiptères hétéroptères), les Larves des Syrphes (Diptères) et des Hyménoptères térébrants des genres variés des Chalcidites, des Braconides, comme les *Aphidius*, qui déposent leurs Œufs dans leur corps : on voit enfin quelquefois sur les Pucerons un Acarien allongé, *Acarus coccineus* Schrank, qui les suce et se nourrit de leur substance.

Dégâts. — Ce Puceron vert vit depuis le mois de mai jusqu'en septembre, de préférence, sur les jeunes pousses et les folioles tendres des Rosiers qu'il crispe et atrophie, et aussi sur les pédoncules des fleurs, il empêche les boutons de fleurir, son influence néfaste s'exerce non seulement sur les organes piqués, mais aussi sur la plante dans son entier; outre l'épuisement de la sève, les déjections gluantes des Pucerons sont, en général, très nuisibles à la plante, en obturant tous les pores et nuisent à l'équilibre de la respiration et de la transpiration.

Moyen de destruction. — Il faut surveiller les Rosiers, de mai en septembre, et couper les extrémités des jeunes rameaux trop attaqués et les brûler. On a conseillé d'employer des pulvérisations d'un mélange de cendres de bois tamisées (2/3) et fleur de soufre (1/3), de tabac en poudre ; de poudre de pyrèthre, d'infusion refroidie de feuilles de morelle, de tomates, de tabac, d'euphorbe, de feuilles de noyer, d'une solution légère de sulfate de cuivre (2 kilog. par hectolitre d'eau), de nicotine (à 1/10) ou jus de tabac des manufactures, de nicotine soufrée, etc.

Le badigeonnage des colonies de Pucerons avec une petite éponge ou un pinceau imbibé d'esprit-de-vin ou de benzine est particulièrement recommandable, ces liquides très volatils ne nuisent en rien aux Rosiers.

On peut aussi employer la préparation suivante, expérimentée par les soins de la Société centrale d'Horticulture de la Seine-Inférieure, et inscrite dans le Bulletin du 1er trimestre de 1894 (séance du 3 avril).

PRÉPARATION POUR LA DESTRUCTION DES PUCERONS

Savon mou de potasse	100 grammes
Sulfate de cuivre	10 —
Nicotine ou jus de tabac (des Manufactures)	600 —
Eau	10 litres

La pulvérisation sera pratiquée le soir, de bas en haut, sur les parties infestées, au moyen d'une seringue de jardin ou d'un pulvérisateur à boule ; le lendemain matin seringuer les arbustes avec de l'eau simple, à la température ordinaire ; répéter cette opération plusieurs fois, à bref délai, pendant le mois de mai.

Les fumigations de tabac sont particulièrement applicables aux Rosiers forcés sous verre ; le Puceron des Roses y est très sensible. Mais si les pots sont couverts de paillis, les Pucerons engourdis par la fumée peuvent s'y laisser choir et remonter à la surface de la plante, au bout de quelques jours, une nouvelle fumigation s'impose.

Il sera bon aussi d'engluer la tige des Rosiers, comme il a été dit précédemment, tous les matins on frappe légèrement contre la tige, les Pucerons tombent et sont recueillis sur le plateau englué décrit plus haut. Parmi ceux qui tombent à terre, ceux qui veulent remonter se prennent dans l'engluage.

APHIDES ou PUCERONS

Aphis rosarum Kalt. — Le Puceron des feuilles du Rosier ou le Puceron des Roses.

Descriptions et mœurs. — Ce Puceron est petit, ovale, lancéolé, jaune verdâtre, marqué de petits points obscurs, qui lui donnent un aspect chagriné et comme recouvert d'une efflorescence pruineuse ; ses antennes et ses pattes sont pâles, ses cornicules grêles, allongées, roussâtres ; l'appendice caudal assez long.

Il vit en petites colonies, exclusivement à la face inférieure des feuilles des Rosiers, moins fréquent que le Puceron du Rosier, sur les pieds cultivés dans les jardins, il est surtout nombreux sur les Rosiers forcés en serre ou sous châssis.

Dégâts. — Les nombreuses piqûres faites par ces Pucerons, réunis en colonies, déterminent sur les Rosiers une altération plus ou moins nuisible aux Rosiers. Ces Pucerons se tiennent à l'envers des feuilles, lesquelles, à la suite de la succion qu'ils opèrent sans relâche, se crispent et s'atrophient et amènent le dépérissement du végétal, son influence néfaste à la végétation e t aussi fâcheuse que celle produite par les Pucerons du Rosier, dont les mœurs sont presque semblables.

Moyens de destruction. — Un certain nombre de moyens s out à notre disposition pour atténuer beaucoup leur nombre et par suite diminuer leurs ravages; ils sont applicables à tous les Pucerons en général, plusieurs ont été décrits à l'article précédent. On a conseiller de faire la taille en janvier et février, des extrémités des rameaux ou les Pucerons déposent leurs Œufs et les brûler. On doit opérer une inspection très sévère des plantes importées en hiver et examiner avec une forte loupe si elles n'ont pas d'Œufs de Pucerons. Le meilleur moyen à employer sous les châssis ou en serre chaude, tempérée ou froide, bien calfeutrée : fumigations de tabac, insufflations de poudre de pyrèthre, d'un mélange de 2/3 de cendres de bois tamisées fines et 1/3 de soufre tamisé; il est utile pour détruire les Pucerons du Rosier ou des Roses, tombés des rameaux par l'insufflation d'une poudre quelconque, d'ébouillanter ensuite le sol, afin d'empêcher tout réveil des sujets qui n'auraient été qu'engourdis, et qui suffiraient pour annuler l'effet de la fumigation du tabac.

Pour pratiquer efficacement les fumigations de tabac en plein air, on monte sur quatre cerceaux en osier ou en fil de fer, dont le premier, placé en bas, a 80 centimètres de diamètre, les trois autres vont en diminuant progressivement, une sorte de ballon ou cloche en toile gommée ou en calicot huilé, les cerceaux sont maintenus par cinq baguettes ou tiges réunies à la partie supérieure de l'appareil en une sorte de ballon, on dispose ensuite l'appareil de manière qu'il enveloppe la tête du Rosier dont on a réuni tous les rameaux par des liens de raphia. Sur le plus grand cerceau on monte une seconde chemise de même étoffe, qu'on rabat au-dessous contre la tige, en ménageant une petite ouverture pour laisser pénétrer le tube du soufflet fumigateur. Ce tube doit avoir environ 50 centimètres et a pour objet de refroidir la fumée, qui autrement pourrait nuire à la plante. On peut également se servir d'un réchaud garni de braise allumée, on jette dessus des débris de tabac humide, on recouvre le tout d'un entonnoir renversé auquel l'on ajuste un tube pour faire arriver la fumée sur les rameaux du Rosier. Huit à dix minutes suffisent pour asphyxier les Pucerons.

Avec une dizaine de ces cloches grossières et d'un faible prix de revient, on opère sans arrêt, sur tous les Rosiers-tiges ou demi-tiges, isolés, arrivé au dixième, on peut enlever à mesure, la première cloche, et continuer.

Cette méthode devient peu pratique quand il s'agit de Rosiers nains plantés dans une corbeille. Dans ce cas, on place sur la corbeille une bâche ou des draps mouillés, soutenus par des demi-cerceaux en bois qui suivent la forme de la corbeille, on calfeutre de son mieux la bâche sur le pourtour, et on introduit la fumée de tabac pendant dix minutes.

Enfin, indépendamment de ces procédés, on peut employer le disque agglutinatif qui donne un succès certain et rapide pour la destruction de ces pernicieux Insectes, et qui a été décrit précédemment contre le Typhlocybe de la Rose.

COCCIDÈS ou GALLINSECTES

Diaspis rosae Bouché. — Kermès du Rosier.— *Aspidiotus rosae* Bouché.—
Chermes rosae Bouché.

Description et mœurs. — Le Kermès du Rosier ou *Pou* ou
Punaise blanche du Rosier (pl. XII, fig. 158) présente des
caractères fort curieux, des formes spécifiques très variées, une
dissemblance si complète entre les deux sexes, dans l'aspect et
le développement, qu'on les croirait difficilement de la même
espèce. Il est souvent très commun sur les diverses races et variétés de ces plantes. Il se présente sous la forme de petites
écailles, blanches, pulvérulentes, peu adhérentes, formant par
leur ensemble une croûte dense (pl. XII, fig. 160), où l'on rencontre à la fois les vieilles enveloppes des Kermès de l'année
précédente et celles des jeunes, fixées dans les intervalles lais-
sées libres par leurs prédécesseurs.

La coque ou bouclier qui abrite le Kermès femelle, est lenticulaire, à centre bombé, crétacée; on trouve, sous elle, à la fin
de l'été, la Femelle ou la Larve, jaune pâle, ovalaire, mais élargie dans sa région céphalique (pl. XII, fig. 158) et en hiver (à
cette époque la ponte est terminée), les Œufs (pl. XII, fig. 159),
ovoïdes et d'une coloration rouge brun, au nombre de 2 ou 300.
Leur éclosion a lieu au printemps et les jeunes restent jusqu'à
leur mue, abrités par la Mère, morte sur place. Les Larves sont
microscopiques, elles se promènent sur les rameaux du Rosier
et finissent par s'y fixer.

Le Mâle, à l'état de Larve, cachée sous un bouclier tricaréné,
est élargi vers le milieu; à l'état adulte, 1 millimètre de longueur, il a une coloration rouge pâle, un peu pulvérulent,
dépourvu de rostre, à antennes longues, jaunâtres, avec deux
ailes ordinairement farineuses, à nervures rosées, à pattes jau-

nâtres, avec l'extrémité de l'abdomen garnie de houppes soyeuses; sa coque est très petite, d'un blanc de neige, plus allongée que celle de la Femelle. Il est toujours très petit relativement au volume de la Femelle, il est très agile et n'a qu'une apparition éphémère, il vit peu de temps et meurt après l'accouplement.

La Femelle, à l'état de Larve, est jaune pâle, allongée, avec les régions céphalique et thoracique très élargies; à l'état adulte, elle est toujours aptère, à rostre et à antennes courts, le corselet de sept anneaux distincts, plus étroit que le thorax, avec trois rangées de points sur la région dorsale et bordé sur les côtés de poils courts et isolés, l'écusson en forme de cercle, plat, cintré au milieu; elle est épaisse, plus ou moins globuleuse ou ovalaire, à corps recouvert d'une sécrétion cireuse, surtout après l'accouplement; elle se déforme après la ponte et reste alors immobile; elle recouvre ses Œufs jusqu'à sa mort et même après, et finit par ressembler à quelque production pathologique, à une sorte de galle déprimée qui a valu à cet Insecte le nom de *Gallinsecte*.

A sa naissance, la Femelle a une certaine agilité, mais bientôt elle se fixe sur les tiges et rameaux des Rosiers, en enfonçant son rostre dans le tissu de la plante pour ne plus l'en détacher. Elle grossit alors et prend une forme lenticulaire. Ses pattes ne prenant aucun accroissement, il est difficile de reconnaître des Insectes dans ces petits corps aux appendices atrophiés, dont les annulations ont presque disparu; elle secrète par la peau, en plus ou moins grande abondance, une matière cireuse qui a pour but de la garantir de la pluie et de la protéger contre une foule d'ennemis. La Femelle pond sans se déplacer; après sa ponte, elle meurt, elle se dessèche, son corps devient un abri pour ses Œufs et les Larves libres, mobiles qui en sortent.

D'après quelques observations de Leuckart, la Femelle du Kermès du Rosier aurait des mœurs semblables aux Pucerons, elle engendrerait seule, au moins pendant une période de son existence.

Dégâts. — Les Insectes connus sous le nom de Poux des plantes, Cochenilles, Kermès, pullulent souvent de manière à recouvrir de leurs rangs serrés la tige et les rameaux des arbustes nourriciers (pl. XII, fig. 160), et ils causent parfois des dommages assez considérables à plusieurs plantes cultivées. Le Kermès du Rosier vit assez longtemps par familles plus ou moins nombreuses, sur de nombreuses espèces de Rosiers, il est parfois si abondant que les Rosiers paraissent couverts de moisissures. Il se nourrit de la sève qu'il aspire à l'aide d'un suçoir qu'il implante dans l'écorce du Rosier, celle-ci se durcit et la sève circule difficilement dans les branches infestées et les arbustes attaqués par cet Insecte, périssent quand on ne le détruit pas.

Moyens de destruction. — On détruit facilement ces Insectes en faisant une taille raisonnée de rajeunissement, en février-mars, en ne conservant qu'un petit nombre des plus beaux rameaux, et en brûlant les rameaux enlevés et attaqués par les Kermès du Rosier. Les tiges et les rameaux qui restent doivent être brossés avant l'évolution des bourgeons ; la coque est d'ailleurs peu adhérente et se laisse détacher facilement ainsi que les Œufs. Il est avantageux de tremper, avant la friction, la brosse dans une solution de nicotine au 1/10 ou de pétrole émulsionné à l'aide de savon noir.

On peut aussi employer la préparation suivante, expérimentée par les soins de la Société centrale d'Horticulture de la Seine-Inférieure, et inscrite dans le Bulletin du 1er trimestre de 1894 (séance du 3 avril).

PRÉPARATION POUR LA DESTRUCTION DU KERMÈS DU ROSIER

Savon mou de potasse..	250 grammes
Alcool méthylique ou esprit de bois.........................	250 —
Nicotine ou jus de tabac (des Manufactures).................	200 —
Eau..	10 litres

La friction des tiges et des rameaux infestés, sera pratiquée dans une belle journée d'hiver, avec une brosse imprégnée de cette préparation ; le lendemain, procéder à un seringuage des tiges et des rameaux avec de l'eau simple, à la température ordinaire.

Pour détruire ces Insectes, on applique tiède et au pinceau, sur la tige et sur les rameaux attaqués, une glu artificielle composée de deux parties de poix noire et une partie d'huile ordinaire ; cet engluage, dont l'effet peut durer un an, asphyxie le Kermès et empêche la migration de l'Insecte, et ne nuit pas à la végétation de la plante.

DIPTÈRES

Les Insectes de cet Ordre, comme leur nom l'indique, n'ont que deux ailes membraneuses simplement veinées, le plus souvent horizontales ; cependant, certaines familles présentent, en arrière des véritables ailes, une seconde paire d'appendices ayant la forme de boutons pédiculés, nommés *balanciers*, s'insérant sous une petite écaille ou *cuilleron* simple ou double. Ces balanciers ou *haltères*, au point de vue anatomique, ne sont que les ailes de la seconde paire transformées, ces organes sont en vibration pendant le vol ; leur ablation entraîne pour l'Insecte la perte de l'équilibre ; privé de ces organes, lorsque l'Insecte veut voler, le vol ascendant n'est plus possible, l'Insecte tombe à terre.

Leur bouche n'est propre qu'à la succion, elle est constituée par une trompe terminée par deux lèvres et offrant, à sa partie supérieure, un sillon longitudinal ou gaîne, qui reçoit un suçoir composé de soies ou lancettes, au nombre de deux à six; la gaîne, dans l'inaction, se replie ordinairement sur elle-même; les pièces du suçoir font l'office de lancettes, elles servent à perforer l'enveloppe des corps et frayent un passage aux liquides nourriciers; enfin, on rencontre, chez les Diptères, des dispositions qui varient avec les différents groupes.

La tête est réunie au thorax par une mince pédoncule qui lui permet d'obliquer à droite et à gauche, elle porte deux antennes à nombre différent d'articles, suivant la catégorie à laquelle les Diptères appartiennent, deux yeux brillants à facettes et deux ou trois ocelles, et les organes de la succion. La liaison du thorax et de l'abdomen a lieu souvent de la même manière, c'est-à-dire que celui-ci ne tient souvent au corselet que par une petite portion de son diamètre transversal, d'autres fois, l'abdomen est adhérent, celui-ci est membraneux, de consistance molle, et se termine ordinairement, dans les Femelles, par une saillie de l'oviducte en forme de pointe.

Les pattes, au nombre de six, longues et grêles chez la plupart, se terminent par un tarse de cinq articles, dont le premier est généralement allongé, et le dernier est armé de deux griffes ou crochets au-dessous desquels, chez certaines espèces, on trouve deux ou trois palettes vésiculeuses ou pelottes, qui font l'office de ventouses, et facilitent la progression de ces Insectes sur les surfaces les plus lisses.

Les Diptères ont des métamorphoses complètes. Les Larves de Diptères, nommées vulgairement *Vers*, sont généralement *Apodes*, elles vivent dans l'eau, sous terre, dans les matières animales ou végétales en décomposition, dans les tissus des plantes, en Parasites dans d'autres Insectes, Larves ou Nymphes, dans le corps des animaux. Les unes ont une tête distincte, molle, et généralement, les pièces buccales se trouvent indiquées et reconnaissables, les pattes n'existent pas, elles sont remplacées par des épines ou des mamelons hérissés qui aident ces Larves pendant la progression ; les autres Larves, beaucoup plus nombreuses, sont *acéphales*, on n'y distingue aucune tête; mais l'une des extrémités se termine en pointe et est rétractile et charnue ainsi que le reste du corps, ou bien elle offre deux sortes de crochets unguiformes, de nature cornée, qui se meuvent l'un sur l'autre et servent, soit à fournir un point d'appui pendant la progression, soit à détacher les particules nutritives ; l'autre extrémité du corps, large et obtuse, offre des mamelons qui portent les stigmates ou orifices aériens.

Les Larves *céphalées*, ou munies d'une tête, absorbent une nourriture moins liquide, elles muent plusieurs fois, et deviennent, en dépouillant leur dernière peau, des Pupes momiformes.

Les Larves *acéphales*, au contraire, muent en cachette, et ne changent pas de peau au moment de leur Nymphose ; leur peau se durcit, tandis que la forme de la Larve s'élargit et se raccourcit, pour constituer une *Pupe en barillet* ou *tonnelet*, Pupe qui cache la véritable Nymphe.

Les Larves céphalées, à Nymphes libres, se transforment, généralement, en Diptères Némocères, alors que les Larves acéphalées, à Nymphes abritées dans une Pupe, donnent naissance, ordinairement, à des Diptères Brachycères. La Pupe s'ouvre, soit par une fente longitudinale, soit par un opercule à charnière, pour livrer passage à l'Insecte parfait.

L'Ordre des Diptères comprend deux catégories : les *Némocères* et les *Brachycères*.

Chez les Némocères, les antennes, filiformes, parfois très

longues, sont composées d'un grand nombre d'articles de six
jusqu'à soixante-six, ordinairement velus, quelquefois plumeux
ou pectinés, et dont la tête est le plus souvent séparée du corselet par un petit filament ; chez les Brachycères, les antennes,
toujours courtes, n'ont que deux ou trois articles, dont le dernier, beaucoup plus grand que les articles basilaires porte, dans
le plus grand nombre, sur sa face dorsale, une soie plus ou
moins longue, appelée *style*, simple, tomenteuse ou plumeuse et
de conformation variable.

Les Diptères les plus nuisibles à l'Agriculture se partagent
en deux groupes ; dans les Némocères, se rangent, dans les Cécy-
domyides : *Perrisia rosarum* (Hardy) J. Kieff., la Cécidomyie
des Roses et *Macrolabis Luceti* n. sp. J. Kieff., et dans les
Brachycères on trouve, dans les Muscides acalyptérées :
Spilographa alternata Fll.

CÉCIDOMYIDES ou TIPULAIRES GALLICOLES

Perrisia rosarum (Hardy) J. Kieff. — Cécidomyie des Roses. — *Cecidomyia rosarum* (Hardy). — *Cecidomyia rosae* Bremi. — *Dichelomyia
rosarum* (Hardy) Schlechtendal.

Description et mœurs. — L'Insecte parfait Mâle (1 millim. 70)
ne diffère de la Femelle que par les antennes à articles en chapelet munis d'un pédicule égalant le tiers de leur longueur, et de
trois verticilles de soies. Il présente une tête petite et sphéroïde ; trompe épaisse, palpes de quatre articles, dont le dernier,
en général, le plus large, faisant saillie en dedans ; yeux semi-
lunaires, échancrés du côté interne ; thorax ovale ; ailes arrondies au bout et fréquemment velues ; pattes avec jambes sans
pointes à l'extrémité ; abdomen cylindrique dans les Mâles et
terminé par les crochets ordinaires, de huit segments et s'effi-
lant en pointe ou tarière dans les Femelles.

La Femelle (2 millim.) rouge; antennes, dessus du thorax, taches de la poitrine, dessus des pattes, brunes; abdomen sur le dessus avec de larges bandes d'écailles noires; antennes de 14 articles ovoïdaux et sessiles; bord antérieur de l'aile avec écailles, deuxième nervure longitudinale aboutit au bord antérieur un peu avant la pointe de l'aile.

La Larve (pl. XII, fig. 162), d'un rouge de chair, a 2 millim. de longueur, un peu déprimée, couverte de verrues qui se touchent et dont le centre est convexe; les verrues spiniformes existent sur les segments 4 à 13 (le corps comprend 13 segments : 1° la tête, 2° le cou, 3°, 4° et 5° le thorax, 6 à 12° l'abdomen, 13° segment anal). Les papilles sternales distinguent cette Larve de la plupart de ses congénères, en ce que, au troisième segment thoracique, elles sont situées entre les verrues spiniformes, tandis qu'au deuxième segment thoracique, elles sont situées en arrière des verrues spiniformes. Les papilles pleurales internes offrent des groupes de trois verrues, tandis que les papilles pleurales externes offrent, au premier segment thoracique, une verrue simple et aux deux segments suivants une verrue terminée par une soie, ce qui est caractéristique pour le genre *Perrisia* Rond. Les papilles latérales, au nombre de deux de chaque côté, pourvues d'une soie. Les papilles ventrales antérieures se trouvent toutes quatre réunies sur une seule proéminence qui est située entre les verrues spiniformes, caractère particulier à cette espèce; les papilles ventrales postérieures munies d'une soie; elles sont au nombre de deux. Papilles dorsales au nombre de six et munies d'une soie; à l'avant-dernier segment du corps, elles ne sont qu'au nombre de deux. Le segment anal porte de chaque côté quatre soies (ou papilles terminales). Spatule chitineuse sur le premier segment thoracique. (J. Kieffer).

21

La Femelle dépose ses Œufs sur les folioles des Rosiers et les petites Larves, jaune orangé, déterminent le reploiement des deux parties du limbe de la foliole, puis elles se ferment par en haut et ne restent un peu entr'ouvertes qu'auprès du pétiole, les bords du limbe étant courbés irrégulièrement ; on le trouve, sur plusieurs variétés de Rosiers, sur le Rosier sauvage : *Rosa canina* L., il affecte la forme d'une gousse (pl. XII, fig. 163) et résulte de l'accollement, par en haut, de deux moitiés de la foliole attaquée, qui devient fortement hypertrophiée avec coloration rouge. Parvenue à toute sa croissance, en juin-août, elle abandonne la plante nourricière et se métamorphose en terre ; l'Insecte parfait paraît au printemps suivant.

Dégâts. — Les dégâts produits par ce Diptère sont restreints.

Moyens de destruction. — Pour limiter sa reproduction l'année suivante, on doit récolter et brûler les folioles déformées, avant le mois de juin, c'est le seul moyen efficace de destruction.

CÉCIDOMYIDES ou TIPULAIRES GALLICOLES

Macrolabis Luceti n. sp. J. Kieff.

Description et mœurs. — L'Insecte parfait (1,5 à 2 millim.) est d'un jaune vitellin ; mésonotum brun ; funicule des antennes brunâtre, ainsi que le dessus des pattes. Les antennes composées de 2 + 10 articles sessiles dans les deux sexes ; articles cylindriques, une fois et demie aussi longs que gros ; article terminal du Mâle à peine plus court que le précédent, non aminci à l'extrémité, et sans prolongement. Les deux premiers articles du funicule sont connés. Palpes à quatre articles. Écailles du bord alaire larges et striées longitudinalement et transversalement. Pattes densément couvertes d'écailles semblables.

La **Larve** de cette espèce vit en société dans les folioles de l'Églantier (*Rosa* sp. ?) épaissies, teintes de rouge et repliées en gousse; on l'y trouve en même temps que les Larves de *Perrisia rosarum* (Hardy), qui produisent cette déformation. Les deux sortes de Larves se reconnaissent aisément aux caractères suivants : 1° celle de *Macrolabis* est blanche, tandis que celle de *Perrisia* est orangée; 2° la partie élargie de la spatule est une fois et demie aussi longue que large chez la première, à peu près aussi large que longue chez la seconde; 3° chez *Macrolabis* les papilles ventrales antérieures sont situées en dehors des verrues spiniformes et forment quatre mamelons éloignés l'un de l'autre; chez *Perrisia* ces papilles sont situées entre les rangées des verrues spiniformes et sont alignées toutes quatre sur un mamelon unique. Métamorphose en terre (J. Kieffer). Cette espèce est le commensal de *Perrisia rosarum* (Hardy), J. Kieff., elle a été trouvée en Normandie (Petites-Dalles) et Lorraine (Bitche) (1), vit à la même époque et a les mêmes mœurs.

Dégâts. — Les dégâts s'observent sur plusieurs variétés de Rosiers, ils sont limités.

Moyens de destruction. — Surveiller les Rosiers avant juillet et procéder à l'enlèvement des folioles terminales déformées et les brûler.

MUSCIDES ACALYPTÉRÉES

Spilographa alternata Fll., syn : *Trypeta alternata* Meig.

Description et mœurs. — L'Insecte parfait (2, 5 à 3 millim.) est jaune; mésonotum faiblement pruineux de blanc; postscutellum avec deux taches d'un noir brillant; oviducte court,

---

(1) Je dédie cet Insecte du Rosier à M. Émile Lucet, de Rouen, bien connu pour ses études sur les Rosiers et sur leurs Parasites. — J.-J. KIEFFER.

jaune ou brunâtre; tête jaune; bas de la face avec un reflet blanchâtre, front d'un jaune rouge; antennes, bouche et palpes jaunes; troisième article des antennes ayant sur le devant, à la partie supérieure, un angle ressortant; soie nettement pubescente; pattes jaunes, bas des cuisses antérieures et extrémité des cuisses postérieures avec des soies plus longues; ailes faiblement teintées de jaunâtre, traversées par des bandes transversales brunes; la première part du stigma qui est toujours un peu plus sombre, traverse ensuite la petite nervure transversale et arrive tout près du bord postérieur; la seconde a son origine au bord antérieur un peu avant l'extrémité de la cellule costale, suit la première avec laquelle elle converge fortement, traverse l'autre nervure transversale et atteint le bord inférieur; entre ces deux bandes, vers le milieu, se voit, au bord antérieur, une petite tache brune et étroite atteignant jusqu'à la troisième nervure; la pointe de l'aile est également étroitement bordée de brun; enfin, l'extrémité de la cellule anale et souvent encore la nervure transversale, basale, sont légèrement bordées de brun; parfois, la seconde bande est relevée faiblement en avant avec la tache antérieure, et en arrière avec la première bande.

La Larve, à pattes blanches, se trouve fin juin ou commencement de juillet dans les fruits de plusieurs variétés de Rosiers, dans la chair desquels, encore verte, elle creuse une mine sinueuse et ronge la chair du fruit sans toucher aux graines. Parvenue à toute sa croissance, en août, elle abandonne sa retraite et hiverne en terre; elle subit sa métamorphose au printemps, et l'Insecte parfait éclôt en juin.

La plupart des fruits attaqués par cette Larve sont retardés dans leur croissance, et ne sont pas uniformément colorés et encore moins d'une forme régulière.

— 323 —

Dégâts. — Les dégâts occasionnés par cette Larve de Diptère sont peu importants bien qu'ils aient pour siège le fruit même du Rosier, mais les graines n'étant pas attaquées, leur action véritablement nuisible est bien limitée.

Moyens de destruction. — On doit surveiller les boutons de Roses et enlever tous ceux qui portent une perforation visible et extraire la Larve de la pulpe, l'écraser ou la brûler.

THYSANOPTÈRES

THRIPSIENS

Les Thripsiens appartiennent à un Ordre satellite, celui des Thysanoptères (Insectes à ailes frangées), leur corps est linéaire, leur tête semble cylindrique parce que la bouche se prolonge en forme de trompe, les mandibules sont remplacées par des soies, les mâchoires aplaties sont allongées et portent des palpes labiaux à deux articles ; le vertex porte des antennes de cinq à neuf articles, de grands ocelles et en arrière des stemmates ; le prothorax de forme ovalaire, les ailes ou pseudélytres lancéolées, très étroites et frangées, à texture consistante et à peu de nervures, reposant à plat sur l'abdomen, souvent ornées de bandes bariolées ou de taches, pouvant s'atrophier ou même manquer ; les pattes courtes, avec des tarses de deux articles se terminant par des disques adhérents et vésiculeux, l'abdomen de la Femelle est muni d'une tarière pour introduire les Œufs dans le tissu des plantes.

La Femelle fécondée pond le plus souvent isolément ses Œufs, allongés et arrondis, à la face inférieure d'une feuille, près de la nervure médiane. Au bout de huit à dix jours, en sortent de petites Larves, d'un jaune rougeâtre pâle, sans ailes, avec des tarses blanchâtres ; les jeunes Larves se trouvent souvent au milieu des Insectes parfaits, n'en différant guère pour la configuration ; après trois mues ou changements de peau successifs, elles prennent des rudiments d'ailes et deviennent Nymphes, immobiles n'absorbant aucune nourriture; quelques jours après, la Nymphe prend une coloration plus foncée et devient Insecte parfait.

Pendant toute la durée de l'année, les Thripsiens s'installent à la face inférieure des feuilles, sur les jeunes pousses qui se fanent et perdent leur sève ; c'est généralement pendant la nuit que ces Thrips rongent les feuilles et s'accouplent.

Les Thripsiens sont très communs sur toutes les fleurs des jardins, ils sont très nuisibles aux végétaux, on en rencontre aussi dans les serres, sous les feuilles, dont ils rongent la partie superficielle dans toute son étendue, de façon à la couvrir de taches plus ou moins grandes.

THRIPSIENS

Thrips vulgatissima Halid.

Description et mœurs. — Le minuscule Insecte (pl. XII, fig. 161) a 2 millimètres de longueur, corps linéaire, noir, antennes de huit articles; palpes maxillaires de trois articles ; ailes très étroites, lancéolées, poilues, avec deux nervures parallèles, sans nervures transversales; abdomen lisse et de neuf segments, le dernier, dans la Femelle, ayant la forme d'une tarière pour déposer ses Œufs; pattes blanches, avec les tarses des deux articles se terminant par des disques adhérents et vésiculeux.

La Larve, aptère, d'un jaune rougeâtre, avec la tête, une partie du prothorax et l'extrémité de l'abdomen noirs ; les antennes et les pattes offrant des cercles clairs et foncés ; à la quatrième mue, l'Insecte acquiert des ailes rudimentaires.

Il est très commun sur toutes les fleurs des jardins et aussi dans les serres, il se nourrit de sucs végétaux, de cuticule et aussi de pollen humide ; on rencontre les jeunes Larves souvent au milieu des Insectes parfaits, ils n'en diffèrent guère pour la configuration, mais toujours colorés en jaune plus rougeâtre, relevant l'extrémité de l'abdomen à la façon des Staphilins. Après quelques mues ou changements de peau successifs, elles prennent des rudiments d'ailes, et la couleur de ces Nymphes devient alors noirâtre, enfin, après une quatrième mue, elles ont acquis l'état parfait, avec des ailes allongées, courant vite et offrant un vol rapide.

Dégâts. — Ce petit Insecte et sa Larve se nourrissent du pollen et nuisent à la fécondation des Roses, elles font flétrir les jeunes pousses, plus ou moins vite, par leur aspiration de la sève lorsqu'ils sont répandus sur les feuilles, dont ils attaquent les pétioles et les nervures, et de plus, ils salissent les plantes par leurs déjections.

Moyens de destruction. — On a conseillé, pour détruire ces Insectes, de pulvériser le soir, puis le lendemain matin, de bonne heure, avant que le soleil ne donne, soit de l'alcool méthylique (esprit de bois) étendu d'eau, 1 pour 100, soit la préparation suivante :

PRÉPARATION POUR LA DESTRUCTION DES THRIPS :

Jus de tabac riche en nicotine (étendu de 100 fois son vol. d'eau)...	10 grammes
Ou nicotine ancienne à 16° Baumé	5 centilit.
Esprit-de-bois (Alcool méthylique)	1 —
Cristaux de soude du commerce	20 grammes
Eau	1 litre

Il est nécessaire de procéder quelques heures après la pulvérisation à un bassinage pour nettoyer les plantes. Deux opé-
rations de ce genre, pratiquées à quelques jours d'intervalle,
détruisent radicalement les Thrips et leurs Larves.

Dans les serres, on procède à des fumigations à la nicotine.
Pour cela, on fait bouillir dans un vase un litre de jus de tabac
et, lorsque la liqueur s'épaissit, on ajoute environ un quart de
litre d'eau, ou bien on fait dissoudre 50 grammes de salpêtre
dans un demi-litre d'eau, dont on se servira pour imprégner
1 kilogramme de déchets de tabac que l'on se procure facilement
dans les manufactures et entrepôts de tabacs. On fait sécher ces
déchets imbibés, et on procède à des fumigations dans les serres.
Il est nécessaire de renouveler cette fumigation quelques jours
après, afin d'anéantir les Larves non écloses lors de la première
opération et qui n'auraient pas été détruites. On peut aussi procéder à un léger bassinage, puis pulvériser de la fleur de soufre.

Il ne nous reste plus qu'à réclamer l'indulgence des lecteurs
pour les imperfections et les omissions involontaires de cette
publication, malgré le soin minutieux avec lequel ont été
revues les épreuves, des erreurs typographiques ont pu échapper
à la correction.

OBSERVATION. — Don a été fait au Muséum d'Histoire naturelle de Rouen de
notre Collection comprenant les Insectes nuisibles aux Rosiers sous leurs divers états :
Larves, Nymphes, Adultes, accompagnés de nombreux dégâts. Présentée dans de
nombreuses Expositions, elle y a recueilli les plus flatteuses récompenses.

FIN

BIBLIOGRAPHIE

Acloque (A.). — Faune de France, avec fig. Paris, 1898.

Acloque (A.). — Les Insectes nuisibles, moyens de destruction, avec fig. Paris, 1897.

Adler (H.). — Les Cynipides, avec la classification d'après G. Mayr., avec pl. color., trad. par P.-J. Lichtenstein. Montpellier, 1881.

Amyot. — Entomologie française. — Rhynchotes. Paris, 1848.

Amyot (C.-J.-B.) et Audinet-Serville. — Hist. nat. des Insectes Hémiptères, avec pl. color. Paris, 1843.

André (Edmond). — Spécies des Hyménoptères d'Europe et d'Algérie, avec pl. color. Paris, 1882-1898.

Arbois de Jubainville (A. d') et J. Vesque. — Les maladies des plantes cultivées, des arbres forestiers et fruitiers. Paris, 1878.

Audinet-Serville. — Orthoptères. Paris, 1839.

Audouin (V.) et Brullé. — Hist. nat. des Insectes Orthoptères, Hémiptères. Paris, 1835.

Bel (J.). — La Rose, avec fig. Paris, 1892.

Berce. — Faune entomol. franç. — Lépidoptères. Paris, 1867-1874.

Beneden (Van). — Commensaux et parasites. Paris, 1875.

Bergenstamm (Van) und Löw (P). — Synopsis cecidomyidarum, 1876.

Bigot. — Classification générale et synoptique de l'ordre des Insectes diptères. Paris, 1852-1859.

Blanchard (E.). — Hist. nat. des Insectes Hémiptères. Paris, 1841.

Blanchard (E.). — Zoologie agricole, avec fig. Paris, 1857.

Blanchard (E.). — Métamorphoses, mœurs et instincts des Insectes, avec planches. Paris, 1868.

Blanchère (de la). — Les Ravageurs des Forêts. Paris, 1876.

Boisduval (Dr). — Essai sur l'Entomologie horticole, comprenant l'Hist. des Ins. nuisibles à l'horticulture, avec fig. Paris, 1867.

Boisduval (J.-A.). — Genera et Index methodicus Europaeorum Lepidopterorum. Paris, 1840.

Boisduval et Guénée. — Spécies général des Lépidoptères (nouvelles suites à Buffon). Paris, 1836-57.

Brehm. — Les Insectes, les Myriopodes et les Arachnides. Édition française par J. Kunckel d'Herculaïs, 2 vol. avec fig. et planches. Paris, 1885.

Burmeister. — Handbuch der Entomologie. Berlin, 1842.

Castelnau-Blanchard (E.), Brullé et Lucas. — Hist. nat. des animaux articulés. Paris, 1840.

Chenu (M.-J.-C). — Leçons élémentaires d'histoire naturelle, avec fig. Paris, 1847.

Cochet-Cochet et S. Mottet. — Les Rosiers, avec fig. Paris, 1897.

Constant (Alf.). — Hist. nat. des Papillons. Paris, 1860.

Coupin (H.). — L'Amateur de Coléoptères. Paris, 1894.

Curtis (John). — Farm Insects, etc. London, 1860.

Cuvier (G.). — Monographie du règne animal, Insectes, avec pl. Paris, 1829-1844.

Decaux (F.). — Sur les principaux ennemis des Rosiers. — *Journal des Roses*, 1896.

Depuiset. — Genera des Lépidoptères. Hist. nat. des Papillons d'Europe et leurs Chenilles, avec fig. Paris, 1867.

Dours (A.). — Catalogue synonymique des Hyménoptères de France. Amiens, 1874.

Duponchel. — Hist. nat. des Lépidoptères (suite de l'ouvrage de Godart), 1834.

Duponchel et Guénée. — Iconographie et hist. nat. des Chenilles, avec pl. color. Paris, 1849.

Duponchel (P.). — Catalogue méthod. des Lépidoptères d'Europe, distrib. en fam., tribus et genres. Paris, 1844.

Encyclopédie méthodique, par une Société de Gens de lettres, de savants et d'artistes. Paris, 1789-1825.

Ernst et Engramelle. — Papillons d'Europe. Paris, 1792.

FABRICIUS (J.-C.). — Systema Entomologiæ. Flensburg, 1775.

FAIRMAIRE (L.). — Hist. nat. de la France. Hémiptères. Paris, 1855.

FAIRMAIRE et BERCE. — Guide de l'amateur d'Insectes. Paris, S. D.

FAIRMAIRE et LABOULBÈNE. — Faune entomol. franç. Coléoptères. Paris, 1854.

FALLOU (J.). — Revue des sciences naturelles appliquées. Paris, 1889.

FALLOU (Jules). — Catalogue des Insectes nuisibles aux Rosiers. — Bulletin de la Soc. centr. d'Apiculture et d'Insectologie, 2 pl. color. Paris, 1895.

FAUCONNET. — Genera des Coléopt. de France. Autun, 1894.

FETTIG (F.-J.). — Essai d'Entomol. générale appliquée. Colmar, 1876.

FIEBER (F.-H.). — Les Cicadines d'Europe, traduit de l'allemand, par Ferd. Reiber, 1876.

FIGUIER (Louis). — Les Insectes. Paris, 1883.

FINOT (A.). — Insectes orthoptères. — Orthoptères Thysanoures de la France, avec fig. et planches. Paris, 1889.

GADEAU DE KERVILLE (H.). — Mélanges entomologiques — 1er et 3e mémoires. Ext. du Bulletin de la Soc. des Amis des Sciences nat. de Rouen. 1883-84.

GEOFFROY. — Histoire abrégée des Insectes. Paris, 1800.

GIRARD (M.). — Métamorphoses des Insectes. Paris, 1884.

GIRARD (M.). — Catalogue raisonné des animaux utiles et nuisibles de la France. Paris, 1878.

GIRARD (M.). — Traité élémentaire d'Entomologie, 3 vol. in-8°, avec atlas de 118 pl. Paris, 1873-85.

GIRAUD. — Description d'Hyménoptères. Soc. Zool. et Bot. Vienne, 1857-61.

GOBIN (H.). — Guide pratique d'Entomologie agricole et petit traité de la destruction des Insectes nuisibles. Paris, S. D.

GODART et DUPONCHEL. — Hist. nat. des Lépidoptères de France, avec pl. color. Paris, 1821-49.

GOEDART (J.). — Métamorphoses naturelles ou Histoire des Insectes. Amsterdam, 1700.

Goureau (C.). — Les Insectes nuisibles aux arbustes et aux plantes de parterre. Auxerre, 1869.

Goureau (Ch.). — Les Insectes nuisibles aux arbres fruitiers, aux céréales et aux plantes fourragères. Paris, 1862-63.

Gozis (Maurice des). — Catalogue des Coléoptères de France et de la faune gallo-rhénane. Paris, 1875.

Guénée. — Europaeorum Microlepidopterorum index methodicus. Paris, 1845.

Guénée. — Spécies général des Lépidoptères noctuélites. Paris, 1852.

Guénée (A.). — Lépidoptères du département d'Eure-et-Loire. Chartres, 1875.

Guérin. — Histoire naturelle des Insectes. Paris, 1828.

Guillemot (A.). — Catalogue des Lépidoptères du département du Puy-de-Dôme. Clermont-Ferrand, 1854.

Hartig. — Zeitschr. für Entom. 1840.

Huber. — Les Fourmis indigènes. Paris, 1861.

Hubner. — Sammlung Europaischen Schmetterlinge. Ausburg, 1796.

Illiger (Karl). — Magazin für Insektenkunde. Braunschweig, 1803.

Jacquelin du Val et Fairmaire. — Genera des Coléoptères d'Europe, avec planches. Paris, 1857-62.

Jourdheuille. — Calendrier du Microlépidoptériste. — Recherches des Chenilles.

Jourdheuille (C.). — Catalogue des Lépidoptères du département de l'Aube. Troyes, 1883-90.

Jurine (L.). — Nouvelle méthode de classer les Hyménoptères et les Diptères. Genève, 1807.

Kaltenbach (J.-H.). — Pflanzenfeinde aus der Klasse des Insecten. Stuttgart, 1874.

Kirchner (L.). — Catalogus Hymenopterorum Europae. Vindobonoe, 1867.

Lacordaire (Th.). — Introduction à l'Entomologie. Paris, 1834-38.

Latreille. — Hist. nat. des Fourmis. Paris, an X.

Latreille (M.). — Familles naturelles du règne animal. Paris, 1825.

Latreille (P.-A.). — Genera Crustaceorum et Insectorum. Paris, 1806.

Lepeletier de Saint-Fargeau. — Monographia Tenthredinetarum synonimia extricata. Paris, 1823.

Lepeletier de Saint-Fargeau. — Lépidoptères de la faune française. Paris, 1822-28.

Lepeletier de Saint-Fargeau et Brullé. — Hist. nat. des Hyménoptères. Paris, 1836-46.

Lethierry (L.). — Catalogue des Hémiptères du dép. du Nord, avec pl. Lille, 1876.

Lethierry (L.). — Enumération des Coléopt. nuis. à l'agricult. ou à l'industrie. Lille, 1862.

Lichtenstein (J.). — Manuel d'Entomologie. Montpellier, 1872.

Lichtenstein (J.). — Les Pucerons. — Monographie des Aphidiens, première partie. Genera. Paris, 1885. Montpellier, 1885.

Linné (C.). — Entomologiae. Lugduni, 1789.

Linné (C.). — Systema naturae. Lugduni, 1789-96.

Lucas (H.). — Hist. nat. des Lépidoptères d'Europe. Paris, 1834.

Macquart. — Hist. nat. des Insectes diptères. Lille, 1834-35.

Macquart. — Les plantes herbacées et leurs Insectes. Lille, 1854-56.

Marseul (de). — Catalogue des Coléoptères d'Europe. Paris, 1857.

Marseul (S. de). — L'Abeille, mémoire d'Entomologie. Paris, 1864-67.

Martel (V.). — Essai sur l'histoire naturelle d'Orival (Cécidiologie). Paris, 1892.

Martel (V.). — 1re, 2e et 3e listes des Galles et Galloïdes récoltées aux environs d'Elbeuf. 1892-93.

Massalongo (C.-B.). — Le Galle nella flora italica (Entomocecidii). Verona, 1893.

Mayr (G.-L.). — Die Europaischen Cynipiden. — Gallen mit Ausschluss der auf Eischenworkommenden arten. Vienne, 1876.

Mayr (G.-L.). — Die Europaischen arten der Gallenbewohnenden Cynipiden. Vienne, 1882.

Menault (Ernest). — Insectes nuisibles à l'Agriculture. Paris, 1886.

Meyrick (E.). — On the classification of some families of the Tineina. London, 1895.

MILLIÈRE (P.). — Iconographie et description des Chenilles et Lépidoptères inédits d'Europe. Lyon, 1863-73.

MONTILLOT (L.). — L'amateur d'Insectes, avec fig. Paris, 1890.

MONTILLOT (L.). — Les Insectes nuisibles, avec fig. Paris, 1891.

MULSANT. — Hist. nat. des Coléoptères de France, avec pl. Paris-Lyon, 1840-87.

ORBIGNY (D'). — Diction. univers. d'hist. nat., avec pl. col. Paris, 1842-49.

PANIS (J.). — Les Papillons de France. Paris.

PERRIS (E.). — Larves des Coléoptères.

PEYERIMHOFF (H. DE). — Catalogue des Lépidoptères d'Alsace, par le Dr Macker. Colmar, 1880-82.

POUCHET (F.). — Hist. nat. et agricole du Hanneton et de sa Larve. Rouen, 1853.

PUTON (A.). — Catal. des Hémipt. d'Europe. Remiremont, 1875.

RATZÉBURG. — Die Forsts Insecten, avec pl. color. Berlin, 1839-44.

RÉAUMUR (DE). — Mémoires pour servir à l'Histoire des Insectes. Paris, 1734-42.

REIBER (F.) et PUTON (A.). — Hémiptères-Hétéroptères de l'Alsace et de la Lorraine (Ext. Bull. Soc. hist. nat. de Colmar). 1876-80.

RENDU (V.). — Mœurs pittoresques des Insectes. Paris, 1870.

RENDU (V.). — Les Insectes nuisibles à l'Agriculture, aux jardins et aux forêts de la France. Paris, 1876.

ROI (LE). — Catalogue des Lépidoptères du département du Nord. Lille, 1874.

ROTHSCHILD (J.). — Musée entomologique illustré. — Les Coléoptères. Paris, 1876.

ROUAST (G.). — Catalogue des Chenilles européennes connues. Lyon, 1883.

SAND (M.). — Catalogue raisonné des Lépidoptères de la France centrale. Paris, 1875.

SCOPOLI (A.). — Entomologia carniolica. Vindobonae, 1783.

SERIZIAT. — Catalogue des Lépidoptères de France. 1894.

Serville (A.). — Hist. nat. des Insectes orthoptères, avec pl. color. Paris, 1839.

Spinola (Max.). — Insectes hémiptères, rhynchotes ou hétéroptères. 1840.

Staudinger et Wocke. — Catalogue des Lépidoptères de la faune européenne. Dresde, 1874.

Walckenaer (A.-C.). — Faune parisienne. — Insectes ou hist. abrégée des Insectes des environs de Paris. Paris, 1802.

PUBLICATIONS PÉRIODIQUES

Ami des Sciences naturelles (L'). Eug. Benderitter fils.
Annales de la Société entomologique de France. Paris.
Apiculteur (L'). Paris.
Belgique horticole.
Bulletin de la Soc. entomologique de France. Paris.
Bulletin de la Soc. des Amis des Sciences naturelles de Rouen.
Bulletin de la Soc. d'Insectologie agricole.
Chronique scientifique (La). Henri Coupin, Paris.
Feuille des Jeunes naturalistes (La). Paris.
Illustration horticole.
Journal des Roses.
Journal de la Soc. nationale d'Horticulture de France.
Magasin de Zoologie.
Miscellanea-Entomologica.
Naturaliste (Le). Paris.
Petites nouvelles entomologiques.
Revue horticole.
Revue horticole belge et étrangère.
Revue des Sciences naturelles appliquées.

ABRÉVIATIONS

Bdv.	Boisduval.
Bjerk.	Bjerinck.
Borkh.	Borkhausen.
Cam.	Cameron.
De Vill.	De Villers.
Dup.	Duponchel.
Engr. ou Engram.	Engramelle.
Er. ou Erichs.	Erichson.
Esp.	Esper.
F. ou Fabr.	Fabricius.
Fll.	Fallèn.
F. R.	Fischer.
Forst.	Forster.
Froël.	Froelich.
Frr.	Freyer.
Fuessl.	Fuessly.
Geoffr.	Geoffroy.
Germ.	Germar.
Gir.	Giraud.
God.	Godart.
Gn.	Guénée.
Gyllh.	Gyllenhall.
Halid.	Haliday.
Hart. ou Htg.	Hartig.
Haw. ou Hw.	Haworth.
Hein.	Heinemann.
H. G.	Hubner.
H. S.	Herrich Schaeffer.
Ill.	Illiger.

Kalt.	Kaltenbach.
Kieff.	Kieffer.
L. ou Lin.	Linné.
Latr.	Latreille.
L. F. S. E.	Linnei Fauna Suecica.
Meig.	Meigen.
Ménétr.	Ménétriès.
Mill.	Millière.
Muls.	Mulsant.
Ochsen.	Ochsenheimer.
Oliv.	Olivier.
Panz.	Panzer.
Payk.	Paykull.
Retz.	Retzius.
Schlecht.	Schlechtendal.
Sc. Ent. Carn.	Scopoli Entomologia Carniolica.
Schr.	Schrank.
Steph.	Stephens.
Stett. Man.	Stainton. A Manual of British, etc.
Stt. I. B.	Stainton. Insect. Britannica.
Stt. Nat. Hist.	Stainton. Nat. Histor. Tineina.
Stt. Syr. et As. Min.	Stainton. The Tineina of Syria and Asia Minor.
S.-V.	Schiffermiller.
Thms.	Thomson.
Treits.	Treitschke.
Walk.	Walker.
Wd.	Wood.
Wien-Verz.	voir S.-V.
Wlk.	Wilkenson.
Zell.	Zeller.

ERRATA

	au lieu de :	lire :
Page 20, ligne 26,	*Anisophie,*	*Anisoplie.*
73	17, *figutus,*	*figulus.*
222	13, *prodomaria,*	*prodromaria.*
225	18, Ins. Kal. Schw. n. Raupk,	*(Ins. Kal. Schw. n. Raupk.*
228	17, *Hibernia defolaria,*	*Hybernia defoliaria.*

TABLE ALPHABÉTIQUE (¹)

(1) Les noms des ordres sont en GRANDES CAPITALES, ceux des tribus en PETITES CAPITALES, les noms des espèces décrites sont en romain, ceux des variétés en *italique* ainsi que les noms synonymiques.

FIN DE LA TABLE ALPHABÉTIQUE

TABLE DES MATIÈRES

— 352 —

FIN DE LA TABLE DES MATIÈRES

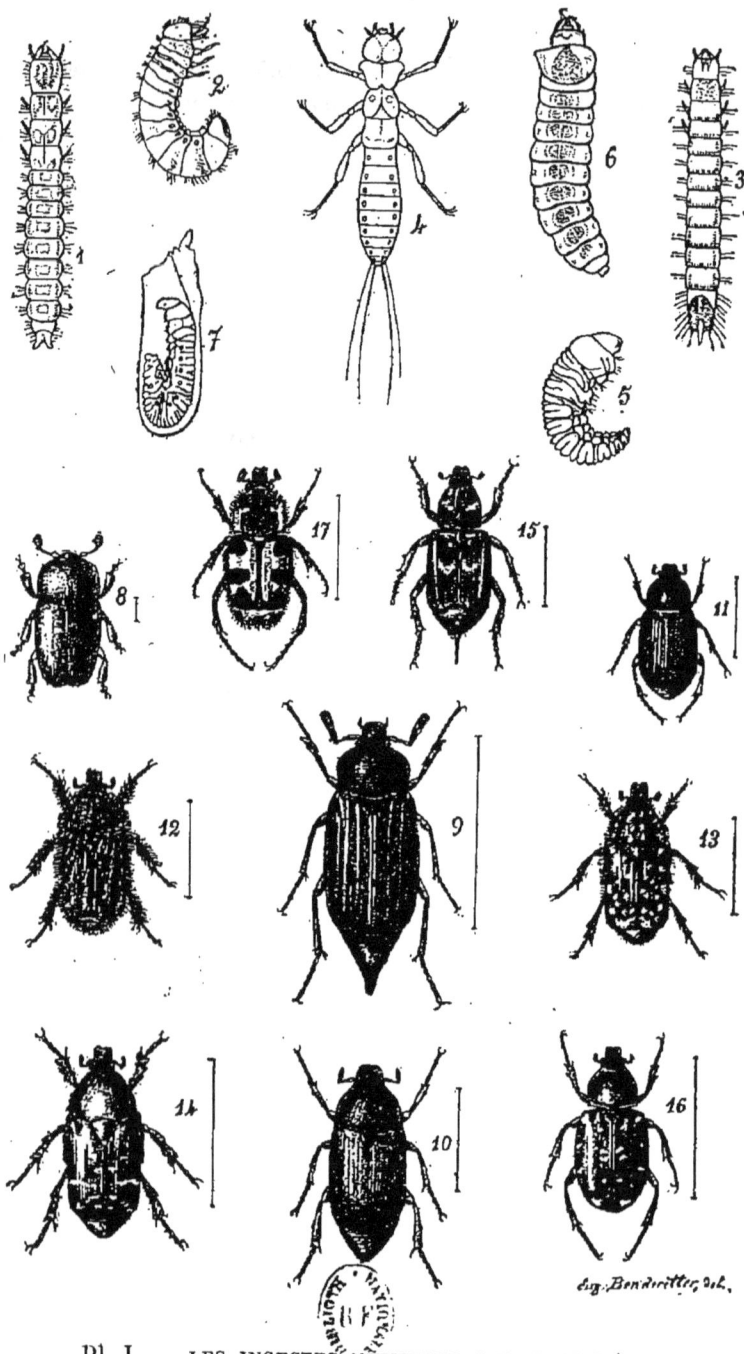

Pl. I. — LES INSECTES NUISIBLES AUX ROSIERS

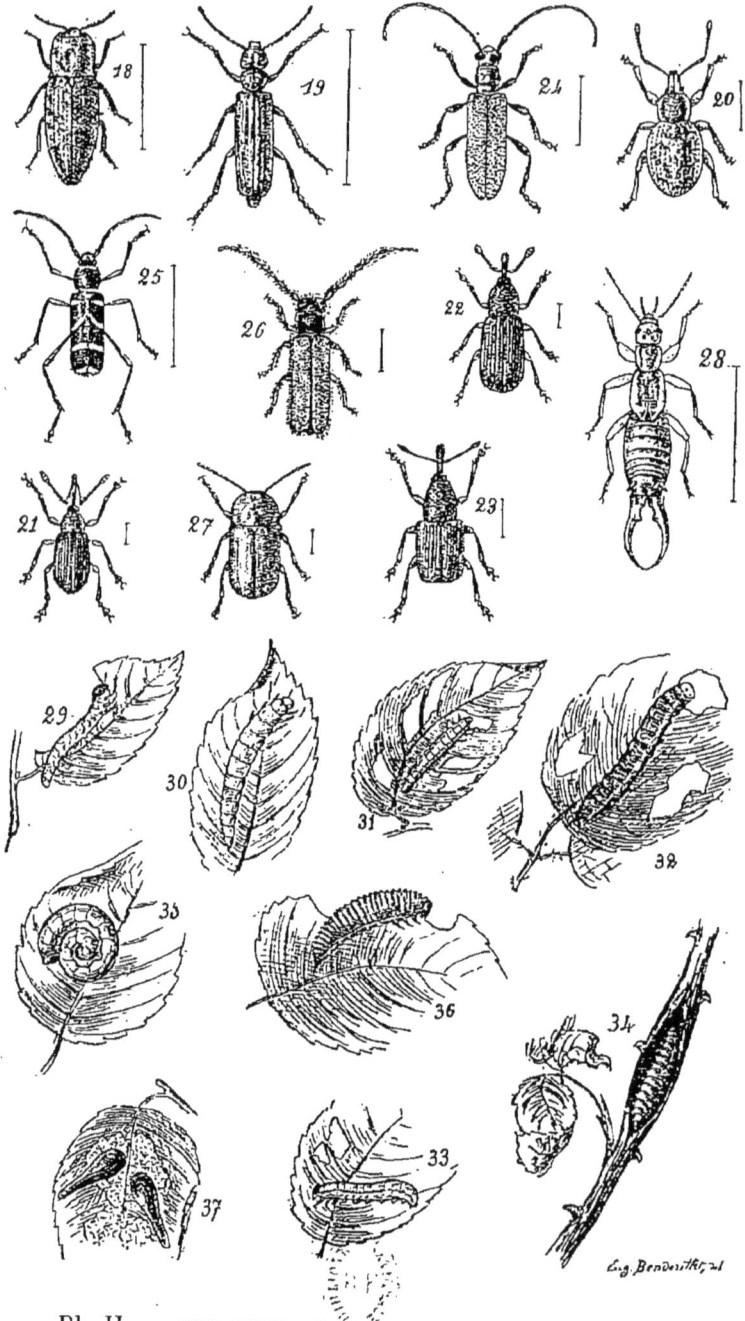

Pl. II. — LES INSECTES NUISIBLES AUX ROSIERS

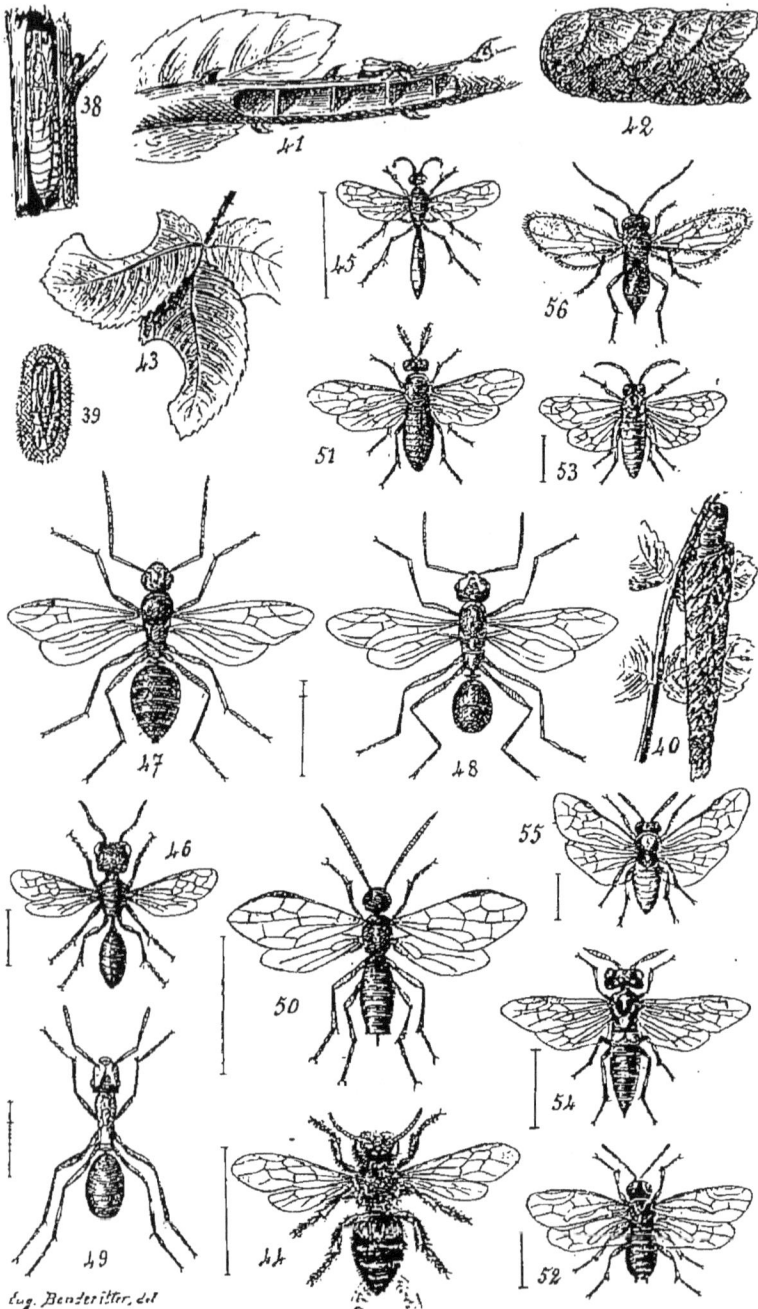

Eug. Bentriller, del

PL. III. — LES INSECTES NUISIBLES AUX ROSIERS

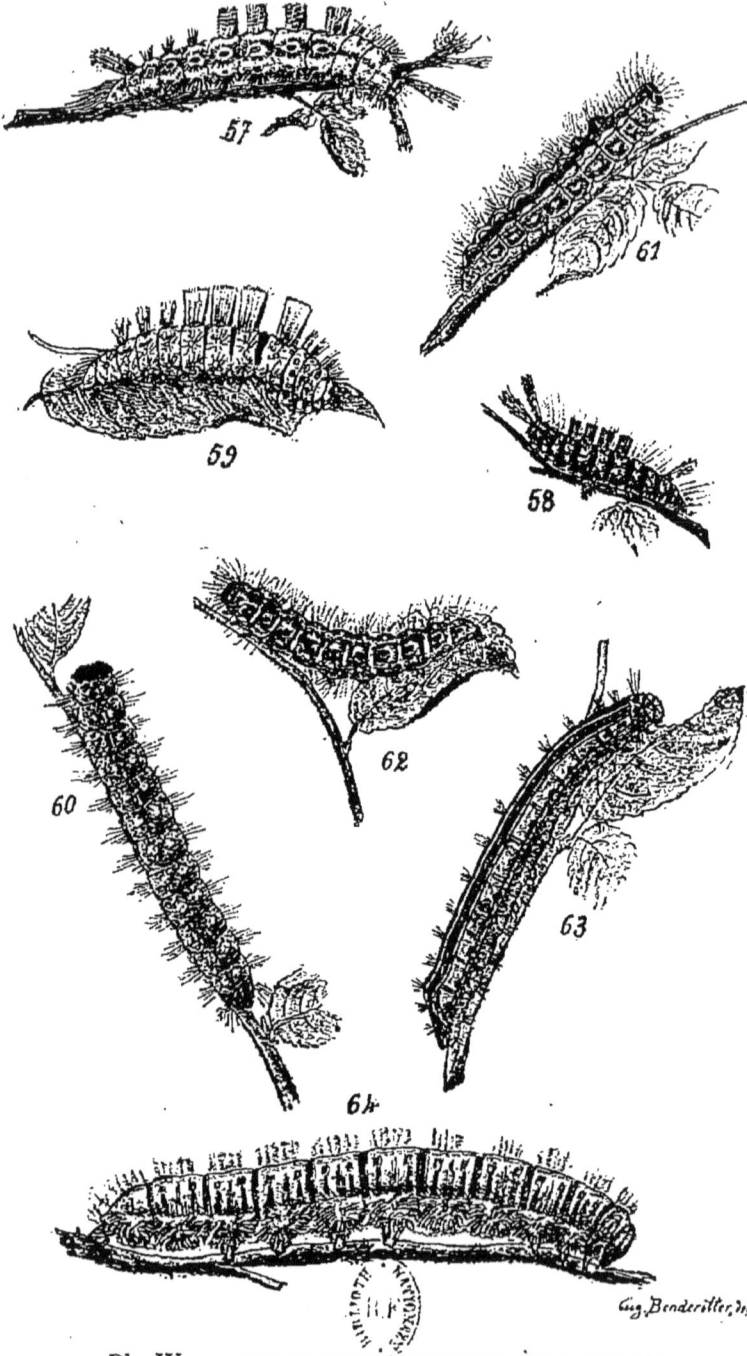

Pl. IV. — LES INSECTES NUISIBLES AUX ROSIERS

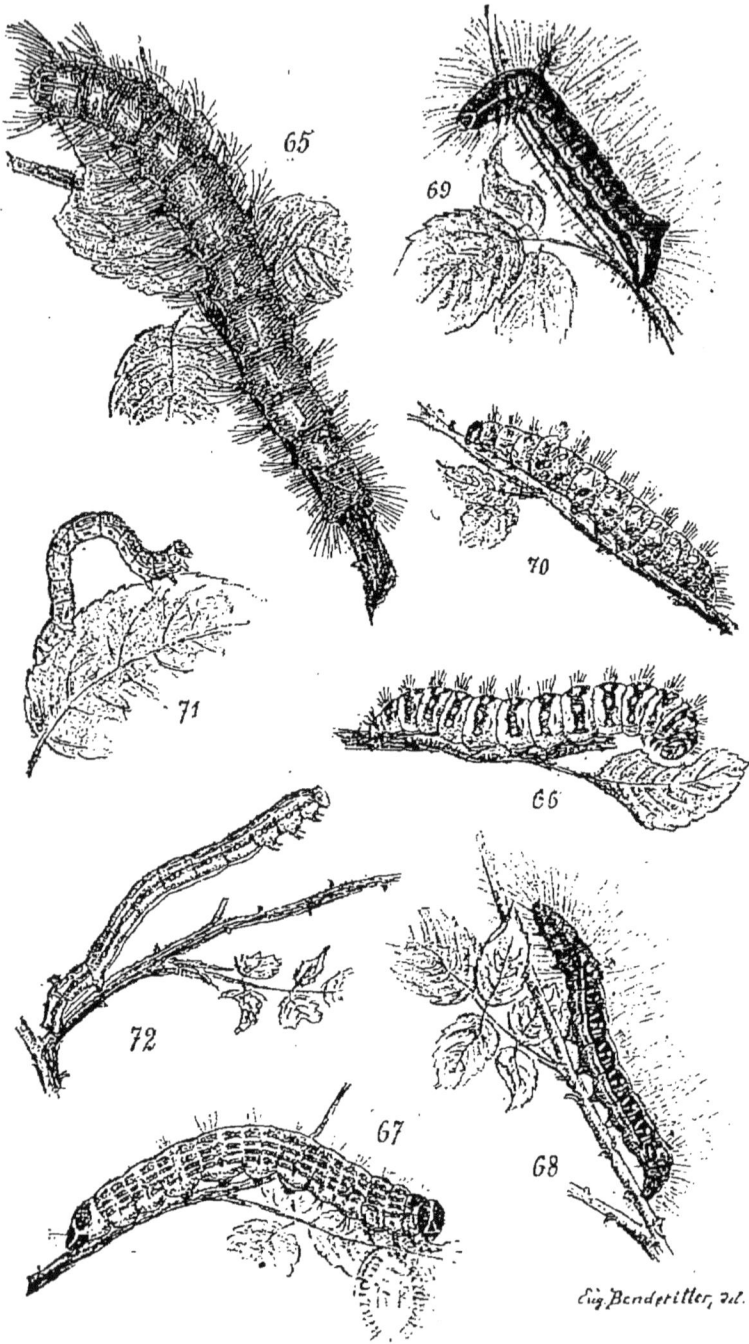

65

69

70

71

66

72

67

68

Eug.Benderitter, del.

Pl. V. — LES INSECTES NUISIBLES AUX ROSIERS

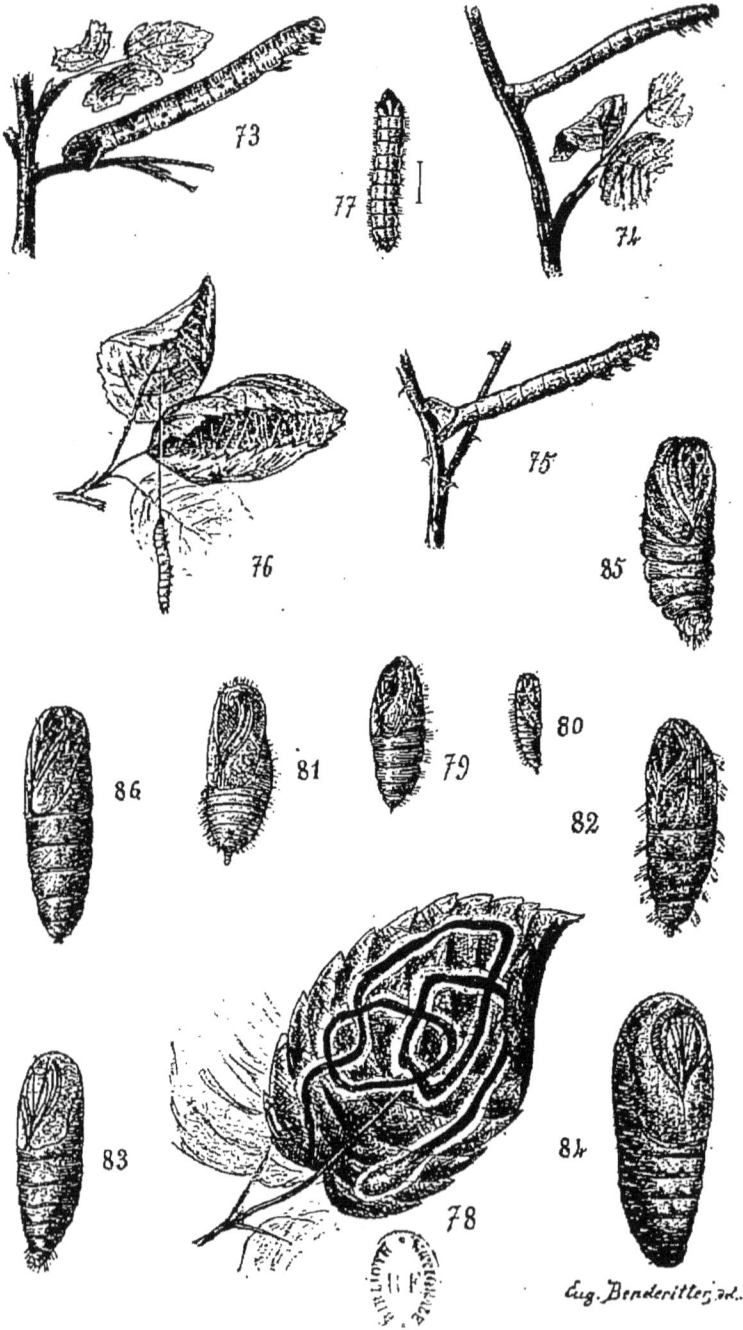

Pl. VI. — LES INSECTES NUISIBLES AUX ROSIERS

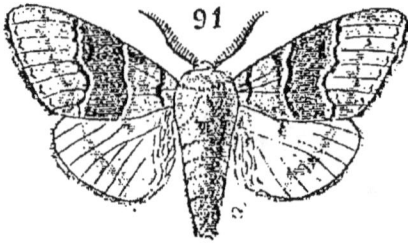

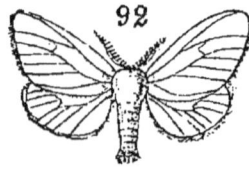

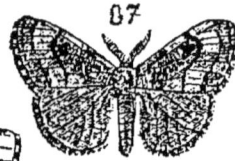

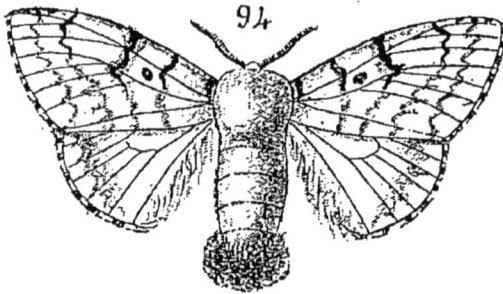

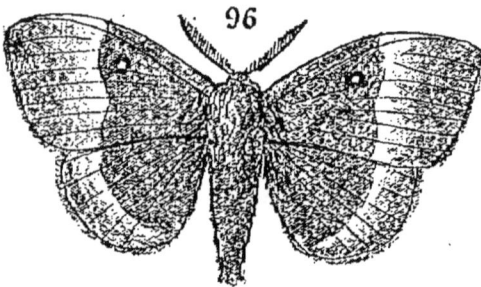

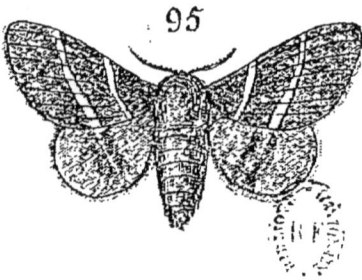

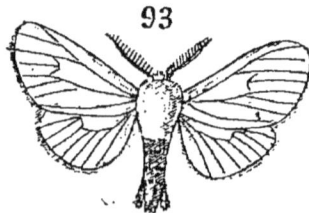

Aug. Benderitter, del.

Pl. VII — LES INSECTES NUISIBLES AUX ROSIERS

97

98

99

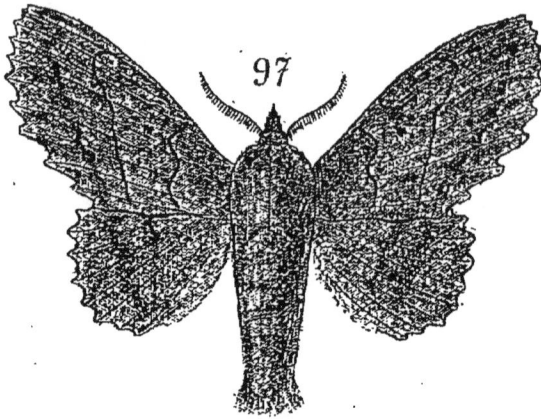

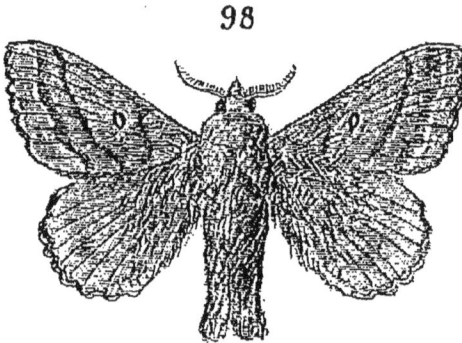

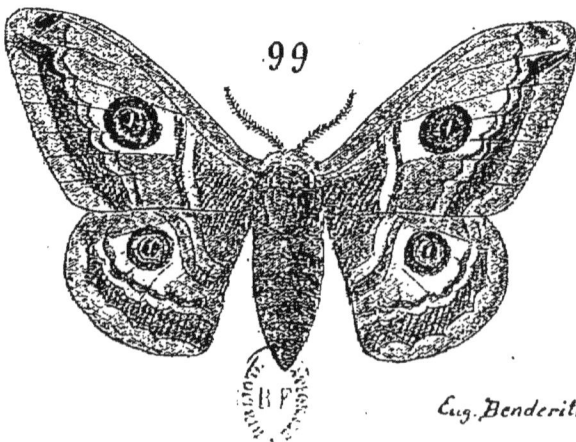

Eug. Benderitter, del.

Pl. VIII — LES INSECTES NUISIBLES AUX ROSIERS

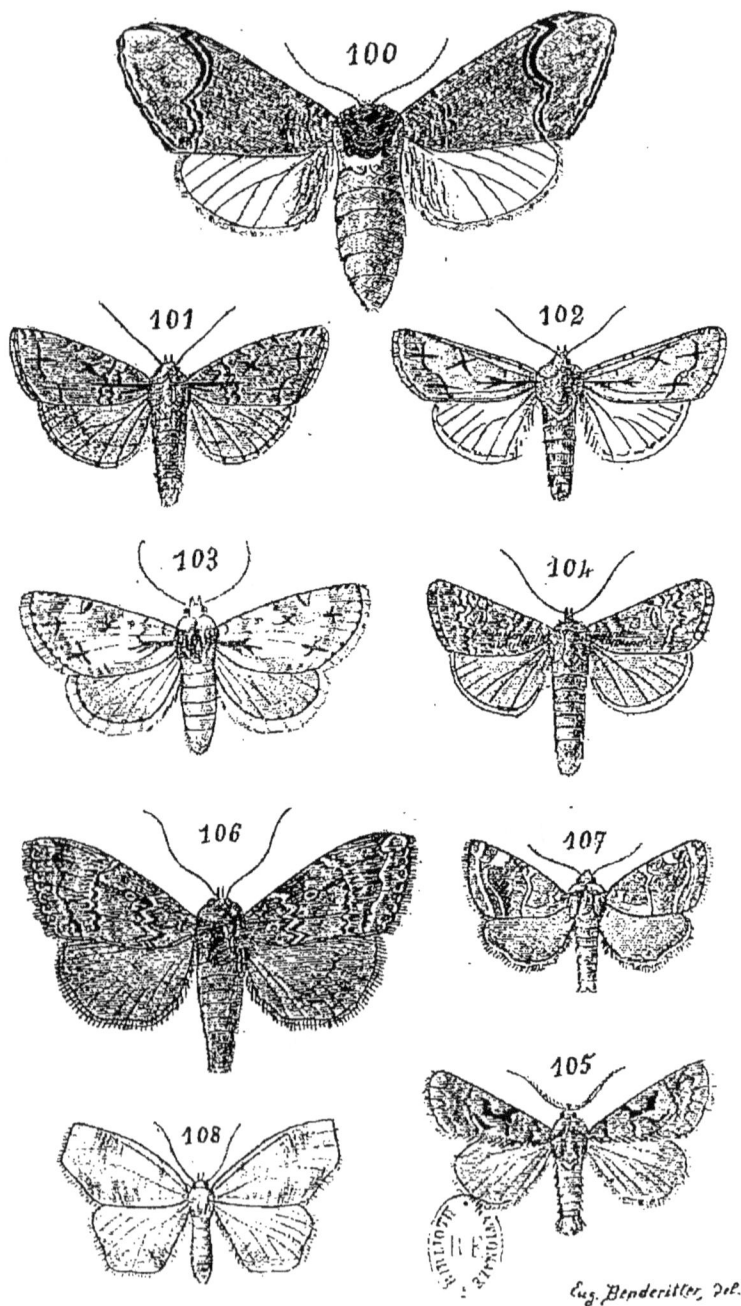

Eug. Benderitter, del.

Pl. IX — LES INSECTES NUISIBLES AUX ROSIERS

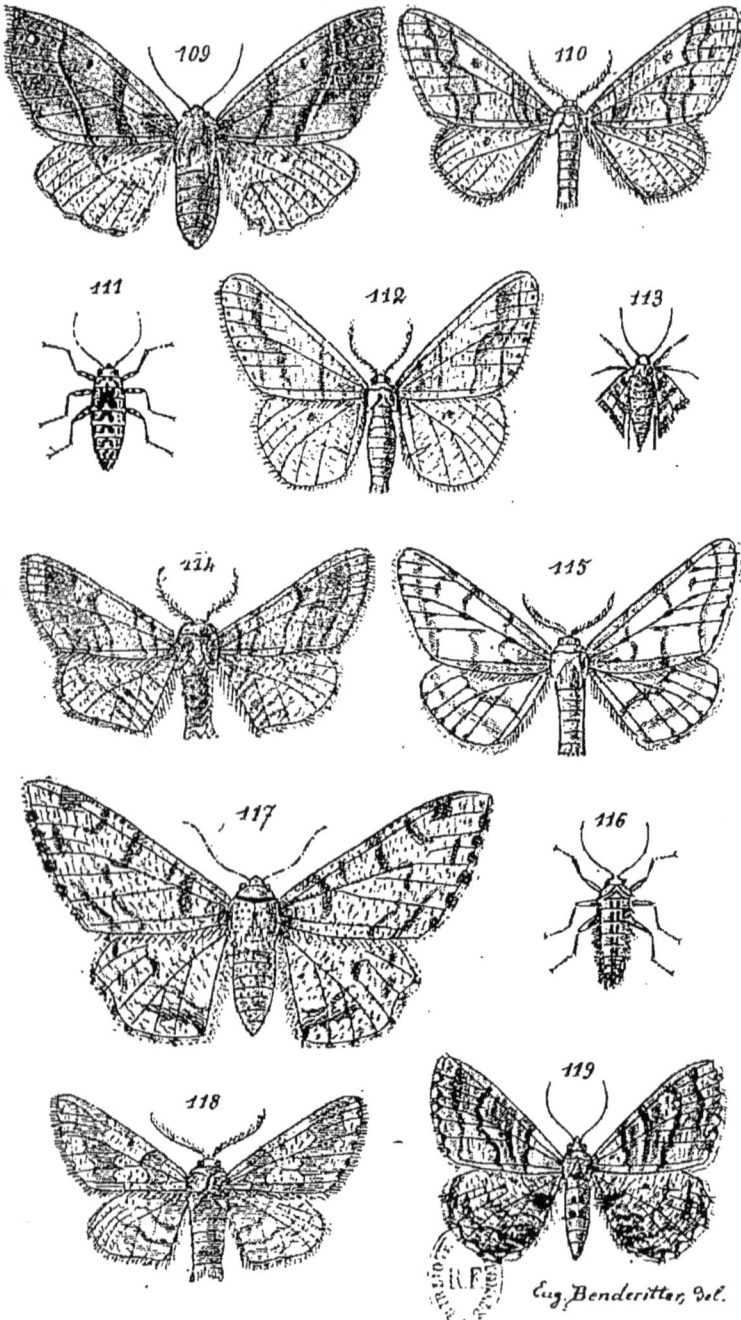

Pl. X. — LES INSECTES NUISIBLES AUX ROSIERS

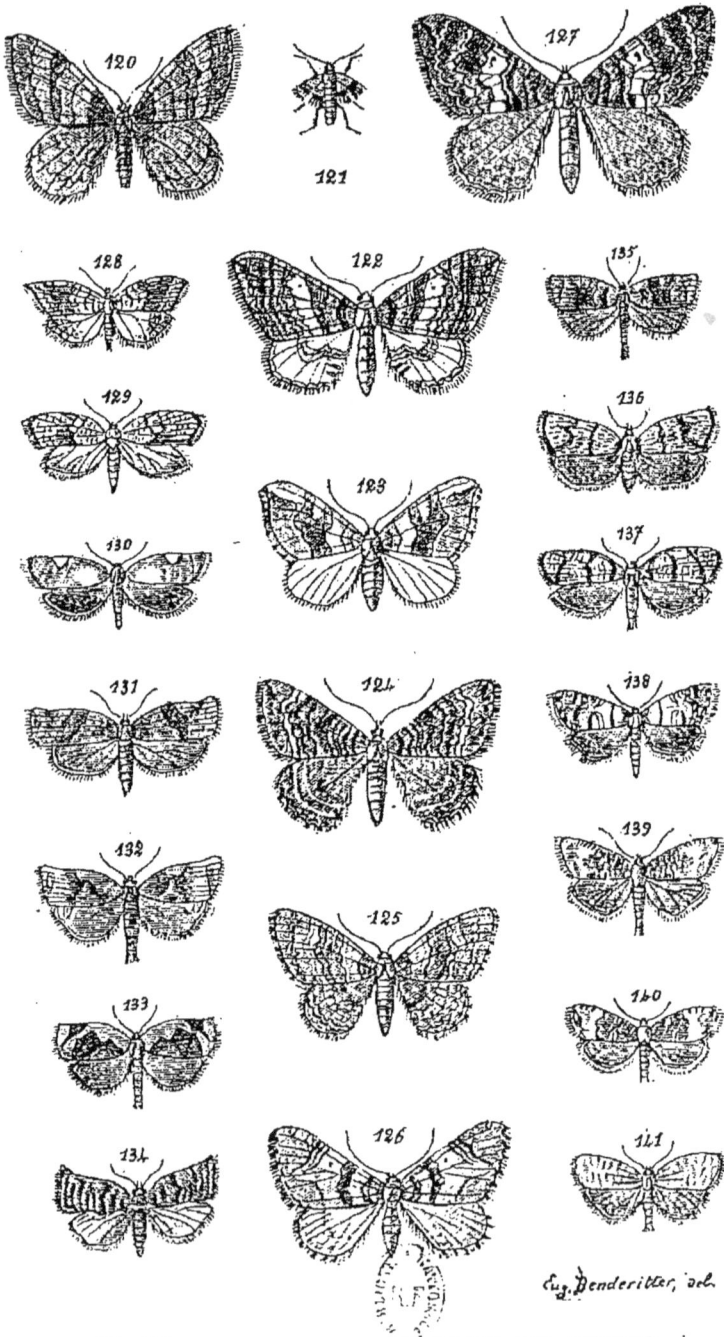

Pl. XI. — LES INSECTES NUISIBLES AUX ROSIERS

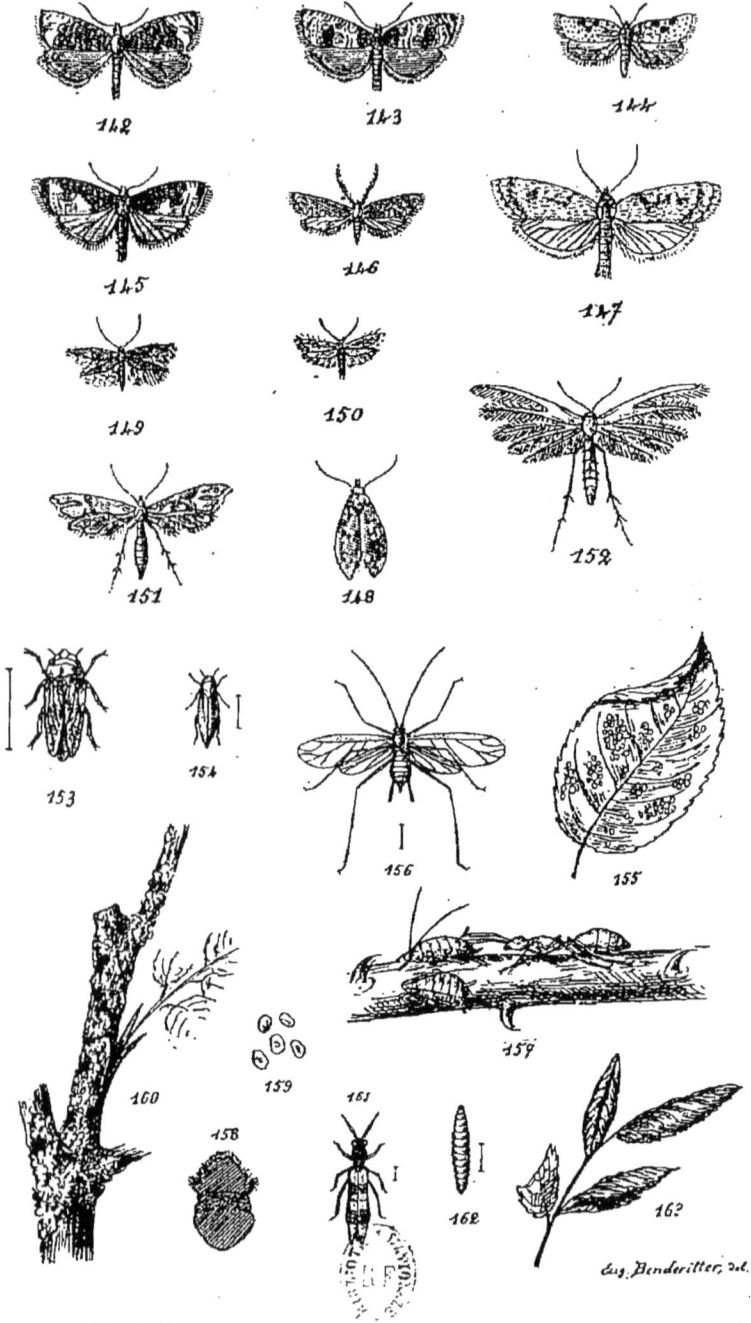

Pl. XII. — LES INSECTES NUISIBLES AUX ROSIERS

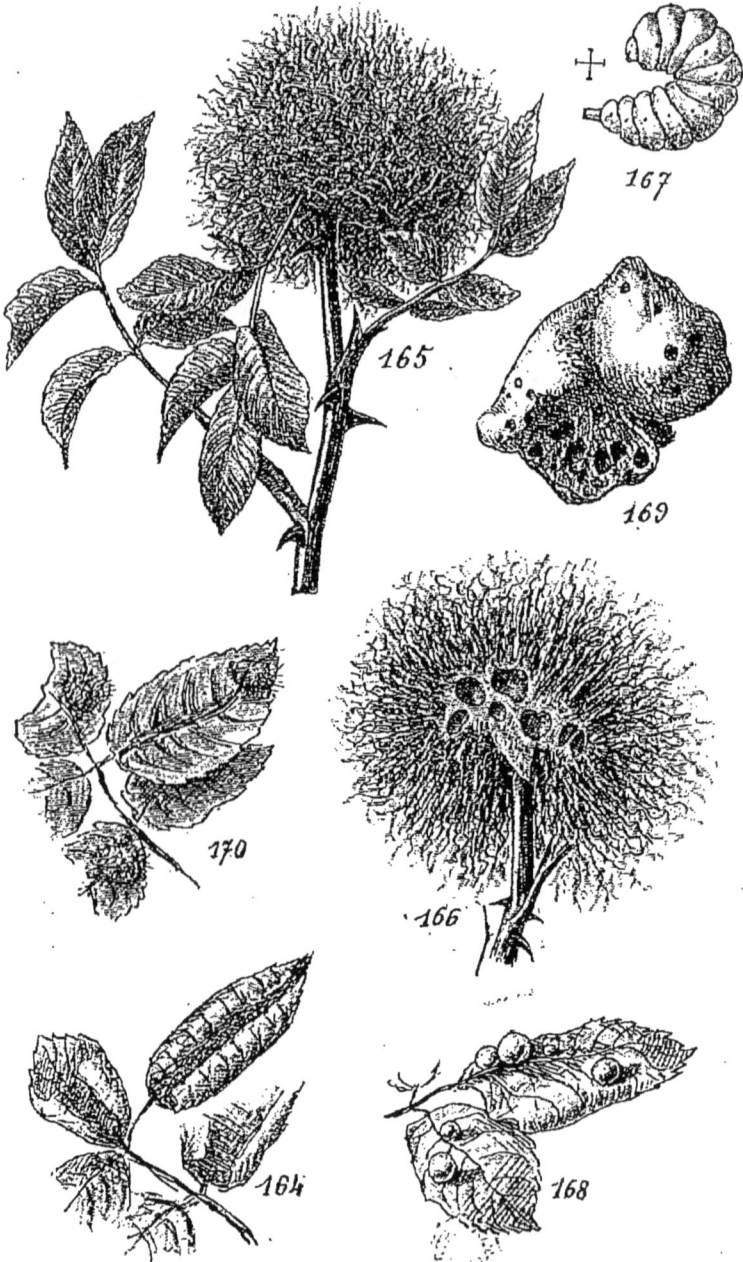

Pl. XIII — LES INSECTES NUISIBLES AUX ROSIERS